高等院校信息技术系列教材

无线通信与移动通信技术

（第2版）

贺鹏飞　李晓林　吴世娥　胡国英　阎　毅　编著

清华大学出版社

北京

内 容 简 介

本书比较系统、详细地介绍了无线通信和移动通信的基本概念和基本技术。全书共 7 章,内容包括无线通信与移动通信概论、无线通信基础、信道技术、数字调制解调技术、组网技术、移动通信系统与标准、手机原理。

本书兼顾无线通信与移动通信的基本概念、基本原理、基本技术和主要系统,力求内容准确、讲解详细、例题丰富,并配有电子教案和习题解答,便于教师讲授和学生学习。

本书可以作为地方应用型高校和职业院校电子信息类专业本科生的专业课程教材,也可以作为从事无线通信和移动通信领域的研究、开发和维护的专业技术人员的技术参考书。

图书在版编目(CIP)数据

无线通信与移动通信技术/贺鹏飞等编著. —2 版. —北京:清华大学出版社,2022.4(2025.1重印)
高等院校信息技术系列教材
ISBN 978-7-302-59191-7

Ⅰ.①无…　Ⅱ.①贺…　Ⅲ.①无线电通信-高等学校-教材 ②移动通信-高等学校-教材
Ⅳ.①TN92

中国版本图书馆 CIP 数据核字(2021)第 187889 号

责任编辑:白立军
封面设计:常雪影
责任校对:李建庄
责任印制:宋　林

出版发行:清华大学出版社
　　　网　　　址:https://www.tup.com.cn,https://www.wqxuetang.com
　　　地　　　址:北京清华大学学研大厦 A 座　　　　　　邮　　编:100084
　　　社 总 机:010-83470000　　　　　　　　　　　　邮　　购:010-62786544
　　　投稿与读者服务:010-62776969,c-service@tup.tsinghua.edu.cn
　　　质量反馈:010-62772015,zhiliang@tup.tsinghua.edu.cn
　　　课件下载:https://www.tup.com.cn,010-83470236
印 装 者:三河市龙大印装有限公司
经　　销:全国新华书店
开　　本:185mm×260mm　　　　　印　　张:17.5　　　　　字　　数:427 千字
版　　次:2014 年 1 月第 1 版　　2022 年 4 月第 2 版　　印　　次:2025 年 1 月第 3 次印刷
定　　价:49.80 元

产品编号:090393-01

前　言

　　无线通信和移动通信技术是普通高等学校电子信息类专业学生须掌握的一门重要的专业技术。许多学校开设了"无线通信""移动通信""无线通信与移动通信"等相关课程。

　　无线通信和移动通信技术是目前通信技术中发展最快的技术之一，对人们的生活和社会的发展产生了巨大的影响。进入 21 世纪以来，随着 3G、4G、5G 移动通信网络的规模商用，特别是物联网技术的发展，都对无线通信和移动通信技术提出了更高的要求和更多的需求。因此，广大电子信息领域的从业人员，迫切需要熟悉和掌握无线通信和移动通信技术。

　　本书主要面向地方应用型高校和职业院校电子信息类专业本科生。为了使广大学生能够比较容易理解和掌握无线通信和移动通信的基本概念和基本技术，本书作者在近二十年课程教学经验与教训的基础上，参考了经典教材，试图写出一本易读、易教的普通高等院校无线通信和移动通信技术教材。

　　本书比较系统、详细地介绍了无线通信和移动通信的基本概念和基本技术。全书包括：无线通信与移动通信概论、无线通信基础、信道技术、数字调制解调技术、组网技术、移动通信系统与标准和手机原理。

　　本书的特点是：力求兼顾无线通信与移动通信的基本概念、基本原理、基本技术和主要系统。写作上不求全面、深入，力争详尽、实用。考虑到普通高等学校电子信息类专业的课程设置，特别编写了无线通信基础和手机原理两章，便于学生学习和理解无线通信与移动通信的基本原理与基本技术。每章开始有教学重点和主要内容提示，最后有本章小结、为进一步深入学习推荐的参考书目和习题。力求内容准确、讲解详细、例题丰富，并配有电子教案和习题解答，便于教师讲授和学生学习。

　　本书以作者长期教学使用的讲义为基础编写。分工如下：贺鹏飞编写第 1、4 章，李晓林编写第 3 章，吴世娥编写第 6、7 章，胡国英编写第 5 章，阎毅编写第 2 章。最后，由贺鹏飞统稿。西安电子科技大学通信学院裴昌幸教授和北京邮电大学张洪欣教授审阅了稿件，在此表示衷心感谢！

　　在本书的编写过程中，参考了许多已经出版的经典教材，特别是西安电子科技大学出版社出版的《移动通信》(李建东等著)和电子工业出版社出版的《无线通信原理与应用》(Theodore S. Rappaport 著、周文安等译)，都列在了参考文献和进一步深入学习推荐的参考书目中。在此向有关教材的作者和出版社表示衷心的感谢！

　　本书第 2 版修订过程中，除订正了第 1 版中的错误外，增加了 4G、5G、未来移动通信、低功耗广域网、智能手机的相关内容，使得教材内容既涵盖传统无线通信和移动通信技术的基础内容，又涉猎无线通信的前沿技术和移动通信的热点技术。

　　本书得到国家级一流建设专业"电子信息科学与技术"、省级一流建设专业"通信工程"、山东省高等教育本科教学改革研究项目(Z2021052)、省级一流建设课程"通信原理"、省级虚拟仿真实验教育项目"新基建 5G NSA 典型网络规划与部署"、山东省自然科学基金(ZR2019BF046)和烟台市校地融合项目"新一代信息技术一流专业群建设"的资助。

　　由于作者水平有限,书中难免存在不足与错误,欢迎广大读者提出宝贵意见和批评指正,联系邮箱 1685601418@qq.com。

作　者

2022 年 2 月

目 录

第 1 章 无线通信与移动通信概论

教学提示："无线通信与移动通信"是电子信息类专业的主要专业课。本章简单介绍无线通信与移动通信的基本概念、主要特点、基本技术、系统分类、常用系统和本课程的学习方法等。

教学要求：本章要求学生了解无线通信与移动通信的基本概念、主要特点、基本技术、系统分类、常用系统等。应重点掌握无线通信与移动通信的主要特点、基本技术、系统分类和常用系统。

1.1 无线通信与移动通信的基本概念

在信息时代，人们需要获得信息、处理信息和传输信息，这就是信息技术的三个主要分支：感测技术、信息处理技术和通信技术。

所谓通信，就是信息的传递。这里所说的"传递"，可以认为是一种信息传输的过程或方式。本书所讨论的，是特指利用各种电信号和光信号作为通信信号的电通信与光通信。

1.1.1 通信系统模型

通信是从一地向另一地传递和交换信息。实现信息传递所需的一切技术设备和传输介质的总和称为通信系统。

1. 点与点之间的通信系统模型

基于点对点之间的通信系统的一般模型可用图 1-1 来描述。

图 1-1 基于点对点之间的通信系统的一般模型

通信系统主要包括以下 3 部分。

（1）发送端。

（2）信道。

（3）接收端。

2. 通信系统的组成

通信系统的发送端包括信源和发送设备。

信源是消息的产生地，其作用是把各种消息转换成原始电信号，称之为消息信号或基带信号。例如，电话机、手机和计算机等终端设备就包括信源。

发送设备的基本功能是将信源和信道匹配起来，即将信源产生的消息信号变换成适合在信道中传输的信号。

变换方式是多种多样的,调制是最常见的变换方式。对数字通信系统来说,发送设备常常还包括信源编码、信道编码和加密编码。

信道是指传输信号的物理通道。可以分为无线信道和有线信道。

在无线通信和移动通信系统中,信道是无线的,例如,信道可以是大气层(自由空间)。

在有线通信中,信道是有线的,例如,信道可以是明线、电缆或光纤。

噪声源不是人为加入的,而是通信系统中各种设备以及信道中所固有的。噪声的来源是多种多样的,它可分为内部噪声和外部噪声。

内部噪声来源于通信系统本身所包含的各种电子器件、转换器以及天线或传输线等,外部噪声往往是从信道引入的。

通信系统的接收端包括接收设备和信宿。

接收设备的基本功能是完成发送设备的反变换,即进行解调、解码等。它的任务是从带有干扰噪声的接收信号中正确恢复出相应的原始基带信号。

信宿是信息传输的归宿点,其作用是将复原的原始信号转换成相应的消息。

图 1-1 描述了一个通信系统的基本组成,它反映了通信系统的共性,因此称之为通信系统的一般模型。

根据研究的对象以及所关注的问题不同,图 1-1 模型中的各小方框的内容和作用将有所不同,因而相应有不同形式的、更为具体的通信模型。

例如,电话通信系统就包括送话器、电话线、交换机、载波机、受话器等。广播通信系统则包括麦克风、放大器、发送设备、无线电波、收音机等。

1.1.2 无线通信的概念

无线通信是指图 1-1 模型中信息传输信道为无线信道的通信系统。例如,卫星通信系统的信道是卫星与地面站之间的自由空间、手机通信系统的信道是手机与小区基站天线之间的自由空间等。

地面无线信道的一般模型如图 1-2 所示。

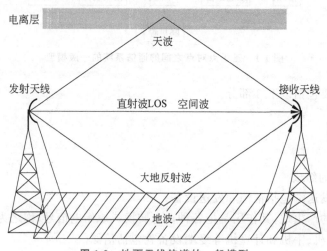

图 1-2 地面无线信道的一般模型

地波是沿地球表面传播的一种电磁波,也称为表面波。

空间波包括直射波和大地反射波。直射波在发送端的发射天线与接收端的接收天线之间以直线传播。

以直射波传播的空间波一般称为视距传输波。大地反射波在发射机和接收机之间、靠地球表面对波的反射进行传播。

天波是朝着天空辐射并凭借电离层反射或散射回地面的,天波传播有时也称为电离层传播。

显然,无线信道比有线信道复杂许多,无线通信系统涉及的技术问题大大多于有线通信系统。

无线通信的理论基础是电磁场与电磁波理论,无线通信的技术基础是无线电技术。现在,我们已经进入了无线时代,电磁场与电磁波理论是所有电子信息类专业学生必须掌握的一门专业基本理论。

1.1.3 移动通信的概念

现代通信技术的三个主要分支是光纤通信、卫星通信和移动通信。移动通信已经进入了每个人的生活,几乎人人一部手机,每天都在进行移动通信。

移动通信是指在图 1-1 模型中,信源或信宿在移动中进行的通信。它包括移动用户之间,或移动用户与固定用户之间进行的通信。它也包括通信用户的位置存在变化,但通信过程中,用户不处于运动状态的情况。当然,通信双方都不移动时进行的通信,可以作为移动通信的特例。

移动通信的前提是无线通信,只有无线通信系统才能移动。有线通信系统只能做极为有限的移动,不能实现真正意义上的移动通信。

"无线通信与移动通信"是电子信息类专业的一门重要的专业课程。其任务是为该类别专业的本科高年级学生讲授现代移动通信系统的基本理论、关键技术、体系结构,以及组网技术的基本原理,为学生以后从事涉及无线与移动通信领域的工作打下坚实的基础。

移动通信涉及比较多的物理学、数学、电子和通信知识,包括电磁学、电磁场与电磁波、微波技术、电波传播、天线、工程数学、数字电路、通信原理等方面的基础。

现代移动通信技术是一门复杂的前沿技术,它包括了无线通信和有线通信的最新技术成果,以及网络技术和计算机技术的许多成果。

1.1.4 无线通信与移动通信的发展历史

我国东周时期著名的"周幽王烽火戏诸侯"的故事,可以视为有文字记载的无线光通信的早期事例。我们智慧的先人很早就知道使用烽火台接力进行无线光通信了。

现代无线通信与移动通信的理论基础是麦克斯韦提出的电磁场与电磁波理论。

1831 年,法拉第发现电磁感应现象。接着,麦克斯韦提出了位移电流的概念。麦克斯韦在致力于解释法拉第的研究结果以后,着手从数学上阐述电和磁的理论。

1873 年,麦克斯韦提出了完整描述电磁场本质的麦克斯韦方程组,预言了电磁波的存在。

1888 年,赫兹通过实验验证了电磁波的存在。

1898年，马可尼首次完成了无线通信实验，从此开创了现代无线通信和移动通信的新时代。

1920年，无线通信与移动通信进入早期发展阶段。首先开发出短波专用移动通信系统。如美国底特律市警察使用的警车无线电调度电话系统，调制方式为AM调幅，使用频率为2MHz。

1940年，出现了人工接续的移动电话，调制方式为FM调频，单工工作方式，使用频段为150MHz与450MHz。1947年，Bell实验室提出了蜂窝系统结构的概念。

1960年，出现了自动拨号移动电话，全双工工作方式，使用频段为150MHz与450MHz。1964年，美国开始研究更先进的移动电话系统(IMTS)。

1970年，进入1G时代，AMPS、TACS移动通信系统分别在美国、英国投入使用。使用频段为800MHz及900MHz，全自动拨号，全双工工作，具有越区频道转换、自动漫游通信功能，频谱利用率、系统容量和话音质量都有明显的提高。移动通信网络为蜂窝状移动通信系统，形成了第一代移动通信系统(1G)，即模拟移动通信系统。

1980年，进入2G时代，GSM数字移动通信系统、窄带CDMA(IS-95A)数字移动通信系统及卫星移动通信投入使用。移动通信网络进入发展与成熟的时期，通常称之为第二代移动通信系统(2G)，即数字移动通信系统。

1998年，"铱"星公司的全球卫星通信系统全面建成并正式投入商业运营，开创了人类电信史上的新篇章。

2000年，第三代移动通信系统(3G)开始在全球范围广泛使用。CDMA 2000、WCDMA和由我国自主提出的时分同步CDMA(TD-SCDMA)被国际电信联盟(ITU)批准为第三代移动通信系统(IMT-2000)的三大主流标准。2007年，WiMAX成为3G的第四大标准。

2007年，乔布斯发布iPhone，智能手机的浪潮随即席卷全球，终端功能的大幅提升也加快了移动通信系统的演进脚步。2008年，支持3G网络的iPhone 3G发布，人们可以在手机上直接浏览电脑网页、收发邮件、进行视频通话、收看直播等，人类正式步入移动多媒体时代。

2012年1月，ITU正式审议通过将LTE-Advanced和Wireless MAN-Advanced (802.16m)技术规范确立为4G国际标准，我国主导制定的TD-LTE-Advanced同时成为标准之一。

4G支持像3G一样的移动网络访问，可满足游戏服务、高清移动电视、视频会议、3D电视以及很多其他需要高速网络的功能。4G时代的来临，给了一些新兴公司发展的机会，各种各样的新型公司如雨后春笋般争相出现，人们的生活越来越便捷，人们已经离不开手机，更加智能化的生活已经悄悄来临。

2018年6月，3GPP全会批准了第五代移动通信技术标准(5G NR)独立组网功能冻结。加之2017年12月完成的非独立组网NR标准，5G已经完成第一阶段全功能标准化工作，进入了产业全面冲刺新阶段。

5G拥有支撑未来不同应用场景的能力，分别是高可靠低延时(uRLLC)、增强型移动带宽(eMBB)、大规模机器通信(mMTC)。5G不仅能提供超高清视频、浸入式游戏等交互方式再升级；还将支持海量的机器通信，服务智慧城市、智慧家居；也将在车联网、移动医疗、工业互联网等垂直行业"一展身手"。简单来说，5G更快、更安全、信号更强、覆盖面积更广、应用领域更广泛。

5G 应用中，mMTC 与 uRLLC 两种场景主要是面向物联网的应用需求，5G 的商用，将实现真正的万物互联。与此同时，物联网技术的发展为无线通信与移动通信技术提供了更广阔的应用空间。2019 年，全球物联网总连接数达到 120 亿，预计到 2025 年，全球物联网总连接数规模将达到 246 亿。图 1-3 为 ITU 物联网示意图。

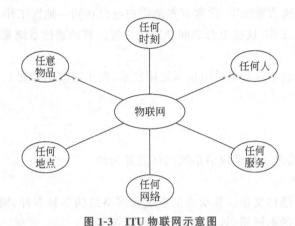

图 1-3　ITU 物联网示意图

在物联网中，无线射频识别技术和无线传感网作为物联网的关键技术，受到人们的广泛重视，无线通信与移动通信的地位更加重要。

1.2　无线通信与移动通信的主要特点

无线通信与移动通信，由于其信道是无线的，甚至是不可以选择的，属于随机变参信道，因此与其他通信方式相比，具有以下主要特点。

（1）传播条件恶劣。

（2）噪声干扰严重。

（3）网络结构复杂。

（4）综合多种技术。

（5）频谱资源有限。

1.2.1　传播条件

由于在通信过程中，用户可以在一定范围内自由活动，并且其位置不受束缚，因此，无线电波的传播特性一般都很差。

（1）移动通信的运行环境十分复杂，电波不仅会随着传播距离的增加而发生弥散损耗，并且会受到地形、地物的遮蔽而发生"阴影效应"。

（2）信号经过多点反射，会从多条路径到达接收地点，这种多径信号的幅度、相位和到达时间都不一样，它们相互叠加会产生电平衰落和时延扩展，形成"多径效应"。

（3）由于移动通信常常在快速移动中进行，这会引起多普勒（Doppler）频移，产生随机调频，导致附加调频噪声。而且会使得电波传播特性发生快速的随机起伏，严重影响通信质量。

1.2.2 噪声与干扰

移动信道的噪声与干扰严重。除去一些常见的外部干扰,如天电干扰、工业干扰和信道噪声,移动通信系统本身和不同系统之间还会产生这样或那样的干扰。

(1) 因为在移动通信系统中,常常有多部用户电台在同一地区工作,基站还会有多部收发信机在同一地点上工作,这些电台之间会产生干扰。移动通信系统常见的有同道干扰、邻道干扰等。

(2) 由于蜂窝移动通信系统采用频率复用技术,在小区频率分配上,有可能产生互调干扰等。

1.2.3 网络结构

通信的移动性,带来了移动通信系统网络的复杂性。

1. 网络结构复杂

移动信道的网络结构复杂。移动通信系统的网络结构多种多样,网络管理和控制必须有效。根据通信地区的不同需要,移动通信网络结构不同。

(1) 可以组成带状(如铁路公路沿线)、面状(如覆盖一城市或地区)或立体状(如地面通信设施与中、低轨道卫星通信网络的综合系统)等。

(2) 各种网络可以单网运行,也可以多网并行,并实现互联互通。

2. 网络管理多样

移动通信的网络管理复杂。由于用户的位置是移动的,需要采用多种移动性网络管理技术,包括用户认证、身份鉴别、位置登记、过境切换等。

1.2.4 综合多种技术

移动通信是使用新技术最多的通信方式。

1. 涉及技术

移动通信需要采用多种技术,主要涉及的技术如下。

(1) 无线信道抗衰落技术。

(2) 抗干扰技术。

(3) 调制解调技术。

(4) 语音编码技术。

(5) 纠错编码技术。

(6) 组网技术。

(7) 软件无线电技术。

(8) 智能天线技术等。

2. 智能手机

移动通信对设备要求苛刻。移动通信设备(主要是移动台,即手机)必须适于在移动环境中使用。

对手机的主要要求是体积小、重量轻、省电、操作简单和携带方便。车载台和机载台除要求操作简单和维修方便外,还应保证在震动、冲击、高低温变化等恶劣环境中正常工作。

随着无线通信与移动通信的发展,手机已经不仅仅是一个手持移动电话了,而是具有多种功能的软件无线电平台,具有以下功能。

(1) 语音通话。

(2) 收发短信。

(3) 无线上网。

(4) 手机电视。

(5) 移动支付。

(6) 移动控制等。

1.2.5　频谱资源

通信发展的基本矛盾是:有限的频谱资源与日益增长的用户需求之间的矛盾。为此,通信技术的发展经历了以下过程。

(1) 从低频到高频。

(2) 从长波到短波。

(3) 从有线到无线。

(4) 从模拟无线电到数字无线电。

(5) 从硬件无线电到软件无线电。

根据 ITU 频率管理委员会的分配,移动通信可以利用的频谱资源是有限的,而移动通信业务量的需求却与日俱增。

如何提高通信系统的通信容量,始终是移动通信发展中的焦点。

1.3　无线通信与移动通信的基本技术

由于无线通信与移动通信系统的信息传输是在无线信道中完成的,因此,无线通信与移动通信系统中的各种新技术,都是针对无线信道的特点,以便提高通信系统的 3 个主要指标。

(1) 有效性。

(2) 可靠性。

(3) 安全性。

1.3.1　信道技术

在无线通信与移动通信系统的信道中,主要存在以下 4 种波。

(1) 直接波。

(2) 反射波。

(3) 绕射波。

(4) 散射波。

1. 信道的特点

移动信道具有以下 3 个主要特点。

（1）信号传播的开放性。

（2）接收点地理环境的复杂性和多样性。

（3）通信用户的随机移动性。

无线电波的直射波、反射波、散射波和绕射波的共同作用下,接收信号具有以下 4 种主要效应。

（1）阴影效应。

（2）远近效应。

（3）多径效应。

（4）多普勒效应。

2. 损耗与干扰

移动接收信号具有 3 类不同层次的损耗。

（1）路径传播损耗。

（2）大尺度衰落损耗。

（3）小尺度衰落损耗。

严重影响移动通信系统性能的主要噪声和干扰可分为以下 4 类。

（1）加性白高斯噪声（Additive White Gaussian Noise,AWGN）。

（2）符号间干扰（Intersymbol Interference,ISI）。

（3）多址干扰（Multi-Address Interference,MAI）。

（4）相邻小区（扇区）干扰（AC(S)I）。

3. 信道模型

移动信道在实际研究中,可以分为 4 种常用的信道模型。

（1）AWGN 信道。

（2）阴影衰落信道。

（3）平坦瑞利衰落信道。

（4）选择性衰落信道。

1.3.2 扩频技术

3G 系统都是码分多址（Code Division Multiple Access,CDMA）系统,CDMA 系统是在扩频技术基础上发展起来的无线通信系统。

1. 多址技术

移动通信中 4 种常用的多址技术是频分多址（Frequency-Division Multiple Access, FDMA）、时分多址（Time-Division Duplex Access,TDMA）、码分多址和空分多址（Space-Division Multiple Access,SDMA）,FDMA、TDMA、CDMA 技术示意图如图 1-4 所示。

频分多址是基于频率划分信道,把可以使用的总频段划分为 N 个频道,这些频道在频域上互不重叠,每个频道就是一个通信信道。

时分多址是在同一载波上,将时间分成周期性的帧,每一帧再分割成若干的时隙（每个时隙都互不重叠）,每个时隙是一个通信信道,分配给用户使用。

空分多址通过空间的分割来区别不同的用户。在移动通信中,常采用自适应阵列天线在不同用户方向上形成不同的波束,进而实现空间分割,SDMA 常与 FDMA、TDMA、

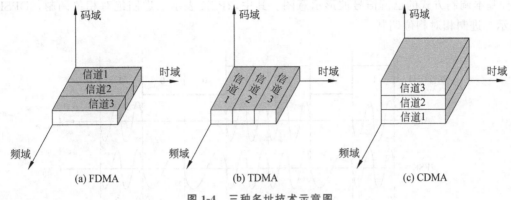

图 1-4　三种多址技术示意图

CDMA 结合使用。

2. 扩频通信

扩频通信,即扩展频谱通信,其通信方式如下。

(1)在发送端,用某个特定的扩频函数(如伪随机编码序列)将待传输的信号频谱扩展至很宽的频带,变为宽带信号,送入信道中传输。

(2)在接收端,再利用相应的技术或手段将扩展了的频谱进行压缩,恢复到基带信号的频谱,从而达到传输信息、抑制传输过程中噪声和干扰的目的。

扩频通信系统有以下两个主要特点。

(1)传输信号的带宽远大于被传输的原始信号的带宽。

(2)传输信号的带宽主要由扩频函数决定,此扩频函数通常为伪随机(伪噪声)编码信号。

1.3.3　调制技术

基带信号不适合在无线信道中传输,需要将基带信号通过载波调制,使其频谱搬移至适应不同信道特性的射频频带上,然后再进行传输。

1. 调制与解调

在数字通信系统中,调制与解调过程如下。

(1)在发送端,用基带数字信号控制高频载波,把基带数字信号变换为频带信号的过程称为数字调制。

(2)在接收端,通过解调器把频带信号还原成基带数字信号,这种数字信号的逆变换过程称为解调。

通常将数字调制和解调合起来称为数字调制,把包括调制和解调过程的传输系统称为数字信号的频带传输系统。

2. 数字调制

数字调制主要有 3 种形式。

(1)幅移键控(Amplitude Shift Keying,ASK)。

(2)频移键控(Frequency Shift Keying,FSK)。

(3)相移键控(Phase Shift Keying,PSK)。

它们分别对应于正弦波的幅度、频率、相位随着数字基带信号的变化而变化。图 1-5 为

4种基本调制方式的已调信号波形示意图。其中,2PSK 表示二进制绝对相位调制,2DPSK 表示二进制相对相位调制。

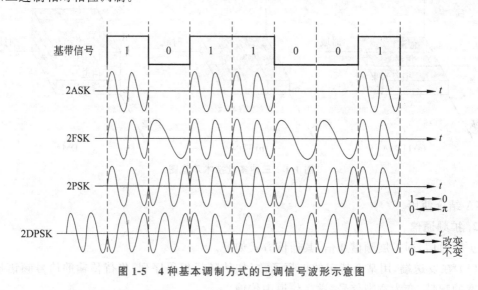

图 1-5　4 种基本调制方式的已调信号波形示意图

1.3.4　编码技术

数字通信系统中,为了提高系统的有效性与可靠性,通常需要进行信源编码和信道编码,如图 1-6 所示。

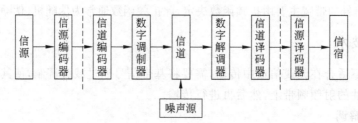

图 1-6　数字通信系统原理示意图

1. 信源编码

信源编码的目的是压缩数据率,去除信号中的冗余度,提高传输的有效性。其评价标准是在一定失真条件下要求数据速率越低越好。

按对信息处理有无失真,信源编码可分为无失真编码和限失真编码。

按信号性质分,可分为语音编码、图像编码、传真编码等。

按信号处理域分,可分为波形编码(或时域编码)、参量编码(或变换域编码)、混合编码。

信源编码主要完成两项任务。

(1) 将信源输出的模拟信号转换成数字信号(模数转换,即 A/D 变换)。

(2) 实现数据压缩。

在移动通信系统中,常用的信源编码包括语音编码和图像压缩编码等。

2. 信道编码

信道编码是移动通信系统中提高数据传输可靠性(减少差错)的有效方法。

信道编码通过加入校验位(即增加冗余)实现纠错和检错能力,其追求的目标是如何加入最少的冗余位而获得最好的纠错能力。

信道编码的目的是为了克服数字信号在存储或传输通道中产生的失真或错误,包括码间干扰产生的错误和外界干扰产生的突发性错误。

在移动通信系统中,常用的信道编码包括线性分组码和卷积码等。

1.3.5 控制技术

在 CDMA 移动通信系统中,存在以下问题。

(1) 远近效应。

(2) 边缘问题。

1. 远近效应

远近效应是指在上行链路中,如果小区内所有终端的发射功率相等,而各终端与基站的距离不同,由于传播路径不同,不同的路径损耗会使信号大幅度地变化,导致离基站接收距离较近终端的信号强,较远终端的信号弱。

2. 边缘问题

边缘问题是指在 CDMA 蜂窝移动通信系统中,移动终端进入小区边缘地区时,接收到其他小区的干扰大大增强,尤其是移动终端在此地区慢移动时,由于深度瑞利衰落的影响,差错编码和交织编码等抗衰落措施不能有效地消除其他小区信号对它的干扰。

3. 功率控制

功率控制的目的是确保发射机输出合适的发射功率,使得到达接收端的信号强度大致相同,尽量降低对其他信道的干扰,进而提高系统容量。

在 3G 系统 WCDMA 中,若从通信的上行、下行信道角度来划分,可分为上行功率控制和下行功率控制。

若从功率控制环路的类型来划分,又可分为开环功率控制和闭环功率控制。

在 CDMA 2000 系统中,功率控制也称为前向功率控制和反向功率控制。

1.3.6 收发技术

无线通信和移动通信系统中,射频信号的发射和接收技术非常重要。主要包括如下。

(1) 多用户信号检测技术。

(2) 分集接收技术。

(3) Rake 接收机。

(4) 智能天线技术等。

1. 多用户信号检测技术

无线信道,特别是移动无线信道,是时变信道,在时间域、频率域及空间域均存在随机扩散。

扩散和由之产生的衰落将严重恶化移动通信系统的性能,降低系统的频谱效率和系统容量。

对于 CDMA 系统,信道的扩散,特别是时间扩散,会使同一用户相邻符号间相互重叠产生相互干扰,即出现符号间干扰。

而由于地址码正交性的破坏,不同地址用户之间还会出现多址干扰。

多用户信号检测技术,是第三代移动通信系统中宽带 CDMA 通信系统抗干扰的关键技术。它在传统检测技术的基础上,充分利用造成多址干扰的所有用户信号的信息,对多个用户做联合检测,或从接收信号中减掉相互间干扰,有效地消除 MAI 的影响,从而具有优良的抗干扰性能。

多用户检测技术可分为线性检测和干扰消除。

干扰消除多用户检测技术包括串行干扰消除多用户检测、并行干扰消除多用户检测和判决反馈多用户检测。

2. 分集接收技术

由于移动信道中信号传播的开放性、接收点地理环境的复杂性和多样性以及通信用户的随机移动性。

对传输可靠性影响较大的衰落有下列两种。

(1) 小尺度衰落。

(2) 选择性衰落,包括如下。

① 时间选择性衰落。

② 频率选择性衰落。

③ 空间选择性衰落等。

对抗选择性衰落、提高移动通信系统传输可靠性的有效手段是分集接收技术。其基本思路如下。

(1) 在发送端,分别发送同一个信号。

(2) 在接收端,将不同的接收信号集中处理。

分集技术是利用接收信号在结构上和统计特性上的不同特点来加以区分,并按一定的方法进行合并处理来实现对抗衰落。分集重数越高,系统的传输可靠性亦越高。

按照信号的结构和统计特性,分集技术可分为空间分集、频率分集、时间分集。

按照合并方式,可分为选择性合并、等增益合并、最大比合并。

按照信号收发,分集技术可分为发送分集、接收分集、收发联合分集。

3. Rake 接收机

对于 CDMA 系统,在无线信道传输中,会出现时延的扩展,可以被认为是信号的再次传输。

如果这些多径信号相互间的时延,超过了一个码片的宽度,Rake 接收机就可以对它们分别进行解调,通过对多个信号进行分别处理合成得到接收信号,起到分集接收技术的效果。

Rake 接收不同于传统的空间、频率与时间分集技术,它充分利用了信号统计与信号处理技术,将分集的作用隐含在被传输的信号之中,所以又称为隐分集接收技术。

4. 智能天线技术

智能天线,即自适应天线阵列(Adaptive Array Antenna,AAA),最初应用于雷达、声呐等军事方面,主要用来完成空间滤波和定位,众所周知的相控阵雷达,就是一种比较简单的自适应天线阵。

智能天线具有抑制信号干扰、自动跟踪以及数字波束调节等智能功能,被认为是未来移动通信的关键技术。

智能天线是将无线电的信号导向具体的方向,产生空间定向波束,使天线主波束对准用户信号到达方向,旁瓣或零陷对准干扰信号到达方向,达到充分高效利用移动用户信号并删除或抑制干扰信号的目的。

智能天线可分为多波束天线和自适应天线阵列。

智能天线采用空分多址技术,利用信号在传输方向上的差别,将同频率、同时隙或同码道的信号区分开,以实现最大限度地利用有限的信道资源。

1.3.7 组网技术

为了解决移动通信频率资源有限和用户不断增加的矛盾,扩大系统容量,采用分区制和频率复用的组网技术。

在移动通信中通常采用正六边形、无空隙、无重叠地覆盖一定区域,构成小区。这种网络形同蜂窝,因此将小区形状为正六边形的小区制移动通信网称为蜂窝网。

当一个特定小区的用户容量和话务量增加时,小区可以被分裂成更小的小区,通过增加小区数(基站数)来增加信道的重用数,这个过程称为小区分裂,原理如图 1-7 所示。

● 原基站　○ 新基站

图 1-7　小区分裂原理示意图

通过使用定向天线,代替基站中单独的一根全向天线,可以减小蜂窝移动通信系统中的同频干扰,其中每个定向天线辐射某一个特定的扇区。

这种使用定向天线来减少同频干扰,从而提高系统容量的技术叫作扇区划分技术。

1.4　无线通信与移动通信系统的分类

无线通信与移动通信系统的分类方式很多。

1.4.1　移动通信系统的分类

按使用对象可分为民用设备和军用设备。

按使用环境可分为陆地通信、海上通信、空中通信。

按多址方式可分为频分多址、时分多址、码分多址和空分多址。

按覆盖范围可分为广域网、城域网、局域网和个人域网。

按业务类型可分为电话网、数据网和多媒体网。

按工作方式可分为同频单工、异频单工、半双工和异频双工。

按服务范围可分为专用网和公用网。

按信号形式可分为模拟网和数字网。

1.4.2 移动通信系统的工作方式

1. 同频单工

同频是指通信的双方使用相同工作频率。单工是指通信双方的操作采用"按—讲"(PTT)方式,如图 1-8 所示。

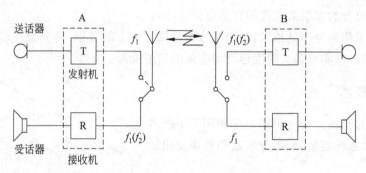

图 1-8 同频单工方式示意图

平时,双方的接收机均处于守听状态。如果 A 方需要发话,可按下 PTT 开关,发射机工作,并使 A 方接收机关闭。这时,由于 B 方接收机处于守听状态,即可实现由 A 至 B 的通话;同理,也可实现 B 至 A 的通话。

在该方式中,电台的收发信机是交替工作的,故收发信机不需要使用天线共用器,而是使用同一副天线。

2. 半双工制

半双工制方式如图 1-9 所示,中心转信台(A)使用一组频率,而移动台(B)采用单工制,主要用于有中心转信台的无线调度系统。

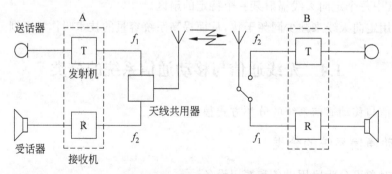

图 1-9 半双工制方式示意图

半双工制的优点如下。

(1) 移动台设备简单,价格低,耗电少。

（2）收发采用不同频率，提高了频谱利用率。

（3）移动台受邻近电台干扰小。

它的缺点是移动台仍需按键发话，松键受话，使用起来不方便。

3. 双工制

双工制方式如图 1-10 所示，是指通信的双方，收发信机均同时工作，即任一方在发话的同时，也能收听到对方的话音，无须按下 PTT 开关，类同于平时打市话，使用自然，操作方便。

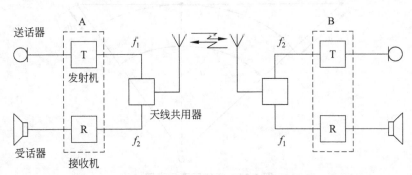

图 1-10 双工制方式示意图

双工制也可分为同频双工和异频双工。

异频双工制的优点如下。

（1）收发频率分开可大大减小干扰。

（2）用户使用方便。

缺点如下。

（1）移动台在通话过程中总是处于发射状态，因此功耗大。

（2）移动台之间通话需占用两个频道。

（3）设备较复杂，价格较贵。

在无中心台转发的情况下，异频双工电台必须配对使用，否则通信双方无法通话。

1.5 常用的无线通信与移动通信系统

本节简单介绍几种常用的无线通信与移动通信系统。

1.5.1 微波中继通信系统

微波通信是指用微波频率作载频携带信息进行通信的方式。

微波的传播特性类似于光的传播，沿直线传播，绕射能力很弱，一般可以进行视距内的传播。

所谓视距传播，就是指发射天线和接收天线处于相互能看见的视线距离内进行通信的传播方式。可以采用这种传播方式的通信有以下几种。

（1）地面通信。

（2）卫星通信。

（3）雷达。

如图1-11所示，设发射天线高度为h_1、接收天线高度为h_2，由于地球曲率的影响，当两天线 A、B 间的距离 $d<r_v$ 时，两天线互相"看得见"；当 $d>r_v$ 时，两天线互相"看不见"，距离 r_v 为收、发天线高度分别为 h_2 和 h_1 时的视线极限距离，简称视距。

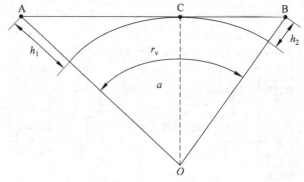

图 1-11　视线距离示意图

对于长距离通信可采用接力的方式，即为微波中继通信，或称微波接力通信。也可利用对流层传播进行通信，称为对流层散射通信；或利用人造卫星进行转发，即卫星通信。

一般说来，由于地球曲面的影响以及空间传输的损耗，每隔 50km 左右，就需要设置中继站，将电波放大转发而延伸通信距离。长距离微波通信干线可以经过几十次中继而传至数千千米仍可保持很高的通信质量。

微波中继站的设备包括天线、收发信机、调制器、多路复用设备以及电源设备、自动控制设备等。

中继站的作用是将信号进行再生、放大处理后，再转发给下一个中继站，以确保传输信号的质量。为了把电波聚集起来成为波束，送至远方，一般都采用抛物面天线，其聚焦作用可大大增加传送距离。

多个收发信机可以共同使用一个天线而互不干扰。我国现有微波系统，在同一频段同一方向可以有 6 个收信机和 6 个发信机同时工作，也可以有 8 个收信机和 8 个发信机同时工作，以增加微波电路的总体容量。

数字微波系统应用数字复用设备以 30 路电话按时分复用原理组成一次群，进而可组成二次群 120 路、三次群 480 路、四次群 1920 路，并经过数字调制器调制于发射机上。在接收端，经数字解调器还原成多路电话。

数字微波通信系列标准与光纤通信的同步数字系列（Synchronous Digital Hierarchy, SDH）完全一致，称为 SDH 微波。其在一条电路上的 8 个波道可同时传送三万多路数字电话（2.4Gbps）。

微波通信由于其频带宽、容量大，可以用于各种电信业务的传送，如电话、电报、数据、传真以及彩色电视等均可通过微波电路传输。微波通信具有良好的抗灾性能，对水灾、风灾以及地震等自然灾害，微波通信一般都不受影响。

在 1976 年的唐山大地震中，在京津之间的同轴电缆全部断裂的情况下，6 个微波通道全部安然无恙。20 世纪 90 年代的长江中下游的特大洪灾中，微波通信又一次显示了它保障通信的巨大威力。

图 1-12 为微波中继通信示意图。

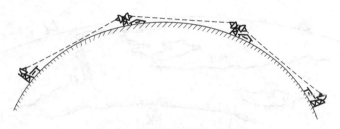

图 1-12 微波中继通信示意图

我国自 1956 年从国外引进第一套微波通信设备以来，经过仿制和自发研制，已经取得了很大的成就。

20 世纪 50 年代至 70 年代中期，是模拟微波接力通信系统蓬勃发展的时期。它与当时的同轴电缆载波传输系统，同为通信网长途传输干线的重要传输手段。

微波接力通信系统由于在工程上建设速度快、成本低、抗自然灾害能力强，特别是早期的城市间电视节目传输，主要依赖于模拟微波通信系统，当然也可承担长途电信传输的电话与非话电信业务，因而得到飞速发展。

20 世纪 70 年代中期至今，我国微波接力通信技术发展进入第二阶段，即由模拟转向数字，对于数字微波通信系统来说，是利用微波信道传输数字信号，因为基带信号为数字信号，所以称为数字微波通信系统。

现在我国数字微波通信设备水平已达到国际水平。

1.5.2　卫星通信系统

1. 低轨道卫星通信系统

卫星通信系统是地球上的微波通信站（地球站）利用人造地球卫星作为中继站而进行的通信，如图 1-13 所示。

从 1945 年克拉克提出三颗对地球同步的卫星可覆盖全球的设想以来，经历了 20 年左右，卫星通信才真正成为现实。

1957 年 10 月 4 日，苏联成功发射的世界上第一颗距地球高度约 1600km 的人造地球卫星，实现了对地球的通信，这是卫星通信历史上的一个重要里程碑。

1962 年 7 月，美国发射的第一个卫星微波接力站——Telstar 卫星，首次把现场的电视图像由美国传送到欧洲。卫星上装有无线电收发设备和电源，可对信号接收、处理、放大后再发射，从而大大提高了通信质量。

2. 同步卫星通信系统

同步卫星通信系统使利用微波的卫星通信得到了进一步发展。系统利用互成 120°角的三个定点同步卫星，卫星相对于地面是静止的，可以实现全球性的电视转播和通信联络，如图 1-14 所示。

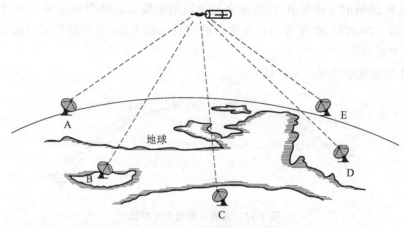

图 1-13　卫星通信示意图

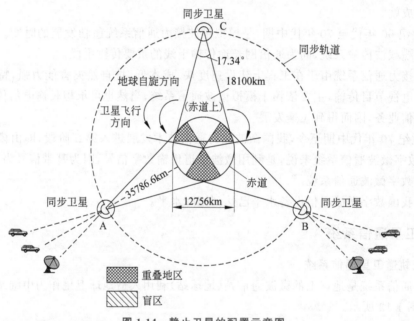

图 1-14　静止卫星的配置示意图

3. 卫星通信的特点

卫星通信同现在常用的电缆通信、微波通信等相比,有较多的优点,基本可以概括为几个字:远、多、好、活、省。

(1) 远:指卫星通信的距离远。俗话说,"站得高,看得远",同步通信卫星可以"看"到的地球最大跨度超过 18000km。在这个覆盖区内的任意两点都可以通过卫星进行通信,而微波通信一般是 50km 左右设一个中继站,一颗同步通信卫星的覆盖距离相当于 300 多个微波中继站的通信距离。

(2) 多:指通信路数多、容量大。一颗现代通信卫星,可携带几个到几十个转发器,可提供几路电视和成千上万路电话。

(3) 好:指通信质量好、可靠性高。卫星通信的传输环节少,不受地理条件和气象的影响,可获得高质量的通信信号。

（4）活：指运用灵活、适应性强。它不仅可以实现陆地上任意两点间的通信，而且能实现船与船、船与岸上、空中与陆地之间的通信，它可以结成一个多方向、多点的立体通信网。

（5）省：指成本低。在同样的容量、同样的距离下，卫星通信和其他的通信设备相比较，所耗的资金少，卫星通信系统的造价并不随通信距离的增加而提高，随着设计和工艺的成熟，成本还在降低。

1.5.3　散射通信系统

散射通信系统利用散射波进行通信。

电波在低空对流层中遇到不均匀的"介质团"时，就会发生散射，散射波的一部分到达接收天线处，这种传播方式称为不均匀介质的散射传播，如图 1-15 所示。

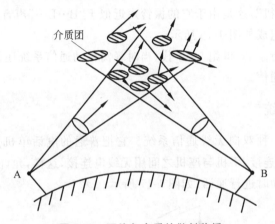

介质团

图 1-15　不均匀介质的散射传播

1. 对流层散射通信

对流层散射主要用于 100MHz 以上频段。对流层是大气的最低层，通常是指从地面算起至高达 $13\pm5km$ 的区域，在太阳的辐射下，受热的地面通过大气的垂直对流作用使对流层升温。

一般情况下，对流层的温度、压强、湿度不断变化，在涡旋气团内部及其周围的介电常数有随机的小尺度起伏，形成了不均匀的介质团。

当超短波、短波投射到这些不均匀体时，就在其中产生感应电流，成为一个二次辐射源，将入射的电磁能量向四面八方再辐射。

于是电波就到达不均匀介质团所能"看见"，但电波发射点却不能"看见"的超视距范围。电磁波的这种无规则、无方向的辐射，即为散射，相应的介质团被称为散射体。

对于任一固定的接收点来说，其接收场强就是收发双方都能"看见"的那部分空间——收、发天线波束相交的公共体积中的所有散射体的总和。

对流层散射通信的优点如下。

（1）容量大。

（2）可靠性高。

（3）保密性好。

单跳跨距达 300～800km,一般用于无法建立微波中继站的地区,如用于海岛之间或跨越湖泊、沙漠、雪山等地区。

2. 流星余迹通信

流星余迹通信系统也是一种散射通信系统。它利用流星余迹形成的不均匀介质的散射传播,实现通信。

由于流星余迹具有随机性,因此,流星余迹通信具有很强的保密性。西安电子科技大学在 20 世纪 70 年代开始研究流星余迹通信,并取得了许多成果,在国防科技中得到了重要应用。

1.5.4 无线寻呼系统

无线寻呼系统是一种单向无线通信系统。无线寻呼系统的用户设备是袖珍式接收机,称作袖珍铃,俗称"BB 机",这是由于它的振铃声近似于"B…B…"声音之故。

无线寻呼系统的组成如图 1-16 所示。

无线寻呼系统流行于 20 世纪 90 年代,当时蜂窝移动通信系统还没普及,许多人使用无线寻呼系统进行移动通信。

1.5.5 无绳电话系统

无绳电话系统是一种双向无线通信系统。它把普通的电话单机分成座机和手机两部分,座机与有线电话网连接,手机与座机之间用无线电连接,这样,允许携带手机的用户可以在一定范围内自由活动时进行通话,如图 1-17 所示。

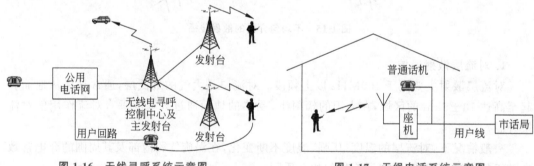

图 1-16　无线寻呼系统示意图　　　　图 1-17　无绳电话系统示意图

因为手机与座机之间不需要用线缆连接,故称之为无绳电话机。

无绳电话是一种以有线电话网为依托的无线通信方式,也可以说它是有线电话网的无线延伸,具有发射功率小、省电、设备简单、价格低廉、使用方便等优点,因而发展十分迅速。

自 20 世纪 90 年代起,数字无绳电话系统(低功率无线系统)在我国得到了广泛的应用,我国使用的标准是 PHS 和 CDCT。

1.5.6 小灵通系统

小灵通系统(Personal Access System,PAS)是一种灵活而功能强大的无线市话系统,PAS 主要由局端设备(RT)、基站控制器(RPC)、基站(RP)和提供漫游服务的空中话务控制器(ATC)组成,如图 1-18 所示。

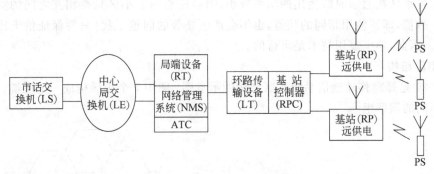

图 1-18　小灵通系统结构示意图

图中 PS 为移动台,是 PAS 终端用户(手持电话),它与基站通过无线方式通信。手持机内有天线、收/发信部分、语音编/解码部分和逻辑控制部分,还有听筒、振铃、送话器等人机对话接口。

基站通过空中接口与 PS 之间进行无线通信,而与 RPC 通过传输线相连接。

小灵通系统的主要参数如下。

(1) 频率范围:1900~1915MHz。

(2) 工作波长:15.7cm。

(3) 寻址方式:TDMA/TDD(时分多址/时分双工)。

(4) 调制方式:QPSK。

(5) 输出功率:手机及用户系统为 10mW(平均)。

PAS 技术通过市话固定电话网来发展移动业务,主要的技术有频率指配与多址技术、微蜂窝与信道分配技术、V5 接口技术、切换与漫游技术等。

小灵通手机与移动电话的主要区别如下。

(1) 通信系统不同,控制系统的核心及技术规范也不相同。

(2) 使用的微波频率不同,GSM 手机使用双频或全频段,而小灵通使用单频段。

(3) 发射的功率不同,小灵通手机的发射功率仅有 10mW,辐射极小,只有移动电话的百分之一,因此有"绿色通信"之称。

(4) 小灵通一般不用 SIM 卡和 UIM 卡,而是将鉴权密码和用户号码通过专用设备写入手机的 EEPROM 中。

1.5.7　蜂窝移动通信系统

蜂窝移动通信网络把整个服务区域划分成若干较小的区域(小区),用小功率基站发射机覆盖小区,许多小区组成蜂窝一样的网络,可以完整覆盖任意形状的服务区域。

1. 频率复用

相邻小区不允许使用相同的频道,否则会发生相互干扰(同道或同频干扰)。

把若干相邻的小区按一定的数目划组成区群,并把可供使用的无线频道分成等于区群中小区数的频率组,区群内各小区均使用不同的频率组。

任一小区所使用的频率组,在其他区群相应的小区中还可以重复用,这就是频率复用技术,如图 1-19 所示。

由于各小区在通信时所使用的功率较小,因而任意两个小区只要相互之间的空间距离大于某一数值,即使使用相同的频道,也不会产生显著的同道干扰(只要保证信干比高于某一门限)。因此,频率复用技术是可行的。

2. 小区结构

图 1-20 是蜂窝移动通信系统小区结构的示意图。图中 7 个小区构成一个区群。小区编号代表不同的频率组。

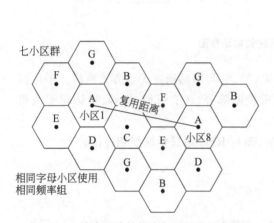

图 1-19　蜂窝系统的频率复用原理示意图

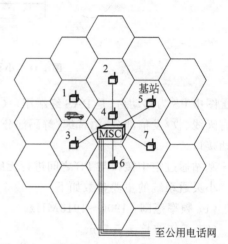

图 1-20　蜂窝移动通信系统小区结构的示意图

小区基站与移动交换中心(Mobile Switching Center,MSC)相连。MSC 在网中起控制和管理作用,对所在地区已注册登记的用户实施频道分配,建立呼叫,进行频道切换,提供系统维护和性能测试,并存储计费信息等。

3. 越区切换

当移动用户在蜂窝服务区中快速运动时,用户之间的通话常常不会在一个小区中结束。快速行驶的汽车在一次通话的时间内可能跨越多个小区。

当移动台从一个小区进入另一个相邻的小区时,其工作频率及基站与移动交换中心所用的接续链路,必须从它离开的小区转换到正在进入的小区,这一过程称为越区切换。

越区切换过程的控制原理如下。

(1)检测。当通信中的移动台到达小区边界时,该小区的基站能检测出此移动台的信号正在逐渐变弱,而邻近小区的基站能检测出这个移动台的信号正在逐渐变强。

(2)判决。系统收集来自这些有关基站的检测信息,进行判决,当需要实施越区切换时,就发出相应的指令。

(3)切换。根据指令,使正在越过边界的移动台将其工作频率和通信链路从即将离开的小区切换到进入的小区。

整个过程自动进行,用户并不知道,也不会中断行进中的通话。越区切换原理的示意图如图 1-21 所示。

4. 网络组成

图 1-22 是数字蜂窝移动通信系统的典型网络结构,其组成部分如下。

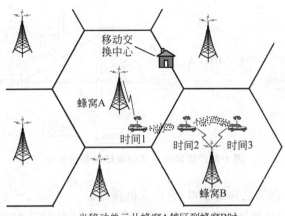

当移动单元从蜂窝A越区到蜂窝B时，
切换在移动交换中心的控制下进行

图 1-21　越区切换原理示意图

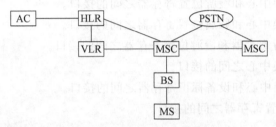

图 1-22　蜂窝移动通信系统的网络结构

（1）移动交换中心。

（2）基站子系统（Base Station Subsystem，BSS）（含基站控制器（Base Station Controller，BSC））。

（3）基站收发信台（Base Transceiver Station，BTS）。

（4）移动台（Mobile Station，MS），即手机或移动终端。

（5）归属位置寄存器（Home Location Register，HLR）。

（6）漫游位置寄存器（Visitor Location Register，VLR）。

（7）设备标识寄存器（Equipment Identity Register，EIR）。

（8）鉴权中心（Authentication Center，AUC）。

（9）操作维护中心（Operation Maintenance Center，OMC）。

网络通过移动交换中心与公共交换电话网（Public Switched Telephone Network，PSTN）、综合业务数字网（Integrated Services Digital Network，ISDN）以及公共数据网（Public Data Network，PDN）相连接。

5. 网络接口

蜂窝移动通信网络由若干基本部分（或称功能实体）组成。在用这些功能实体构建网络时，为了相互之间交换信息，有关功能实体之间都要用接口进行连接。同一通信网络的接口，必须符合统一的接口规范。

作为一个示例，图 1-23 给出的是典型蜂窝通信系统所用的各种接口。

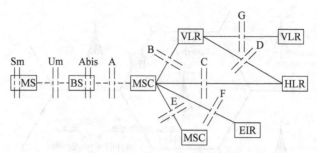

图 1-23 蜂窝移动通信系统的各种接口

（1）Sm 是用户和网络之间的接口，也称人机接口。

（2）Um 是移动台与基站收发信台之间的接口，也称无线接口或空中接口。

（3）A 是基站和移动交换中心之间的接口。

（4）Abis 是基站控制器和基站收发信台之间的接口。

（5）B 是移动交换中心和漫游位置寄存器之间的接口。

（6）C 是移动交换中心和归属位置寄存器之间的接口。

（7）D 是归属位置寄存器和漫游位置寄存器之间的接口。

（8）E 是移动交换中心之间的接口。

（9）F 是移动交换中心和设备标识寄存器之间的接口。

（10）G 是漫游位置寄存器之间的接口。

6. 网络管理

无论何时，当某一移动用户在接入信道上向另一移动用户或有线用户发起呼叫，或者某一有线用户呼叫移动用户时，移动通信网络就要按照预定的程序开始运转。

这一过程会涉及网络的各个功能部件，包括基站、移动台、移动交换中心、各种数据库以及网络的各个接口等。

网络要为用户呼叫配置所需的控制信道和业务信道，指定和控制发射机的功率，进行设备和用户的识别和鉴权，完成无线链路和地面线路的连接和交换。

最终，在主呼用户和被呼用户之间建立起通信链路，提供通信服务。此过程称为呼叫接续过程，提供移动通信系统的连接控制（或管理）功能。

1.5.8 集群移动通信系统

1. 集群系统原理

集群移动通信系统采用的基本技术是频率共用技术。其主要做法如下。

（1）把一些由各部门分散建立的专用通信网集中起来，统一建网和管理，并动态地利用分配给它们的有限个频道，以容纳数目更多的用户。

（2）改进频道共用的方式，即移动用户在通信的过程中，不是固定地占用某一个频道，而是在按下 PTT 时，才能占用一个频道；一旦松开 PTT，频道将被释放，变成空闲频道，并允许其他用户占用该频道。

2. 集群系统的用途与特点

集群系统主要以无线用户为主，即以调度台与移动台之间的通话为主。集群系统与蜂窝式通信系统在技术上有很多相似之处,但在主要用途、网络组成和工作方式上有很多差异。

集群通信系统属于专用移动通信网,适用于在各个行业(或几个行业合用)中间进行调度和指挥,对网中的不同用户常常赋予不同的优先等级。蜂窝通信系统属于公众移动通信网,适用于各阶层和各行业中个人之间的通信,一般不分优先等级。

集群通信系统根据调度业务的特征,通常具有一定的限时功能,一次通话的限定时间为 $15\sim60\mathrm{s}$(可根据业务情况调整)。蜂窝通信系统对通信时间一般不进行限制。

集群通信系统的主要服务业务是无线用户和无线用户之间的通信,蜂窝通信系统却有大量的无线用户与有线用户之间的通话业务。

3. 集群系统的组成

集群系统均以基本系统为模块,并用这些模块扩展为区域网。根据覆盖的范围及地形条件,基本系统可由单基站或多基站组成。

集群系统的控制方式有两种。

(1) 专用控制信道的集中控制方式。

(2) 随路信令的分布控制方式。

集群系统的基本设备如下。

(1) 转发器。它由收发信机和电源组成。每个频道均配一个转发器。对于分布式控制的集群系统,每个转发器均有一个逻辑控制单元。

(2) 天线共用设备。它包括天线、馈线和共用器(如收发天线共用器、基站的发射合路器和接收耦合器)。

(3) 系统控制中心(系统控制器)。分布式控制系统虽无集中控制中心,但在联网时,可通过无线网络控制终端。

(4) 调度台。调度台可分为无线调度台和有线调度台。无线调度台由收发信机、控制单元、操作台、天线和电源等组成;有线调度台可以是简单的电话机或带显示的操作台。

(5) 移动台。移动台有车载台和手机,它们均由收发信机、控制单元、天线和电源等组成。

1.5.9 自由空间量子通信系统

1. 量子通信的概念

量子力学的诞生深刻地改变了人类社会。20世纪推动社会发展的核能、激光、半导体等技术,都是以量子力学为基础。

量子特性在提高运算速度、确保信息安全、增大信息容量、提高检测精度等方面将突破经典信息系统的极限。

经典通信:电信号参数传送信息。量子通信:由量子态携带信息。量子密码通信提供了一种不可窃听、不可破译的绝对安全的密码技术。

量子密钥体系采用量子态为信息载体,量子力学原理保证其绝对安全。

(1) 量子具有不可分割性:不能分流信号窃听。

(2) 量子信号具有不可克隆性:不能复制信号窃听。

(3) 量子非定域性:量子隐形传态——先传量子态,后传信息。

单个粒子的量子态——偏振或相位等,可以用来编码、储存和传输信息,如果有一个窃密者想要窃取这些信息,就会在截获粒子的一瞬间改变其量子态,使信息失真,达不到窃密的目的,同时使储存、传输信息的人立即发觉被窃密。

纠缠粒子(EPR)对:在空间分开后,粒子 A 在地球,粒子 B 在月球。若单独测 A 或 B 的自旋,则等概率的向上或向下。若地球上已测得 A 的自旋向上,则 B 不管测量与否,必定自旋向下。

2. 量子通信的发展

1984 年,C. H. Bennett 和 G. Brassard 提出了第一个量子密钥分发协议,史称 BB84 协议。

1992 年,C. H. Bennett 提出量子信道传送经典信息的可能性。

1993 年,C. H. Bennett 发表了量子测量、量子信息提取、量子信道、信道容量的开创性的研究成果。

英国国防研究部在光纤中实现了 BB84 方案相位编码量子密钥分配实验。瑞士日内瓦大学进行了 BB84 协议偏振编码传输实验。

1997 年,潘建伟与荷兰学者波密斯特等人合作,首次实现了未知量子态的远程传输。

2003 年,Aspelmeyer 小组首次完成了自由空间的纠缠光子对分发实验,纠缠光子分发距离为 600m,为基于纠缠光子对的量子通信全球网络的建立提供了实验基础。

2007 年,中国科技大学在合肥建成了中国第一个量子通信局域网。

2012 年,中国科学家潘建伟等人在国际上首次成功实现百千米量级的自由空间量子隐形传态和纠缠分发。

2013 年,Weinfurther 小组完成了基于飞机运动平台的 20km 自由空间量子密钥分发实验。同年,潘建伟小组在青海湖完成了关于星地量子密钥分发的全方位论证实验,为基于卫星的量子通信、远距离的量子力学基本检验铺平了道路。

2018 年,潘建伟教授及其同事彭承志等组成的研究团队,联合中国科学院上海技术物理研究所王建宇研究组、国家天文台等,与奥地利科学院 AntonZeilinger 研究组合作,利用"墨子号"量子科学实验卫星,在中国和奥地利之间首次实现距离达 7600km 的洲际量子密钥分发,并利用共享密钥实现加密数据传输和视频通信。该成果标志着"墨子号"已具备实现洲际量子保密通信的能力,为未来构建全球化量子通信网络奠定了坚实基础。

3. 自由空间量子通信系统

自由空间单光子源量子通信通过量子密钥分发传输密钥,其安全性依赖于单光子不可分割性和量子不可克隆定理。只要随机地使用彼此正交的量子态表示信息,就可以确保通信的安全性。

自由空间纠缠光源量子通信的信息载体是纠缠光子对,通过纠缠光子分发建立量子纠缠信道,利用量子隐形传态原理,传输量子信息。基于纠缠的量子通信是绝对安全的。

图 1-24 为典型的量子通信系统原理框图,信源采用纠缠光子对源。

图中信源是纠缠光子对源。

自由空间量子通信系统的量子信道是自由空间,用于传输量子信息。

经典信道用于传输经典信息。

量子信道编码器通过引入冗余量子比特,建立起量子比特间的校验关系,其目的是使量

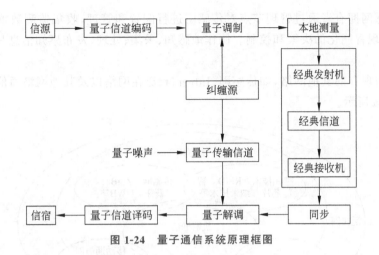

图 1-24　量子通信系统原理框图

子信息在信道中传输时能够克服量子噪声带来的影响。量子信道编码器的输出是由每 N 量子比特为一组构成的量子编码符号流。

量子调制器的作用是使得携带量子信息的量子信号的特性与信道特性匹配,这通过将待传送的量子比特与由纠缠源产生的 EPR 对构成复合系统来实现。

1.5.10　物联网无线通信系统

物联网是国家战略性新兴产业中新一代信息技术产业发展的核心领域,对国民经济发展发挥着重要作用。

目前,物联网是全球研究的热点领域,国内外都把它的发展提到了国家级的战略高度,被称为继计算机、互联网之后,世界信息产业的第三次浪潮。

1. 物联网的概念

物联网是通过射频识别(Radio Frequency Identification,RFID)、红外感应器、全球定位系统、激光扫描器等信息传感设备,按约定的协议,把任何物品与互联网连接起来,进行信息交换和通信,以实现智能化识别、定位、跟踪、监控和管理的一种网络。

物联网的基本特征可概括为整体感知、可靠传输和智能处理。

整体感知——可以利用射频识别、二维码、智能传感器等感知设备感知获取物体的各类信息。

可靠传输——通过对互联网、无线网络的融合,将物体的信息实时、准确地传送,以便信息交流、分享。

智能处理——使用各种智能技术,对感知和传送到的数据、信息进行分析处理,实现监测与控制的智能化。

2. 无线传感网

无线传感网(Wireless Sensor Network,WSN)是物联网的关键技术之一。

无线传感网是由若干具有无线通信与计算能力的感知节点,以网络为信息传递载体,实现对物理世界的全面感知,而构成的自组织分布式网络。

无线传感网的突出特征是采用智能计算技术对信息进行分析处理,从而提升对物质世界的感知能力,实现智能化的决策和控制。

无线传感网拥有者通过管理节点对传感网进行配置和管理,收集监测数据及发布监测控制任务,实现智能化的决策和控制。协作地感知、采集、处理、发布感知信息是传感网的基本功能。

物联网与现存的其他网络,如传感网、Internet、泛在网络以及其他网络通信技术之间的关系如图 1-25 所示。

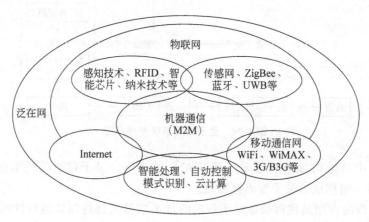

图 1-25　物联网与其他网络的关系示意图

3. 射频识别系统

射频识别是一种非接触式的自动识别技术,它利用射频信号及其空间耦合的传输特性,实现对静止或移动物品的自动识别。

一个简单的 RFID 系统由读写器、应答器或电子标签组成,其原理是由读写器发射特定频率的无线电波能量给应答器,用于驱动应答器电路,读取应答器内部的 ID 码。

由于 RFID 读取的方便性和安全性,它在第二代身份证、城市交通、铁路、网吧、危险物品管理等都得到了广泛的应用。

将射频识别技术与无线通信和移动通信系统相融合,虽然物品本身并不具备感知的功能,但可以利用支持 RFID 技术的电子终端,了解物品所处的外界环境,从而更好地实现对物品的数据读取、状态监测和远程管理控制等诸多业务。

这种融合的需求对移动设备提出了前所未有的挑战,如果需要手持设备支持丰富的融合业务,除了强大的处理器之外,还需要支持无线局域网(Wireless LAN,WLAN)、超宽带(Ultra-Wideband,UWB)、蓝牙、ZigBee、通用移动通信业务(Universal Mobile Telecommunications Service,UMTS)等诸多无线协议,用于支持移动通信、娱乐体验等的需求。

智能手机加上 RFID 技术,可以实时传递信息,上传、下载多媒体影音文件,提供数据的读取与更新、获取信息等功能,可以实现移动互联网。

通过智能终端系统结合日常生活中的各项物品,如家电用品等内含的电子标签,各项物品的服务经电子终端上的 RFID 读写器读取之后,产品的具体信息将显示于电子终端屏幕,从而达到服务数字化,并且无所不在,无所不用,大大提高了人们数字生活的方便程度。

随着 RFID 的相关设备成本的降低,未来日常生活中的各项物品,均有可能内嵌电子标签,那时,RFID 技术与 5G 系统的完美融合,可以真正实现物联网的目标,为人类未来的生活带来极大方便。

4. 低功耗广域网

考虑到生活中的应用场景,如远程抄表、环境监测、智能停车、位置追踪等,更需要一种覆盖广、成本低、部署简单、支持大连接的物联网技术,因此低功耗广域网(Low-Power Wide-Area Network,LPWAN)应运而生。

LPWAN 专为低带宽、低功耗、远距离、大量连接的物联网应用而设计,技术特点包括:传输距离远,一般超过 5km;节点功耗低,在典型物联网场景下两节 AA 电池可以使用数年;网络结构简单,运行维护成本低。

LPWAN 可分为两类:一类是工作于未授权频谱的 ZATA、LoRa、Sigfox 等技术;另一类是工作于授权频谱下,3GPP 支持的 2G/3G/4G 蜂窝通信技术,比如 EC-GSM、LTE-M、NB-IoT 等。

低功耗广域网技术的出现,填补了现有通信技术的空白,为物联网的更大规模发展奠定了基础。

1.6　本章小结

本章概述了无线通信与移动通信的基本概念、主要特点、基本技术、系统分类、常用系统等。

无线通信是指信息传输信道为无线信道的通信。

移动通信是指信源或信宿在移动中进行的通信。

无线信道属于随机变参信道。移动通信的主要特点:传播条件恶劣、噪声干扰严重、网络结构复杂、网络管理复杂、综合多种技术、设备要求苛刻、频谱资源有限。

为了提高无线通信和移动通信系统的有效性、可靠性和安全性,系统采取了许多技术,主要技术如下。

(1) 信道技术。

(2) 扩频技术。

(3) 调制技术。

(4) 编码技术。

(5) 控制技术。

(6) 收发技术。

(7) 组网技术等。

移动通信系统的分类如下。

(1) 按使用对象可分为民用设备和军用设备。

(2) 按使用环境可分为陆地通信、海上通信和空中通信。

(3) 按多址方式可分为频分多址、时分多址、码分多址和空分多址。

(4) 按覆盖范围可分为广域网、城域网、局域网和个人域网。

(5) 按业务类型可分为电话网、数据网和多媒体网。

(6) 按工作方式可分为同频单工、异频单工、半双工和异频双工等。

(7) 按服务范围可分为专用网和公用网。

（8）按信号形式可分为模拟网和数字网。

常用无线通信与移动通信系统包括如下。

（1）微波中继通信系统。

（2）卫星通信系统。

（3）散射通信系统。

（4）无线寻呼系统。

（5）无绳电话系统。

（6）小灵通系统。

（7）蜂窝移动通信系统。

（8）集群通信系统。

（9）自由空间量子通信系统。

（10）物联网无线通信系统、移动互联网等。

1.7 为进一步深入学习推荐的参考书目

为了进一步深入学习本章有关内容，向读者推荐以下参考书目。

[1] 李建东,郭梯云,邬国扬. 移动通信[M]. 4版. 西安：西安电子科技大学出版社,2006.

[2] 王华奎,李艳萍,张立毅,等. 移动通信原理与技术[M]. 北京：清华大学出版社,2009.

[3] 魏崇毓. 无线通信基础及应用[M]. 2版. 西安：西安电子科技大学出版社,2015.

[4] 杨家玮,张文柱,李钊. 移动通信基础[M]. 2版. 北京：电子工业出版社,2010.

[5] 徐福新. 小灵通(PAS)个人通信接入系统[M]. 北京：电子工业出版社,2002.

[6] 吴伟陵. 移动通信原理[M]. 2版. 北京：电子工业出版社,2009.

[7] 韦惠民,李白萍. 蜂窝移动通信技术[M]. 西安：西安电子科技大学出版社,2002.

[8] 樊昌信. 通信原理教程[M]. 4版. 北京：电子工业出版社,2019.

[9] 金荣洪,耿军平,范瑜. 无线通信中的智能天线[M]. 北京：北京邮电大学出版社,2006.

[10] 李立华. 移动通信中的先进数字信号处理技术[M]. 北京：北京邮电大学出版社,2005.

[11] Rappaport T S. 无线通信原理与应用[M]. 周文安,付秀花,王志辉,译. 2版. 北京：电子工业出版社,2006.

[12] 陈振国,郭文彬. 卫星通信系统与技术[M]. 北京：北京邮电大学出版社,2003.

[13] Oestges C. MIMO 无线通信——从现实世界的传播到空-时编码的设计[M]. 许方敏,译. 北京：机械工业出版社,2010.

[14] 吴功宜. 智慧的物联网[M]. 北京：机械工业出版社,2010.

[15] 刘化君,刘传清. 物联网技术[M]. 2版. 北京：电子工业出版社,2015.

[16] 尹浩,韩阳. 量子通信原理与技术[M]. 2版. 北京：电子工业出版社,2013.

[17] 杨伯君. 量子通信基础[M]. 2版. 北京：北京邮电大学出版社,2020.

[18] 张玉艳,方莉. 第三代移动通信[M]. 北京：人民邮电出版社,2009.

[19] Cox C. LTE 完全指南——LTE、LTE-Advanced、SAE、VoLTE 和 4G 移动通信[M]. 2版. 严炜烨,田军,译. 北京：机械工业出版社,2017.

[20] 张传福,赵立英,张宇,等. 5G 移动通信系统及关键技术[M]. 北京：电子工业出版社,2018.

1.8 习 题

(1) 什么是无线通信？

(2) 移动通信的特点是什么？

(3) 移动通信中使用的主要技术有哪些？

(4) 移动通信如何进行分类？

(5) 常用的无线通信与移动通信系统有哪些？

(6) 简述移动通信系统发展历程以及各阶段的特点。

(7) 什么是蜂窝移动通信系统？什么是小区制？并简述越区切换过程。

(8) 蜂窝移动通信系统的网络结构主要由哪几部分组成？

(9) 移动通信系统主要由哪几部分组成？简述各部分的主要作用。

第2章　无线通信基础

教学提示：无线通信与移动通信技术的基础是电磁场与电磁波、微波技术、天线技术和电波传播理论。本章介绍无线电基础知识，为读者更好地理解和掌握无线通信与移动通信技术提供帮助。

教学要求：通过本章的学习，应了解电磁场与电磁波、微波技术、天线技术和电波传播理论。应重点掌握微波导波技术、线天线、智能天线、卡塞格伦天线与无线电波传播理论。

2.1　无线电基础

当今社会，技术发展之迅猛，对人们生活影响之重大，首推无线电技术。射频/微波天线工程就是这一领域的核心。过去的 100 多年来，人们对射频/微波天线技术的认识和使用日趋成熟。

无线通信与移动通信系统的信道是无线信道，发送端天线发射的射频信号是无线电波，无线电波在自由空间中传播，到达接收端后，被接收天线所接收。因此，无线通信与移动通信技术的基础是无线电技术。

无线电技术的发展历史如图 2-1 所示。

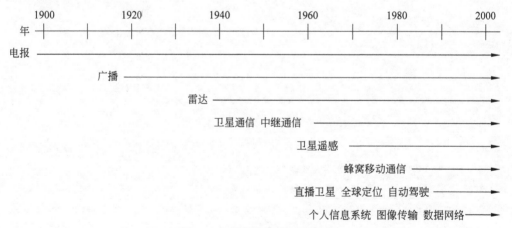

图 2-1　无线电技术的发展历史

2.1.1　自由空间中的麦克斯韦方程组

1873 年，麦克斯韦建立了完整描述电场和磁场定律的麦克斯韦方程组：

$$\nabla \times \boldsymbol{H}(r,t) = \frac{\partial}{\partial t}\boldsymbol{D}(r,t) + \boldsymbol{J}(r,t) \tag{2-1}$$

$$\nabla \times \boldsymbol{E}(r,t) = -\frac{\partial}{\partial t}\boldsymbol{B}(r,t) \tag{2-2}$$

$$\nabla \cdot \boldsymbol{D}(r,t) = \rho(r,t) \tag{2-3}$$

$$\nabla \cdot \boldsymbol{B}(r,t) = 0 \tag{2-4}$$

其中，$\boldsymbol{E}(r,t)$ 为电场强度矢量（V/m），$\boldsymbol{B}(r,t)$ 为磁感应强度矢量（Wb/m²），$\boldsymbol{H}(r,t)$ 为磁场强度矢量（A/m），$\boldsymbol{D}(r,t)$ 为电位移矢量（C/m²），$\boldsymbol{J}(r,t)$ 为电流密度矢量（A/m²），$\rho(r,t)$ 为电荷密度（C/m³）。

麦克斯韦方程组是自由空间与介质中电磁场的基本定律。指出电与磁是相互转化、相互依赖、相互对立的，共存于统一的电磁波中。

电/磁场的空间变化，引起磁/电场的时间变化。

电/磁场的时间变化，导致磁/电场的空间变化。

自由空间的特性，由下面的物质本构关系确定。

$$\boldsymbol{D} = \varepsilon_0 \boldsymbol{E} \tag{2-5}$$

$$\boldsymbol{B} = \mu_0 \boldsymbol{H} \tag{2-6}$$

其中，$\varepsilon_0 = 8.85 \times 10^{-12}$（F/m）为自由空间中的介电常数，$\mu_0 = 4\pi \times 10^{-7}$（H/m）为自由空间中的磁导率。

2.1.2 波动方程

在自由空间无源区域，$\boldsymbol{J} = 0$，$\rho = 0$。由麦克斯韦方程组可以得到波动方程

$$\nabla^2 \boldsymbol{E} - \mu_0 \varepsilon_0 \frac{\partial^2}{\partial t^2} \boldsymbol{E} = 0 \tag{2-7}$$

这就是亥姆霍兹方程。

2.1.3 电磁波

满足波动方程的解，就是电磁波。

讨论一种电磁波沿 $\hat{z}$ 方向传播的情况，设 $E_y = E_z = 0$，E_x 只是 z 和 t 的函数，与 x 和 y 无关，则电场矢量可以写成 $\boldsymbol{E} = \hat{x} E_x(z,t)$。

它所满足的波动方程可以简化为

$$\frac{\partial^2}{\partial z^2} E_x - \mu_0 \varepsilon_0 \frac{\partial^2}{\partial t^2} E_x = 0 \tag{2-8}$$

其最简单的解为

$$\boldsymbol{E} = \hat{x} E_0 \cos(kz - \omega t) \tag{2-9}$$

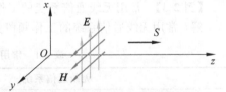

这就是自由空间无源区域中，沿 $\hat{z}$ 方向传播的电磁波，如图 2-2 所示。

图 2-2　沿 $\hat{z}$ 方向传播的电磁波

【例 2-1】　自由空间无源区域中，求沿 $\hat{z}$ 方向传播的电磁波的磁场强度矢量。

解：利用麦克斯韦方程组和本构关系，可以得到

$$\boldsymbol{H} = \hat{y} \sqrt{\frac{\varepsilon_0}{\mu_0}} E_0 \cos(kz - \omega t) \tag{2-10}$$

把式（2-9）代入简化的波动方程，可以得到色散关系

$$k^2 = \omega^2 \mu_0 \varepsilon_0 \tag{2-11}$$

它描述了空间频率 k 与时间频率 ω 之间的重要关系。

【例 2-2】　自由空间无源区域中，求沿 $-\hat{z}$ 方向传播的电磁波。

解：对于沿 $-\hat{z}$ 方向传播的电磁波，当时间 t 增加时，z 必须减少，才能保证 $kz + \omega t$ 为

常数。因此

$$E = \hat{x}E_0\cos(kz + \omega t) \tag{2-12}$$

2.1.4 电磁波频谱

图 2-3 给出了电磁波的频谱波段划分情况。

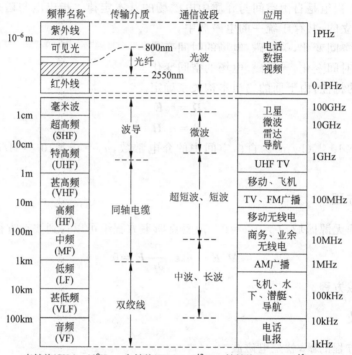

吉赫兹(GHz)：10^9Hz；太赫兹(THz)：10^{12}Hz；拍赫兹(PHz)：10^{15}Hz

图 2-3 电磁波的频谱波段划分

【例 2-3】 常用无线通信系统的工作频段。

解：常用无线通信系统的工作频段如表 2-1 所示。

表 2-1 常用无线通信系统的工作频段

无线通信系统		工 作 频 段
调幅(AM)无线电收音机		535~1605kHz
短波收音机		3~30MHz
调频(FM)收音机		88~108MHz
机场导航设备		108~112MHz
商业电视	2~4 频道	54~72MHz
	5~6 频道	76~88MHz
	7~13 频道	174~216MHz
	14~83 频道	470~890MHz
通信卫星	上行	5.925~6.425GHz
	下行	3.70~4.20GHz

2.1.5 边界条件

在一个平面边界两边,场矢量满足边界条件:

$$D_{1z} - D_{2z} = \rho_s \qquad (2\text{-}13)$$

场矢量 D 的法向分量在边界两边的差值,就等于边界上的表面电荷密度。

$$B_{1z} - B_{2z} = 0 \qquad (2\text{-}14)$$

场矢量 B 的法向分量在边界上是连续的。

$$\hat{s} \times (\boldsymbol{H}_1 - \boldsymbol{H}_2) = J_s \qquad (2\text{-}15)$$

场矢量 H 的平行于边界的分量的差值,就等于边界上的表面电流密度。

$$\hat{s} \times (\boldsymbol{E}_1 - \boldsymbol{E}_2) = 0 \qquad (2\text{-}16)$$

场矢量 E 的切向分量在边界上是连续的。

2.1.6 电磁波的极化

电磁波的极化是指,电场强度矢量 E 的矢端在空间随时间变化的方向。常见的极化状态包括 3 种。

(1) 线极化:如果电场强度矢量 E 的矢端是在一条直线上运动,就是线极化波。

(2) 圆极化:如果电场强度矢量 E 的矢端的运动轨迹是一个圆,就是圆极化波。

(3) 椭圆极化:如果电场强度矢量 E 的矢端的运动轨迹是一个椭圆,就是椭圆极化波。

如果用右手的拇指指向波传播的方向,其他四指所指的方向正好是电场强度矢量运动的方向,就是右旋极化波;否则,就是左旋极化波。

极化与振幅、频率、相位都是电磁波的重要物理量,在无线通信与移动通信中,可以携带电磁波的信息。

【例 2-4】 讨论电磁波的极化状态。

解: 将电场强度矢量 E,在垂直于波的传播方向上分解为两个分量。对于空间中一点

$$E(t) = \hat{h}E_h + \hat{v}E_v = \hat{h}\,e_h\cos(\omega t - \phi_h) + \hat{v}\,e_v\cos(\omega t - \phi_v) \qquad (2\text{-}17)$$

其中,$\hat{h}$、$\hat{v}$ 与波的传播方向 $\hat{k}$ 构成一个相互垂直的正交系,e_h 和 e_v 都是纯正数。

(1) 若 $\phi_v - \phi_h = 2m\pi$,$m = 0,1,2,\cdots$ 为整数,则

$$E(t) = \hat{h}\,e_h\cos(\omega t - \phi_h) + \hat{v}\,e_v\cos(\omega t - \phi_h) \qquad (2\text{-}18)$$

其电场强度矢量的端点在 1、3 象限中的一条直线上运动,是线极化波。

(2) 若 $\phi_v - \phi_h = (2m+1)\pi$,$m = 0,1,2,\cdots$,则

$$E(t) = \hat{h}\,e_h\cos(\omega t - \phi_h) - \hat{v}\,e_v\cos(\omega t - \phi_h) \qquad (2\text{-}19)$$

其电场强度矢量的端点在 2、4 象限中的一条直线上运动,是线极化波。

(3) 若 $\phi_v - \phi_h = \dfrac{\pi}{2}$,$e_h = e_v = e_0$,则

$$E(t) = e_0[\hat{h}\cos(\omega t - \phi_h) + \hat{v}\cos(\omega t - \phi_h)] \qquad (2\text{-}20)$$

将上式中的时间变量 t 消去,得到

$$E_h^2 + E_v^2 = e_0^2 \qquad (2\text{-}21)$$

这是一个半径为 e_0 的圆,因此,是圆极化波。

另外,当 h 分量取其最大值 e_0 时,v 分量为零。随着时间的增加,v 分量将不断增加,h 分量不断减少。电场强度矢量 E 的端点,由 E_h 轴的正方向向 E_v 轴的正方向旋转,因此,是右旋波。

综上所述,这个波是右旋圆极化波。

(4) 若 $\phi_v - \phi_h = -\dfrac{\pi}{2}$,$e_h = e_v = e_0$,则

$$E(t) = e_0 \left[\hat{h} \cos(\omega t - \phi_h) - \hat{v} \cos(\omega t - \phi_h) \right] \tag{2-22}$$

将上式中的时间变量 t 消去,得到

$$E_h^2 + E_v^2 = e_0^2 \tag{2-23}$$

这是一个半径为 e_0 的圆,因此,是圆极化波。

另外,当 h 分量取其最大值 e_0 时,v 分量为零。随着时间的增加,v 分量将不断增加,h 分量不断减少。电场强度矢量 E 的端点,由 E_h 轴的正方向向 E_v 轴的负方向旋转,因此,是左旋波。

综上所述,这个波是左旋圆极化波。

(5) 若 $\phi_v - \phi_h = \dfrac{\pi}{2}$,则

$$E(t) = \hat{h}\, e_h \cos(\omega t - \phi_h) + \hat{v}\, e_v \cos(\omega t - \phi_h) \tag{2-24}$$

是右旋椭圆极化波。

(6) 若 $\phi_v - \phi_h = -\dfrac{\pi}{2}$,则

$$E(t) = \hat{h}\, e_h \cos(\omega t - \phi_h) - \hat{v}\, e_v \cos(\omega t - \phi_h) \tag{2-25}$$

是左旋椭圆极化波。

2.1.7 坡印廷定理

麦克斯韦方程组严格遵守能量守恒定律。

由麦克斯韦方程组可以得到坡印廷定理

$$\nabla \cdot (E \times H) + H \cdot \frac{\partial B}{\partial t} + E \cdot \frac{\partial D}{\partial t} = -E \cdot J \tag{2-26}$$

坡印廷矢量

$$S = E \times H \tag{2-27}$$

式(2-26)左边是功率流密度(量纲为 W/m^2)和电磁场的储能时间变化率,右边是电流提供的功率。

【例 2-5】 一个电磁波的电场强度为

$$E_0 = 3 \times 10^6 \, V/m$$

求其功率密度和辐射压强。

解:功率密度为

$$P = \frac{E_0^2}{2\eta_0} = 1.2 \times 10^{10} \, W/m^2 \tag{2-28}$$

辐射压强为

$$p = \frac{P}{v_0} = \frac{\varepsilon_0 E_0^2}{2} = 40 \text{N/m}^2 \qquad (2\text{-}29)$$

2.2 微波技术

研究微波的产生、放大、传输、辐射、接收和测量的学科称为"微波技术",它是近代科学技术的重大成就之一。

微波是频率在 300MHz～3000GHz、波长在 1m～0.1mm(空气中)的射频无线电波,如图 2-4 所示。

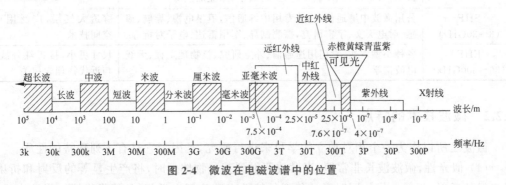

图 2-4　微波在电磁波谱中的位置

在电磁波的频谱中,微波的左边是超短波,右边是红外光波。

微波包括分米波、厘米波、毫米波和亚毫米波。

微波技术所涉及的无线电频谱,是分米波到毫米波段范围内的无线电信号的发射与接收设备的工作频率。具体地讲,这些技术包括信号的产生、调制、功率放大、辐射、接收、低噪声放大、混频、解调、检测、滤波、衰减、移相、开关等各个模块单元的设计和生产。它的基本理论是经典的电磁场理论。

2.2.1　常用微波频段

常用微波频段如表 2-2 所示。

表 2-2　常用微波频段

波 段 符 号	频率/GHz	波 段 符 号	频率/GHz
UHF	0.3～1.12	Ka	26.5～40.0
L	1.12～1.7	Q	33.0～50.0
LS	1.7～2.6	U	40.0～60.0
S	2.6～3.95	M	50.0～75.0
C	3.95～5.85	E	60.0～90.0
XC	5.85～8.2	F	90.0～140.0
X	8.2～12.4	G	140.0～220.0
Ku	12.4～18.0	R	220.0～325.0
K	18.0～26.5		

频谱作为一种资源,需要进行严格管理。国际电信联盟的文件中,规定了雷达、通信、导航、工业应用等无线电设备所允许的工作频段。

表 2-3 是各无线电频段的基本用途。各个不同的用途在相应频段内只占有很小的一段频谱。

表 2-3　各无线电频段的基本用途

频　　段	基　本　用　途	备　　注
VHF 和 UHF (30~3000MHz)	电视广播,警察、防灾、道路、电力、矿山、汽车、火车、航空、卫星通信,行业专用指挥系统,个人无线电,气象雷达、地面雷达、海事雷达、二次雷达,生物医学,工业加热等	技术发展最成熟,应用最广泛,频谱最拥挤
SHF (3~30GHz)	公用微波中继通信,行政专用中继通信,卫星电视、导航、遥感,射电天文、宇宙研究,探测制导、军用雷达、电子对抗等	穿透大气层,广泛用于空间技术
EHF (30~300GHz)	各种小型雷达、专门用途通信、外空研究、核物理工程、无线电波谱学	尺寸更小,接近红外线,与近代物理学相关

2.2.2　微波技术的特点

微波之所以作为一个相对独立的学科来进行研究,是因为它具有下列独特的性质。

(1) 似光性,微波波长非常短,当微波照射到某些物体上时,将产生显著的反射和折射,像光线的反射、折射一样。同时微波传播的特性也和几何光学相似,能像光线一样地直线传播和容易集中,即具有似光性。

因此,利用微波就可以获得方向性好、体积小的天线设备,用于接收地面上或宇宙空间中各种物体反射回来的微弱信号,从而确定该物体的方位和距离,这就是无线通信中的雷达、导航技术的基础。

(2) 穿透性,微波照射于介质物体时,能深入该物体内部的特性称为穿透性。微波是射频波谱中能穿透电离层的电磁波,因而成为人类探测外层空间的"宇宙窗口"。

毫米波还能穿透等离子体,是远程导弹和航天器重返大气层时实现无线通信和末端制导的重要手段。

(3) 信息性,微波频段占用的频带约 3000GHz,而全部长波、中波和短波频段占有的频带总和不足 30MHz。

微波波段的信息容量是非常巨大的,即使是很小的相对带宽,其可用的频带也是很宽的,可达数百兆赫兹甚至吉赫兹。所以,现代多路通信系统,包括卫星通信系统,几乎无例外地都工作在微波波段。

此外,微波信号还可提供相位信息、极化信息、多普勒频率信息。这在目标探测、遥感、目标特征分析等应用中是十分重要的。

2.2.3　微波铁三角

在微波技术与工程中,频率、阻抗和功率是三大核心指标,故将其称为微波铁三角。它能够形象地反映微波技术与工程的基本内容。

这三方面既有独立特性,又相互影响,三者的关系可以用图 2-5 表示。

频率是微波工程中最基本的一个参数,对应于无线系统所工作的频谱范围,也规定了所

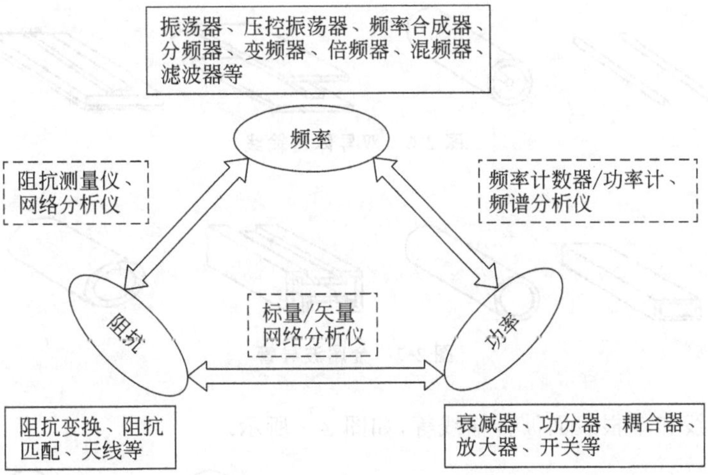

图 2-5　微波铁三角示意图

研究的微波电路的基本前提,进而决定微波电路的结构形式和器件材料。

功率用来描述微波信号的能量大小。所有电路或系统的设计目标都是实现微波能量的最佳传递。

阻抗是在特定频率下,描述各种微波电路对微波信号能量传输的影响的一个参数。电路的材料和结构对工作频率的响应决定电路阻抗参数的大小。工程实际中,应设法改进阻抗特性,实现能量的最大传输。

微波电路的经典用途是通信和雷达系统。近年来发展最为迅猛的当数无线通信与移动通信系统。

2.2.4　微波传输线

微波传输线是用于传输微波信息和能量的各种形式的传输系统的总称,它的作用是引导电磁波沿一定方向传输,因此又称为导波系统,其所导引的电磁波被称为导行波。

一般将截面尺寸、形状、介质分布、材料及边界条件均不变的导波系统称为规则导波系统,又称为均匀传输线。

把导行波传播的方向称为纵向,垂直于导波传播的方向称为横向。无纵向电磁场分量的电磁波称为横电磁波,即 TEM 波。

传输线本身的不连续性可以构成各种形式的微波无源元器件,这些元器件和均匀传输线、有源元器件及天线一起构成微波系统。

微波传输线可以分为 3 类。

(1)第一类是双导体传输线,它由两根或两根以上平行导体构成,因其传输的电磁波是横电磁波(TEM 波)或准 TEM 波,故又称为 TEM 波传输线,主要包括平行双线、同轴线、带状线和微带线等,如图 2-6 所示。

(2)第二类是均匀填充介质的金属波导管,因电磁波在管内传播,故称为波导,主要包括矩形波导、圆波导、脊形波导和椭圆波导等,如图 2-7 所示。

(3)第三类是介质传输线,因电磁波沿传输线表面传播,故称为表面波波导,主要包括

图 2-6 双导体传输线

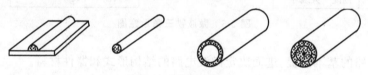

图 2-7 金属波导管

介质波导、镜像线和单根表面波传输线等,如图 2-8 所示。

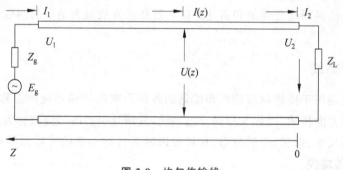

图 2-8 介质传输线

2.2.5 传输线方程

设传输线始端接信号源,终端接负载,如图 2-9 所示。

图 2-9 均匀传输线

传输线方程为

$$
\begin{cases}
\dfrac{\mathrm{d}U(z)}{\mathrm{d}z} = ZI(z) \\[2mm]
\dfrac{\mathrm{d}I(z)}{\mathrm{d}z} = YU(z)
\end{cases}
\tag{2-30}
$$

其中,$Z = R + \mathrm{j}\omega L$ 为单位长串联阻抗,$Y = G + \mathrm{j}\omega C$ 为电位长并联导纳。

2.2.6 波导

波导是微波工程中应用最为广泛的传输系统之一,矩形波导通常由金属材料制成,截面为矩形,内部为空气,如图 2-10 所示,a 为矩形波导的宽边,b 为窄边。

矩形波导中只能传输 TE 波和 TM 波。具有最低截止频率的模式称为主模,所以 TE₁₀ 波是矩形波导的主模。

工作波长小于截止波长的模式都可以在矩形波导中传播,因此,对于给定的工作波长,波导中可以存在多种传播模式。图 2-11 给出了矩形波导中各种模式的截止波长分布图(设 $2b<a$)。

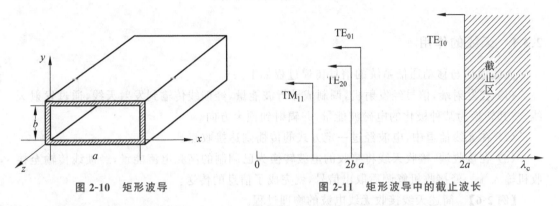

图 2-10 矩形波导   图 2-11 矩形波导中的截止波长

为实现单模传输,需要使用 TE₁₀ 波。系统工作波长需要满足条件:

$$a < \lambda < 2a, \quad 2b < \lambda$$

圆形波导是截面为圆形的空心金属波导,简称圆波导,如图 2-12 所示。圆波导具有加工方便、双极化、低损耗等优点,它也是应用较广泛的波导。圆波导的主模是 TE₁₁ 模。

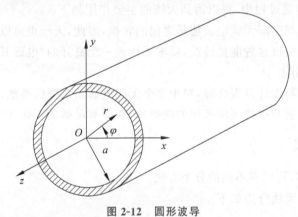

图 2-12 圆形波导

2.3 天线技术

无线通信与移动通信系统利用无线电波来传递信息,如电视、广播、雷达、导航、移动通信、卫星等无线通信系统,如图 2-13 所示。

无线通信系统包括以下两部分。

(1) 发射系统,此部分包括发射机、馈线、发射天线。

(2) 接收系统,此部分包括接收天线、馈线、接收机。

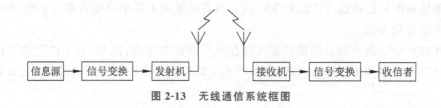

图 2-13　无线通信系统框图

2.3.1　天线的作用

无线通信与移动通信系统的信息传递过程如下。

（1）在发射端，信号经发射机，调制成导行波能量，经馈线传输到发射天线，通过发射天线，将其转换为某种极化的电磁波能量，并辐射到预定方向。

（2）在无线信道中，电波经过一定方式的传播到达接收点。

（3）在接收端，接收天线将接收的电波转换为已调制的高频电流能量，经馈线传输至接收机输入端。经接收机解调后取出信号，就完成了信息的传送。

【例 2-6】　简述天线接收无线电波的物理过程。

解：天线导体在空间电场的作用下产生感应电动势，并在导体表面激励起感应电流，在天线的输出端产生电压，在接收机回路中产生电流。

所以，接收天线是一个把空间电磁波能量转换成高频电流能量或导波能量的转换装置，其工作过程是发射天线的逆过程。

从上述的信息传递过程中，可以得到天线的主要作用如下。

（1）完成导行波与空间无线电波能量之间的转换，因此，天线也可以称为能量转换器。

（2）为了有效地完成这种能量转换，要求天线是一个良好的"电磁开放系统"，还要求天线与它的源和负载匹配。

（3）天线的选择与设计是否合理，对于整个无线电通信系统的性能，会有很大的影响。

（4）天线应能发射和接收预定极化的电磁波，并应有足够的工作频率范围。

2.3.2　天线的分类

天线的种类很多，可以有不同的分类方法。

（1）按用途可将天线分为如下。

① 通信天线。

② 导航天线。

③ 广播电视天线。

④ 雷达天线。

⑤ 卫星天线等。

（2）按工作波长可将天线分为如下。

① 超长波天线。

② 长波天线。

③ 中波天线。

④ 短波天线。

⑤ 超短波天线。

⑥ 微波天线等。

（3）按辐射元的类型可将天线分为如下。

① 线天线。

② 面天线。

线天线由半径远小于波长的金属导线构成，主要用于长波、中波和短波波段。面天线由尺寸大于波长的金属或介质面构成，主要用于微波波段。

（4）按天线特性又有不同的分类方式如下。

① 按方向特性可将天线分为如下。

· 定向天线。

· 全向天线。

· 强方向性天线。

· 弱方向性天线。

② 按极化特性可将天线分为如下。

· 线极化（包括垂直极化和水平极化）天线。

· 圆极化（包括左旋圆极化和右旋圆极化）天线。

③ 按频带特性可将天线分为如下。

· 窄频带天线。

· 宽频带天线。

· 超宽频带天线。

（5）按馈电方式可将天线分为如下。

① 对称天线。

② 非对称天线。

（6）按天线上的电流可将天线分为如下。

① 行波天线。

② 驻波天线。

（7）按天线外形可将天线分为如下。

① V 形天线。

② 菱形天线。

③ 环行天线。

④ 螺旋天线。

⑤ 喇叭天线。

⑥ 反射面天线等。

2.3.3 电基本振子

电基本振子又称电流元或赫兹偶极子，是一段载有高频电流的短导线，其长度远远小于波长。沿振子各点的电流的振幅均匀分布，相位相同，如图 2-14 所示。

电基本振子是构成各种线天线的最基本单元。任何形式的线天线都可以看成是由许多电基本振子组成的。线天线在空间中的辐射场，可以看作是由这些电基本振子的辐射场叠加得到的。

在球坐标系中,研究电基本振子的辐射场,如图 2-15 所示。

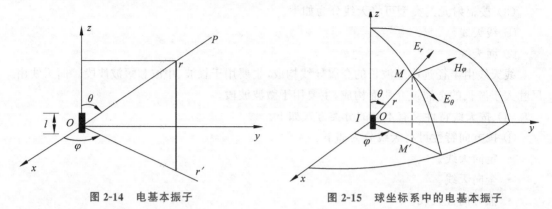

图 2-14　电基本振子　　　　　图 2-15　球坐标系中的电基本振子

1. 近区($kr \ll 1$)

$$E_r = -\mathrm{j}\, \frac{Il}{4\pi r^3} \cdot \frac{2}{\omega \varepsilon_0} \cos\theta$$

$$E_\theta = -\mathrm{j}\, \frac{Il}{4\pi r^3} \cdot \frac{1}{\omega \varepsilon_0} \sin\theta \quad\quad\quad (2\text{-}31)$$

$$H_\varphi = \frac{Il}{4\pi r^2} \sin\theta$$

近区场具有以下特点。

(1) 近区场随距离 r 的增大而迅速减小。

(2) 电场滞后于磁场$90°$,由于电场和磁场存在 $\pi/2$ 的相位差,因此坡印廷矢量是虚数,每周期平均辐射的功率为零。

在近区,电磁能量在源和场之间来回振荡。在一个周期内,场源供给场的能量等于从场返回到场源的能量,能量在电场和磁场以及场与源之间交换,而没有能量向外辐射,所以近区场也称为感应场。

2. 远区($kr \gg 1$)

$$E_\theta = \mathrm{j}\, \frac{60\pi Il}{\lambda r} \sin\theta \cdot \mathrm{e}^{-\mathrm{j}\beta r}$$

$$E_\varphi = \mathrm{j}\, \frac{Il}{2\lambda r} \sin\theta \cdot \mathrm{e}^{-\mathrm{j}\beta r} \quad\quad\quad (2\text{-}32)$$

$$E_r \approx 0$$

$$H_r = H_\theta = E_\varphi = 0$$

远区场具有以下特点。

(1) 远区场的电场强度矢量,只有两个分量,它们在空间上相互垂直,在时间上同相位,所以其坡印廷矢量是实数。

在远区,电磁波是一个沿着径向向外传播的横电磁波,电磁能量离开场源向空间辐射,不再返回,所以远区场又称辐射场。

(2) 辐射场的电场强度与磁场强度之比是一常数,它具有阻抗的量纲,称为波阻抗。由于两者的比值为一常数,故在研究电基本振子的辐射场时,只需讨论两者中的一个量即可。远区场具有与平面波相同的特性。

(3) 辐射场的强度与距离成反比,即随着距离的增大,辐射场减小。这是因为辐射场是以球面波的形式向外扩散的,当距离增大时,辐射能量分布到半径更大的球面上。

(4) 辐射场是有方向性的,在振子轴的方向上辐射为零,而在通过振子中心并垂直于振子轴的方向上,辐射最强,如图 2-16 所示。

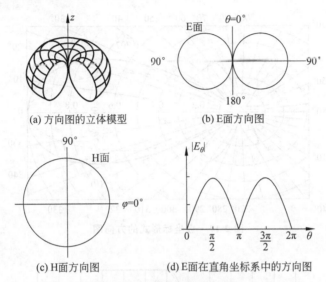

(a) 方向图的立体模型　　　　(b) E面方向图

(c) H面方向图　　　　(d) E面在直角坐标系中的方向图

图 2-16　电基本振子的辐射场

2.3.4　天线的主要参数

1. 方向性系数

1) 方向性图

天线的方向性是指天线在各方向辐射(或接收)强度的相对大小,可用方向图来表示。

以天线为原点,向各方向作射线,在距离天线同样距离但不同方向上测量辐射(或接收)电磁波的场强,使各方向的射线长度与场强成正比,就可以得到天线的三维空间方向分布图。

2) 方向性系数

当被研究天线的辐射功率和作为参考的无方向性天线的辐射功率相等时,被研究天线在最大辐射方向上产生的功率通量密度与无方向性天线在同一点处辐射的功率通量密度之比为方向性系数

$$D = D_{\max} = \frac{S_{\max}}{S_0}\bigg|_{P_\Sigma = P_{\Sigma 0}} \quad 或 \quad D = D_{\max} = \frac{|E_{\max}|^2}{|E_0|^2}\bigg|_{P_\Sigma = P_{\Sigma 0}} \tag{2-33}$$

3) 两个特殊面

在图 2-16 所示的电基本振子的辐射场的方向图中,有两个特殊面:E 面和 H 面。

(1) 包括导线轴线的平面为 xOz 及 yOz 平面,与地球相比,包含有子午线,就称为子午平面,即 E 面。

（2）垂直于导线轴线的平面为 xOy 平面,称为赤道平面,即 H 面。

对于面天线,则不同。

（1）将电场矢量所在的平面称为 E 平面。

（2）将磁场矢量所在的平面称为 H 平面。

强方向性天线的方向图可能包含有多个波瓣,分别称为主瓣、副瓣及后瓣,如图 2-17 和图 2-18 所示。

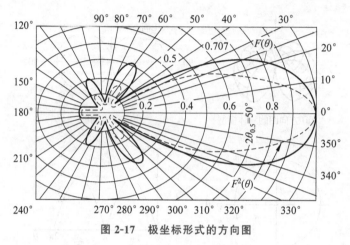

图 2-17　极坐标形式的方向图

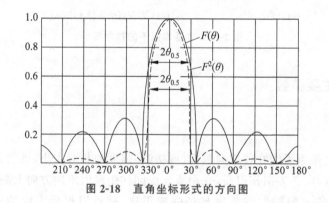

图 2-18　直角坐标形式的方向图

在方向图中,主瓣就是具有最大辐射场强的波瓣。图 2-17 中的主瓣正好在 $\theta=0°$ 的特殊方向上。除主瓣外,其他波瓣都称为副瓣。处于主瓣正后方的波瓣称为后瓣。

2. 天线效率

1）天线效率

天线效率定义为：天线辐射功率与输入到天线的总功率之比。

$$\eta_A = \frac{P_\Sigma}{P_i} = \frac{P_\Sigma}{P_\Sigma + P_L} \tag{2-34}$$

2）辐射电阻

天线的辐射电阻定义为：设有一个电阻,当通过它的电流等于天线上的最大电流时,其损耗的功率就等于其辐射功率。

$$P_\Sigma = \frac{2P_\Sigma}{I_m^2} \qquad (2\text{-}35)$$

辐射电阻是衡量天线辐射能力的一个重要指标,辐射电阻越大,天线的辐射能力越强。

3. 天线增益

天线增益定义为:在天线最大辐射方向上的某点,辐射场强相同时,无方向性天线所需要的输入功率与所研究的实际天线需要的输入功率之比。

$$G = \left.\frac{P_{i0}}{P_i}\right|_{辐射点场强相同} \qquad (2\text{-}36)$$

4. 输入阻抗

天线输入阻抗是指加在天线输入端的高频电压与输入端电流之比,如图 2-19 所示。

$$Z_{in} = \frac{U_{in}}{I_{in}} \qquad (2\text{-}37)$$

图 2-19 天线的输入阻抗

5. 天线的极化

1) 线极化

当电场矢量只是大小随时间变化而取向不变,其端点的轨迹为一直线时,称为线极化。对于线极化波,电场矢量在传播过程中总是在一个确定的平面内,这个平面就是电场矢量的振动方向和传播方向所决定的平面,常称为极化平面。因此,线极化也称为平面极化。

线极化包括如下。

(1)垂直极化:当电磁波的电场矢量与地面垂直时,称为垂直极化,如图 2-20(a)所示。

(2)水平极化:当电磁波的电场矢量与地面平行时,称为水平极化,如图 2-20(b)所示。

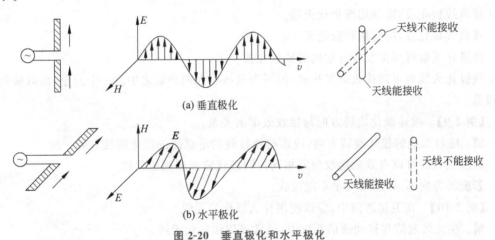

(a) 垂直极化

(b) 水平极化

图 2-20 垂直极化和水平极化

2) 圆极化

当电场振幅为常量而电场矢量以角速度 ω 围绕传播方向旋转时,称为圆极化。此时,如果在垂直于传播方向的某一固定平面上观察电磁波的电场矢量,则其端点随着时间变化在该平面上画出的轨迹是一个圆,如图 2-21(a)所示。

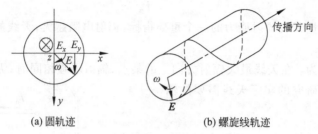

(a) 圆轨迹　　　　　　(b) 螺旋线轨迹

图 2-21　圆极化与右旋圆极化

如果在某一时刻沿传播方向把各处的电场矢量画出来,则电场矢量端点的轨迹为螺旋线,如图 2-21(b)所示。这样,圆极化可以分为右旋圆极化波和左旋圆极化波。

(1) 右旋圆极化波:波的矢量端点旋转方向与传播方向成右手螺旋关系的叫右旋圆极化波。

(2) 左旋圆极化波:波的矢量端点旋转方向与传播方向成左手螺旋关系的叫左旋圆极化波。

图 2-21(b)所表示的就是右旋圆极化波。

【例 2-7】　在水平极化电波的电磁场中,应如何放置振子天线?

解:在水平极化电波的电磁场中,如果放置垂直的振子天线,则天线不会感应出电流。

当接收天线的振子方向与极化方向一致,即极化匹配时,在天线上产生的感应电动势最大。否则将产生"极化损耗",使天线不能有效地接收。

因此,应该放置水平的振子天线。

【例 2-8】　不同的极化天线如何接收不同极化的电磁波?

解:接收什么极化的电磁波,应该使用相应极化的天线。

接收线极化波,应该用线极化天线。

接收圆极化波,应该用圆极化天线。

圆极化天线可以接收任意取向的线极化波。

线极化天线也可以接收圆极化波,但因为只接收到两分量之中的一个分量,所以接收效率很低。

【例 2-9】　简述极化旋转方向与接收效率的关系。

解:接收天线的极化旋转方向,应该与所接收的电磁波的极化旋转方向一致。

圆极化天线可以有效地接收旋向相同的圆极化波或椭圆极化波。

若旋转方向不一致,则几乎不能接收。

【例 2-10】　在卫星通信中,应该使用什么极化的天线?

解:在无线通信和移动通信系统中,通常采用线极化天线。

在卫星通信中,卫星在空中沿着一定轨道运动时,其天线的指向经常改变。

另一方面,电离层是各向异性介质,电波信号通过电离层后会发生法拉第旋转,极化平面会发生变化。

因此,为了提高通信的可靠性,发射和接收都应采用圆极化天线。

6. 天线的频带宽度

天线的频带宽度的定义为：中心频率两侧，天线的特性下降到能接受的最低限时，两频率间的差值。

【例 2-11】 一基本振子密封在塑料盒中作为发射天线，用另一电基本振子接收，按天线极化匹配的要求，它仅在与之极化匹配时感应产生的电动势为最大。

怎样鉴别密封盒内装的是电基本振子还是磁基本振子？

解： 根据极化匹配的原理及电基本振子与磁基本振子的方向性和极化特点来确定。

(1) 将接收的电基本振子垂直放置。

(2) 任意转动密封的盒子，使接收信号最大。

(3) 水平转动盒子（即绕垂直地面的轴线转动盒子），若接收信号不发生变化，则盒内装的是电基本振子。

若接收信号由大变小，则盒内装的是磁基本振子。

【例 2-12】 自由空间对称振子上为什么会存在波长缩短现象？对天线尺寸选择有什么实际影响？

解： 当振子足够粗时，振子上的电流分布除了在输入端及波节点上与近似正弦函数有区别外，振子末端还具有较大的端面电容，使得末端电流实际上不为零，从而使振子的等效长度增加，相当于波长缩短，这种现象称为末端效应。

通常，天线越粗，波长缩短现象越明显。因此，在选择天线尺寸时，要尽量选用较细的振子或将振子长度适当缩短。

2.3.5 无线通信系统常用天线

1. 对称天线

对称天线可以看成是由一对终端开路的传输线两臂向外张开而得来的，并假设张开前、后的电流分布相似，如图 2-22 所示。

对称振子天线的辐射场与 ϕ 无关，它在与它垂直的平面赤道面（H 面）内是无方向性的，方向图是一个圆，且与天线的电长度 l/λ 无关。

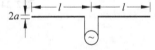

图 2-22 对称天线

在子午面（E 面）即包含振子轴线的平面内，对称振子天线的方向性函数不仅含有 θ，而且含有对称振子的半臂长度 l。因此，不同长度的对称振子有不同的方向性。

对称振子天线的 E 面方向图随 l/λ 变化的情况如图 2-23 所示。

图 2-24 显示了对称振子天线的辐射电阻与 l/λ 的关系曲线。

【例 2-13】 设对称振子的长度 $2l=1.2\text{m}$，半径 $a=10\text{mm}$，工作频率 $f=120\text{MHz}$，求其输入阻抗。

解： 因对称振子的工作波长为

$$\lambda = \frac{c}{f} = 3 \times 10^8 / 120 \times 10^6 = 2.5(\text{m}) \tag{2-38}$$

故

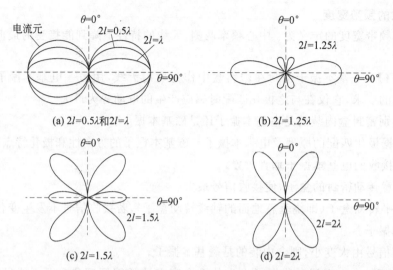

(a) $2l=0.5\lambda$和$2l=\lambda$

(b) $2l=1.25\lambda$

(c) $2l=1.5\lambda$

(d) $2l=2\lambda$

图 2-23 对称振子天线的 E 面方向图随 l/λ 变化的情况

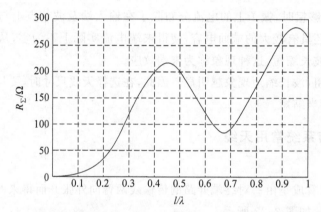

图 2-24 对称振子天线的辐射电阻与 l/λ 的关系曲线

$$\frac{l}{\lambda}=\frac{0.6\mathrm{m}}{2.5\mathrm{m}}=0.24 \tag{2-39}$$

查图 2-24,得 $R_\Sigma=65\Omega$,则得对称振子的平均特性阻抗为

$$\overline{Z}_0=120\left(\ln\frac{2l}{a}-1\right)=454.5(\Omega) \tag{2-40}$$

将以上结果及 $\beta=2\pi/\lambda$ 一并代入输入阻抗公式,则得

$$Z_{\mathrm{in}}=\frac{R_\Sigma}{\sin^2(\beta l)}-\mathrm{j}\overline{Z}_0\cot(\beta l)\approx65-\mathrm{j}1.1(\Omega) \tag{2-41}$$

2. 单极天线

单极天线如图 2-25(a)所示。

当地面为无限大的理想导电平面时,可用镜像法分析垂直接地的单极天线。天线臂与其镜像构成一对称振子,如图 2-25(b)所示。

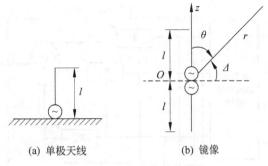

(a) 单极天线　　　　　　　　(b) 镜像

图 2-25　单极天线及其镜像

3. 移动通信基站天线

移动通信基站天线应具有高性能,并满足下述要求。

(1) 考虑到地球的曲率和地物的阻挡作用,基站天线必须架设在离地很高处,如建筑物顶上或专用的小铁塔上。为了使用户在移动状态下使用方便,天线应采用垂直极化或者双极化形式。

(2) 为了保证基站与业务区域内的移动用户之间的通信,在业务区域内,无线电波的能量必须均匀辐射。

(3) 基站天线的增益应尽可能高,天线的方向性在水平面内为全向或弱定向。为节省发射机功率,只能通过压缩垂直面方向图的波束宽度来提高天线增益。

4. 智能天线

1) 智能天线的工作原理

智能天线是基于自适应天线技术发展起来的。智能天线指的是带有可以判定信号的空间信息(如传播方向)和跟踪、定位信号源的智能算法,并且可以根据此信息进行空域滤波的天线阵列。

智能天线又称自适应天线阵列、可变天线阵列、多天线。主要是由天线阵列、自适应控制单元和波束三部分组成。它的本质是利用多个天线的单元空间正交性,采用 SDMA 功能和技术来实现扩充系统的容量,提升了频率的利用率,从而使系统性能达到最佳的优化,在天线矩阵产生定向波束时,能够智能地指向客户,自动地调整系数,实现对于所在空间的滤波。其主要模块组成结构如图 2-26 所示。

智能天线系统由以下几个模块组成。

(1) 天线阵列模块。

(2) 模数转换模块。

(3) 波束形成网络模块。

2) 智能天线的优势

智能天线的广泛应用得益于其自身的优势,主要优点如下。

(1) 智能天线最突出优势就是抗干扰能力强,在通信过程中往往会有各种信号相互交织的现象发生,通信系统不可避免地会遇到来自其他信号的干扰。智能天线的抗干扰能力的优势能够保障通信的流畅度,可以高质量高水平地进行信号传输,对于提高通信效率是十

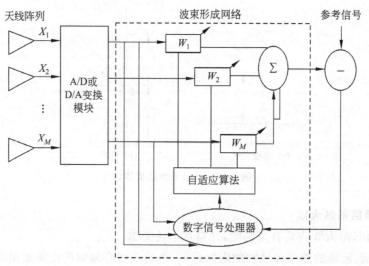

图 2-26 智能天线系统组成结构框图

分关键的一点。

（2）智能天线具有抗衰落能力强的优点。在移动通信过程中，信号在长距离传输的过程中弱化问题非常严重，这个一直是移动通信中难以解决的问题，高频信号的故障将会严重影响通信设备的通信效果和通信质量，但是应用智能天线就可以有效地解决这类问题。

（3）智能天线可以实现移动定位功能，智能天线的定位功能原理与卫星定位相似。在已经定位了移动终端的位置后，就可以定向传输信号，保证信号传输的平稳性。

（4）智能天线还可以有效地扩展系统的容量。

3）智能天线的应用

智能天线技术在 TD-SCDMA 系统中的成功应用已成为未来移动通信技术和模式的亮点。

在未来无线通信中使用智能天线技术，可以减少信号间干扰，降低基站发射功率，提高频谱效率，降低建立新无线网络的成本，优化业务质量。

5. 喇叭天线

喇叭天线是波导口逐渐张开而形成的天线，如图 2-27 所示。

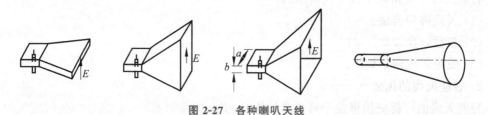

图 2-27　各种喇叭天线

根据惠更斯原理，终端开口的波导管可以构成一个辐射器。但是波导口面的电尺寸很小，其辐射的方向性很差。

为了避免波导末端反射,将波导逐渐地张开就成为喇叭天线。因为波导逐渐地张开,使其逐渐过渡到自由空间,因此可以改善波导与自由空间在开口面上的匹配情况,另外,喇叭的口面较大,可以形成较好的定向辐射,从而取得良好的辐射特性。

6. 抛物面天线

抛物面天线:为提高喇叭天线性能,给其增加反射抛物面,构成抛物面天线,如图2-28所示。

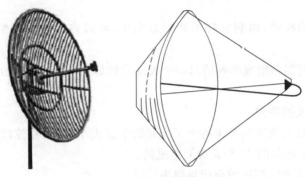

图 2-28　旋转抛物面天线

7. 卡塞格伦天线

卡塞格伦天线:为减少旋转抛物面天线中,辐射器的遮挡采用双反射器,构成卡塞格伦天线。

双反射器天线由主反射器、副反射器(或分别称为主反射面、副反射面)和辐射器三部分组成,如图2-29所示。主反射器为旋转抛物面,副反射器通常为一旋转双曲面。

当副反射器是旋转椭球面时,称为格里高利天线。

辐射器一般都采用喇叭式的外形。

卡塞格伦天线可以用一个口径尺寸与原抛物面相同,但焦距放大了 M 倍的旋转抛物面天线来等效,且具有相同的场分布。

卡塞格伦天线与普通抛物面天线相比,其主要优点如下。

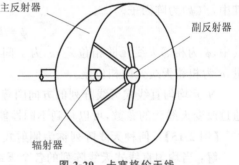

图 2-29　卡塞格伦天线

(1) 由于有主、副面的两次反射,便于使主面口径场的振幅分布最佳化,所以,改善了天线的电性能,尤其是提高了天线的口面利用系数。

(2) 由于馈源置于靠近主面顶点处,向副面辐射,能方便地从主面后伸出,从而减小了馈线的长度,接收机的高频部分可以直接安放在主面后部靠近馈源处,这样大大缩短了高频馈线的长度。所以卡塞格伦天线结构紧凑,馈电方便。

(3) 由于卡塞格伦天线用短焦距抛物主面,实现了长焦距抛物面天线的性能,所以缩短了天线的纵向尺寸,使其结构更加合理。

(4) 由于与馈源对着的是双曲面,双曲面的反射把馈源辐射的能量散开,使返回馈源的能量比抛物面天线的要少,从而减少了馈源的失配。

【例 2-14】 天线与馈线连接有什么基本要求?

解: 天线与馈线之间连接时要考虑以下两个问题。

(1) 阻抗匹配,以保证天线能够从馈线中得到尽可能多的能量,即保证有最大的传输效率。

(2) 平衡馈电,使对称振子的激励电流是两边对称的,以保证天线方向图的对称性。

2.3.6 天线阵列

为了提高天线的性能,得到特殊需要的方向图,可以将许多天线组合起来,构成天线阵列。

天线阵列的方向图与组成阵列的每一个天线元的形式、取向、电流分布的大小与相位等参数有关。

1. 均匀直线式天线阵列

N 元均匀直线式天线阵列是由各个天线元的电流大小相等、相位以均匀的比例递增或递减、取向相同、间距相等的 N 个天线元组成的。

N 元均匀直线式天线阵列的合成场强为

$$E = E_0 f(\phi) \tag{2-42}$$

其中,E_0 为单个天线元的场强,

$$f(\phi) = \frac{\sin \dfrac{N\phi}{2}}{\sin \dfrac{\phi}{2}} \tag{2-43}$$

其中,$f(\phi)$ 为阵因子。

$$\phi = kd \cos\varphi - \alpha \tag{2-44}$$

其中,ϕ 为相邻天线元的相位差,k 为空间波数,d 为相邻天线元之间的距离,φ 为坐标分量,α 为相邻天线元的相位差。

N 元均匀直线式天线阵列的方向图等于单个天线元的方向图乘以天线阵列的阵因子。通过改变天线元的参数,可以得到不同性能的天线阵列。

【例 2-15】 何种天线阵列称为侧射式天线阵列?

解: 当均匀直线式天线阵列的各个天线元的电流同相位,$\alpha = 0$,则

$$\phi = kd \cos\varphi \tag{2-45}$$

此时,阵因子为

$$f(\phi) = \frac{\sin \dfrac{N}{2} kd \cos\varphi}{\sin \dfrac{1}{2} kd \cos\varphi} \tag{2-46}$$

辐射最大的条件为

$$\phi = kd \cos\varphi = 0 \tag{2-47}$$

可以求得

$$\varphi = (2m+1)\frac{\pi}{2}, \quad m = 0, 1, 2, \cdots \tag{2-48}$$

在 $\varphi = \dfrac{\pi}{2}$ 和 $\varphi = \dfrac{3\pi}{2}$ 的方向上，也就是与天线阵列轴线垂直的方向——侧向上，天线阵具有最大辐射。因此，这种天线阵称为侧射式天线阵。

【例 2-16】 何种天线阵列称为端射式天线阵列？

解： 当均匀直线式天线阵列的各个天线元的电流的相位不同，相邻天线元的相位差 $\alpha = kd$ 时，

$$\phi = kd\cos\varphi - kd = kd(\cos\varphi - 1) \tag{2-49}$$
$$\cos\varphi = \cos\varphi_m = 1$$

此时，在 $\varphi_m = 0$ 的方向上，也就是与天线阵的轴线方向——端向上，天线阵列具有最大辐射。因此，这种天线阵列称为端射式天线阵列。

【例 2-17】 求由 4 个沿 $\hat{z}$ 指向、间距为 $d = \dfrac{\lambda}{2}$ 的等幅度、等相位的偶极子天线元组成的天线阵列的方向图。

解： 用方向图相乘技术，得到天线阵列的辐射方向图。

对于 4 个沿 $\hat{z}$ 指向、间距为 $d = \dfrac{\lambda}{2}$ 的等幅度、等相位的偶极子天线元组成的天线阵列：

$$\bullet\ \dfrac{\lambda}{2}\ \bullet\ \dfrac{\lambda}{2}\ \bullet\ \dfrac{\lambda}{2}\ \bullet$$

（1）将在 $+x$ 和 $-x$ 轴上两个偶极子天线元分别看成一个单元，用符号 $\odot$ 表示：

$$\odot = \bullet\ \dfrac{\lambda}{2}\ \bullet$$

可以得到这两个阵列单元的方向图。

（2）原来的 4 单元阵列，是单元 $\odot$ 和间距为 λ 的两单元阵列组的卷积 $\otimes$：

$$\bullet\ \dfrac{\lambda}{2}\ \bullet\ \dfrac{\lambda}{2}\ \bullet\ \dfrac{\lambda}{2}\ \bullet = \bullet\ \lambda\ \bullet\ \otimes\ \bullet\ \lambda\ \bullet = \odot \otimes \odot$$

可以得到所求天线阵的方向图。

上述每一步的方向图，请读者自己尝试画出。

【例 2-18】 5 单元偶极子阵列天线，偶极子单元指向 z 方向，中间单元的幅度是其他 4 个单元幅度的 2 倍：

$$\bullet\ \dfrac{\lambda}{2}\ \bullet\ \dfrac{\lambda}{2}\ \bullet\ \dfrac{\lambda}{2}\ \bullet\ \dfrac{\lambda}{2}\ \bullet$$

求天线阵列的方向图。

解： 方向图相乘技术

（1）把 3 个偶极子天线看成一个单元：

$$\bullet\ \dfrac{\lambda}{2}\ \bullet\ \dfrac{\lambda}{2}\ \bullet = \odot$$

（2）原来的 5 单元天线阵列可以看成 2 个 3 单元天线阵列的组合：

$$\bullet\ \dfrac{\lambda}{2}\ \bullet\ \dfrac{\lambda}{2}\ \bullet\ \dfrac{\lambda}{2}\ \bullet\ \dfrac{\lambda}{2}\ \bullet = \bullet\ \dfrac{\lambda}{2}\ \bullet\ \dfrac{\lambda}{2}\ \bullet\ \otimes\ \bullet\ \dfrac{\lambda}{2}\ \bullet\ \dfrac{\lambda}{2}\ \bullet = \odot \otimes \odot$$

可以得到所求天线阵列的方向图。

请读者自己画出上述每一步的方向图。

【例 2-19】 简述行波天线与驻波天线的差别与优缺点。

解：如果天线上的电流按行波分布，就称这种天线为行波天线。通常是利用导线末端接匹配负载来消除反射波而构成的。

如果天线上的电流为驻波分布，就称为驻波天线。驻波天线是双向辐射的，输入阻抗具有明显的谐振特性，因此只能在较窄的波段内应用。

与驻波天线相比，行波天线具有较好的单向辐射特性、较高的增益以及较宽的阻抗带宽，在短波、超短波波段都获得了广泛应用，但是行波天线的效率较低，它是以降低效率来换取带宽的。

【例 2-20】 何谓缝隙天线阵列？

解：缝隙天线是指在波导或空腔谐振器上开出一个或数个缝隙以辐射或接收电磁波的天线。

为了提高缝隙天线的方向性，可以在波导上按照一定的规律开出一系列尺寸相同的缝隙，就构成了缝隙天线阵列。

【例 2-21】 相对于其他天线而言，手机天线设计的特殊要求是什么？

解：相对于其他天线而言，手机天线设计的特殊要求是更要考虑手机辐射对人体的安全问题，其电磁辐射值必须符合电磁辐射标准。

另外，手机体积很小，对于天线尺寸也有一定的要求。

【例 2-22】 通常采用哪些手段来缩减内置式手机天线的尺寸？

解：最常用的是在平面天线上开槽、加入短路探针以及采用高介电常数的基片材料等方法。

【例 2-23】 智能天线与传统天线有哪些区别？为什么说智能天线是第三代移动通信系统中解决扩容的关键技术？

解：智能天线是在自适应滤波和阵列信号处理技术的基础上发展起来的一种新型天线技术。它与传统天线相比，具有智能性，能够对信号源进行测向和波束形成。

这些特点主要是利用了天线阵列中各阵元之间的位置关系，即由信号之间的相位关系来形成独特的天线波束，使天线对信号具有一定选择性和抗干扰性。

智能天线从一个崭新的角度来研究信道扩容问题，它采用空分复用(SDMA)的概念，利用信号在入射方向上的差别，将同频率、同时隙的信号区分开，所以可以成倍地扩充通信容量，并能和其他复用技术相结合，最大限度地利用有限的频谱资源。

2. MIMO 和 Massive MIMO

1）MIMO 原理

MIMO 技术是 4G 的一个比较成熟的关键技术，利用发射端的多个天线各自独立发送信号，同时在接收端用多个天线接收并恢复原信号。MIMO 通过发送和接收多个空间流，信道容量随着天线数目的增大而线性增大，从而提高无线信道容量，在不增加带宽和天线发送功率的情况下，频谱利用率可以成倍地提高。

MIMO 系统模型如图 2-30 所示。信号 z 调制得到 S，通过预编码形成 M 个子数据流 X_i，其中，$i=1,2,\cdots,M$，将 M 个子数据流分别映射到各发射天线；信号通过发射天线(T_x)发射，信号经信道由 N 个接收天线(R_x)接收；对接收信号进行解码、检测及解调。

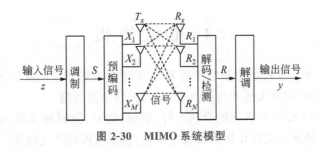

图 2-30　MIMO 系统模型

2）Massive MIMO 的原理

Massive MIMO 是传统 MIMO 技术的扩展和延伸，其特征在于以大规模天线阵列的方式集中放置数十根甚至数百根以上天线。

Massive MIMO 技术可以直接通过增加天线数量来增加系统容量。基站天线数量远大于其能够同时服务的终端天线数，形成了 Massive MIMO 无线通信系统，以达到更充分地利用空间维度，提供更高的数据速率，大幅度提升频谱效率的目的。

随着基站天线数的增加，Massive MIMO 可以通过终端移动的随机性以及信道衰落的不相关性，利用不同用户间信道的近似正交性降低用户间的干扰，实现多用户空分复用。由于 Massive MIMO 技术的上述特点，在近年来 5G 新空口的研究中，Massive MIMO 技术是非常重要的关键技术之一。

【例 2-24】　Massive MIMO 的好处是什么？

解：Massive MIMO 的好处如下。

（1）可以提供丰富的空间自由度，支持空分多址 SDMA。

（2）BS 能利用相同的时频资源为数十个移动终端提供服务。

（3）提供更多可能的到达路径，提升信号的可靠性。

（4）提升小区峰值的吞吐率。

（5）提升小区的平均吞吐率。

（6）降低对周围基站的干扰。

（7）提升小区边缘用户的平均吞吐率。

【例 2-25】　5G 新空口 Massive MIMO 技术有哪些特点？

解：5G 新空口 Massive MIMO 技术的显著特点之一是天线数量远高于 LTE 系统。为了满足 5G 新空口的性能需求，发射及接收点（transmission and reception point，TRP）考虑支持 256Tx。在 NR 仿真假设的相关讨论中，70GHz TRP 的收发天线数甚至可以达到1024 个。虽然高频段的路径损耗和穿透损耗都比较大，但对于减小天线尺寸，在相同的天线阵平面面积部署更多的天线数具有天然的优势。

5G 新空口 Massive MIMO 技术的另一个特点是频率跨度大且带宽大。NR 的载波频率范围为从 4GHz 到 6GHz 以上的高频段，可支持的载波带宽范围为从 80MHz 到 1GHz。如何在不显著增加 TRP 发射功率的前提下，提供类似 LTE 的覆盖？可行的解决方法就是充分利用数量众多的天线，一方面利用天线本身的增益，另一方面采用波束赋形技术，将发射功率集中在窄波束上，以提升覆盖性能。可见相对于 LTE，更窄的波束及波束赋形是 5G 新空口 Massive MIMO 的必然选择，特别是对于 6GHz 以上的高频频谱。

2.4 电波传播

无线电波是指频率在几赫兹至数千吉赫兹范围内的电磁波。发射天线所辐射的电磁波,在自由空间中到达接收天线的传播过程,称为无线电波传播。

在传播过程中,无线电波有可能受到反射、折射、绕射、散射和吸收,电磁波强度将发生衰减,传播方向、传播速度或极化形式将发生变化,传输波形将产生畸变。

此外,电波传输中还将引入干扰和噪声。

2.4.1 各种介质中的波

1. 自由空间中的波

在自由空间无源区域,沿 $\hat{z}$ 方向传播的波,满足波动方程:

$$\left(\frac{\partial^2}{\partial z^2} - \mu_0 \varepsilon_0 \frac{\partial^2}{\partial t^2}\right) E_x = 0 \tag{2-50}$$

色散关系为

$$k^2 = \omega^2 \mu_0 \varepsilon_0 \tag{2-51}$$

时间平均的矢量功率密度为

$$<S> = \hat{z} \frac{E_0^2}{2\eta_0}, \quad \eta_0 = \sqrt{\frac{\mu_0}{\varepsilon_0}} \tag{2-52}$$

2. 各向同性介质中的波

在各向同性介质中,波动方程为

$$\left(\nabla^2 - \mu\varepsilon \frac{\partial^2}{\partial t^2}\right) E(r,t) = 0 \tag{2-53}$$

色散关系为

$$k^2 = \omega^2 \mu\varepsilon \tag{2-54}$$

时间平均的矢量功率密度为

$$<S> = \hat{k} \frac{E_0^2}{2\omega\mu} \tag{2-55}$$

波沿 $\hat{k}$ 方向传播。

3. 导电介质中的波

在导电介质中,波动方程为

$$\left(\nabla^2 - \mu\varepsilon \frac{\partial^2}{\partial t^2} - \mu\sigma \frac{\partial}{\partial t}\right) E(r,t) = 0 \tag{2-56}$$

色散关系为

$$k_R^2 - k_I^2 = \omega^2 \mu\varepsilon$$
$$2k_R k_I = \omega\mu\sigma \tag{2-57}$$

或

$$k^2 = k_R^2 + k_I^2 = \omega^2 \mu\varepsilon \sqrt{1 + \frac{\sigma^2}{\omega^2 \varepsilon^2}} \tag{2-58}$$

时间平均的矢量功率密度为

$$<S>=\hat{z}\frac{k_R E_0^2}{2\omega\mu}e^{-2k_I z} \tag{2-59}$$

它是一个沿 $\hat{z}$ 方向传播的衰减波。

4. 等离子体中的波

在等离子体中,波动方程为

$$\left(\boldsymbol{\nabla}^2-\mu\varepsilon\frac{\partial^2}{\partial t^2}-\omega_p^2\mu_0\varepsilon_0\right)E(r,t)=0 \tag{2-60}$$

色散关系为

$$k_R^2-k_I^2=\omega^2\mu_0\varepsilon_0\left(1-\frac{\omega_p^2}{\omega^2}\right) \tag{2-61}$$

$$2k_R k_I=0$$

ω_p 为等离子体频率,当 $\omega>\omega_p$ 时,时间平均的矢量功率密度为

$$<S>=\hat{z}\frac{k_R E_0^2}{2\omega\mu_0} \tag{2-62}$$

它是一个沿 $\hat{z}$ 方向传播的波。

当 $\omega<\omega_p$ 时,时间平均的矢量功率密度为 $<S>=0$。

它是一个凋落波——沿 $\hat{z}$ 方向以指数规律衰减,且不传播时间平均功率的波。

2.4.2 视距传播

1. 视距传播的概念

视距传播又称为直接波传播,是指发射天线和接收天线处于相互能看见的视线距离内的传播方式。

当发射天线以及接收天线比较高时,在视线范围内,电磁波直接从发射天线传播到接收天线,还可以经地面反射而到达接收天线。所以接收天线处的场强是直接波和反射波的合成场强。直接波不受地面的影响,地面反射波要经过地面的反射,因此要受到反射点地质地形的影响。

视距波在大气的底层传播,传播的距离受到地球曲率的影响。收发天线之间的最大距离被限制在视线范围内,要扩大通信距离,就必须增加天线高度。一般来说,视距距离可以为 50km 左右。

图 2-31 给出了接收点场强随天线高度变化的曲线。

2. 大气衰减

大气对电波的衰减主要来自两方面。

(1)一方面是云、雾、雨等小水滴对电波的热吸收及水分子、氧分子对电波的谐振吸收。热吸收与小水滴的浓度有关,谐振吸收与工作波长有关。

(2)另一方面是云、雾、雨等小水滴对电波的散射,散射衰减与小水滴半径的 6 次方成正比,与波长的 4 次方成反比。

当工作波长短于 5cm 时,就应该考虑大气层对电波的衰减,尤其当工作波长短于 3cm

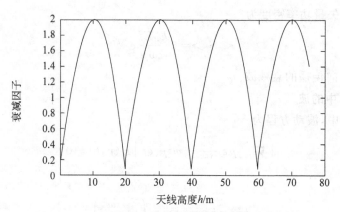

图 2-31　接收点场强随天线高度变化的曲线

时,大气层对电波的衰减将趋于严重。

关于云、雾、雨、雪等对微波传播的影响来说,降雨引起的衰减最为严重。

对 10GHz 以上频率的电波,由降雨引起的衰减在大多数情况下是可观的。因此,在地面和卫星通信线路的设计中,都要考虑由降雨引起的衰减。

2.4.3　空间波传播

1. 电离层传播

1）电离层传播

电离层是地球高空大气层的一部分,从离地面 60km 的高度,一直延伸到 1000km 的高空。

由于电离层的电子不是均匀分布的,其电子浓度随高度与位置的不同而变化。因此,电离层是非均匀介质,电波在其中传播必然有反射、折射与散射等现象发生。电磁波的电离层反射传播也称为天波传播,此外,电磁波的电离层散射亦可用来传输信息。

电离层的电子浓度变化具有以下规律。

（1）昼夜变化规律。

（2）季节变化规律。

（3）太阳黑子周期（11 年）变化规律。

电离层的 D 层对电波的吸收是很严重的。因此,当夜晚 D 层消失时,天波信号将增强,这正是晚上能接收到更多短波电台的原因。

电离层中,电波的传播特性与波的频率有关。图 2-32 给出了入射角一定而频率不同时电波的轨迹。

2）电离层通信

电离层通信具有以下特点。

（1）频率的选择很重要。频率太高,电波将穿透电离层射向太空;频率太低,电离层吸收太大,以至不能保证必要的信噪比。

（2）电离层传播的随机多径效应严重,多径时延较大,信道带宽较窄。因此,它对传输信号的带宽有很大限制。

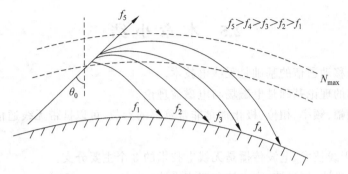

图 2-32　入射角一定而频率不同时电波的轨迹

（3）电离层所能反射的频率范围是有限的，一般是短波范围。由于波段范围较窄，因此，短波电台特别拥挤，电台间的干扰很大。

（4）由于电离层传播是靠高空电离层的反射进行的，因而受地面的吸收及障碍物的影响较小，传输损耗较小。因此，能进行远距离通信。

（5）电离层通信，特别是短波通信，建立迅速，机动性好，设备简单。

2. 外层空间传播

电磁波穿过低空大气层和电离层到达外层空间的传播方式称为外层空间传播。如卫星传播、宇宙探测等均属于这种远距离传播。

由于电磁波传播的距离很远，且主要是在大气以外的宇宙空间内进行的，而宇宙空间近似于真空状态，因而电波在其中传播时，它的传输特性比较稳定。

2.4.4　地面波传播

1. 地面波的概念

地面波又称表面波。

地面波传播是指电磁波沿着地球表面传播的情况。当天线低架于地面，天线架设高度比波长小得多，且最大辐射方向沿地面时，电波是紧靠着地面传播的。

地面的性质、地貌、地物等情况都会影响地面波的传播。在长、中波波段和短波的低频段，均可用这种传播方式。

地面波沿地球表面附近的空间传播，地面上有高低不平的障碍物。根据波的衍射特性，当波长大于或相当于障碍物的尺寸时，波才能明显地绕到障碍物的后面。

地面上的障碍物一般不太大，长波可以很好地绕过它们。中波和中短波也能较好地绕过障碍物。短波和微波由于波长过短，绕过障碍物的能力较差，因而短波和微波在地面上不能绕射，而是沿直线传播。

2. 地面波的极化

地面波的极化选择在地面通信系统的设计中是一个很重要的参数。

由于水平分量在地面上会引起较大的传导电流，从而增加功率损失。地面对水平极化波吸收大，因此，表面波多采用垂直极化波，需要采用垂直于地面的直立天线。

2.5　本章小结

无线通信与移动通信的基础是无线电技术。

无线电技术的理论基础是电磁场与电磁波理论。

电磁波的振幅、频率、相位、极化都是非常重要的参数,可以携带无线通信与移动通信所传输的信息。

微波技术、天线技术、电波传播是无线电技术的 3 个主要分支。

微波包括分米波、厘米波、毫米波和亚毫米波。

在无线通信与移动通信系统中,收发设备大都工作在微波频段,主要部件都是由微波器件组成的。

天线是无线通信与移动通信系统的收发器件,天线的主要参数包括方向性系数、效率、增益、极化等。

常用无线通信与移动通信系统的天线有对称天线、单极天线、抛物面天线、卡塞格伦天线、天线阵列和智能天线等。

电磁波在无线信道中传播,电磁波传播引起的衰减、相移、极化旋转等都会对无线通信与移动通信系统的性能指标产生很大影响。

常见电波传播形式有视距传播、天波传播、外层空间传播、地面波传播等。

2.6　为进一步深入学习推荐的参考书目

为了进一步深入学习本章有关内容,向读者推荐以下参考书目。

[1]　谢处方,饶克谨,杨显清,等. 电磁场与电磁波[M]. 5 版. 北京:高等教育出版社,2019.

[2]　Kong J A. 电磁波理论[M]. 吴季,译. 北京:电子工业出版社,2003.

[3]　冯恩信.电磁场与电磁波[M]. 4 版. 西安:西安交通大学出版社,2016.

[4]　傅文斌.微波技术与天线[M]. 2 版. 北京:机械工业出版社,2013.

[5]　Kraus J D. 天线[M]. 章文勋,译. 北京:电子工业出版社,2006.

[6]　王增和. 天线与电波传播[M]. 北京:机械工业出版社,2003.

[7]　李宗谦,佘京兆,高葆. 微波工程基础[M]. 北京:清华大学出版社,2004.

[8]　高建平,张芝贤.电波传播[M]. 西安:西北工业大学出版社,2002.

[9]　廖承恩. 微波技术基础[M]. 西安:西安电子科技大学出版社,1994.

[10]　王新稳,李延平,李萍.微波技术与天线[M]. 4 版. 北京:电子工业出版社,2016.

2.7　习　　题

(1) 赫兹位函数

$$v = \frac{ql}{4\pi r}\cos(kr - \omega t)$$

是自由空间波动方程的解。

试推导其满足的色散关系。

（2）球坐标系中，赫兹振子的辐射功率密度的时间平均值为

$$<S>=\hat{r}\,\frac{1}{2}\,\frac{\omega k^2}{\varepsilon_0}\left(\frac{ql}{4\pi r}\right)^2\sin^2\theta$$

试讨论其辐射功率的方向性。

（3）求平行板波导中，TE 波的时间平均坡印廷功率密度。

（4）求电基本振子的方向性系数。

（5）求电基本振子的有效接收面积。

（6）计算半波振子的辐射电阻。

（7）计算半波振子的方向性系数。

（8）同时发射一束光波（波长 $\lambda=0.5\mu\mathrm{m}$）和一束电磁脉冲，频率 $f=10\mathrm{MHz}$，经过 $100\mathrm{km}$ 的 $\omega_p=2\pi\cdot8\mathrm{MHz}$ 的各向同性等离子体介质传播。

求它们到达的时间差。

（9）讨论 4 元侧射式天线阵（各天线元间距为 $d=\dfrac{\lambda}{2}$）的方向特性。

（10）讨论 8 元端射式天线阵（各天线元间距为 $d=\dfrac{\lambda}{4}$）的方向特性。

（11）移动通信的电波传播具有哪些特点？

第3章 信道技术

教学提示：无线与移动通信系统的信道是无线信道。无线信道与有线信道相比，有许多独特的性质，需要特别研究。本章主要讨论无线通信与移动通信系统中使用的各种信道技术。

教学要求：通过本章学习，应了解无线通信与移动通信系统的信道特点、传播特性以及各种信道技术。应重点掌握无线信道中传播特性的估算、信道传输模型、纠错编码技术和分集接收技术。

3.1 无线信道传播特性

对于任何一个通信系统而言，信道是必不可少的组成部分。无线通信与移动系统的信道是无线信道。无线信道包括地波传播、短波电离层反射、超短波或微波视距中继、人造卫星中继、散射及移动无线电信道等。

3.1.1 信道模型

为了研究无线通信系统，首先要研究无线信道中的电波传播特性。

通常，信道的基本组成如图 3-1 所示。根据所研究问题的不同需要，可以选择不同的信道模型。

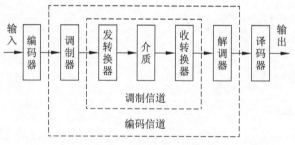

图 3-1 信道的基本组成

通信系统中常用的两种广义信道如下。

（1）调制信道：调制信道是指图 3-1 中从调制器的输出端到解调器的输入端的部分。包括发转换器、介质和收转换器三部分。

（2）编码信道：编码信道是指图 3-1 中从编码器输出端到译码器输入端的部分。包括调制器、调制信道和解调器。

无线信道的传输函数随着时间随机快速变化，因此，是随机参量信道，简称为随参信道。

3.1.2 微波中继信道

微波的频率范围由几百兆赫兹至几千吉赫兹。微波信号的传输特点是，在自由空间沿视距传输。

由于受地形和天线高度的限制,两点间的传输距离一般为 30～50km,当进行长距离通信时,需要在中间建立多个中继站,进行中继通信。

由于微波中继站离地面高度有限,微波中继信道中存在直接波、地面反射波、绕射波和不均匀体的散射波等。

在微波中继通信系统中,为了提高频谱利用率、减小射频波道间或邻近路由的传输信道间的干扰,需要合理设计射频波道频率配置。在一条微波中继信道上,可采用二频制或四频制频率配置方式。

3.1.3 卫星通信信道

卫星通信是利用人造卫星作为中继站,实现无线通信。

微波中继信道是由地面建立的端站和中继站组成。卫星通信信道是以卫星转发器作为中继站,与接收、发送地球站之间构成。

若卫星运行轨道在赤道平面,离地面高度为 35 780km 时,绕地球运行一周的时间恰为 24 小时,与地球自转同步,这种卫星称为静止卫星或同步卫星。不在静止轨道运行的卫星称为移动卫星。

若以静止卫星作为中继站,采用 3 个相差 120°的静止通信卫星,就可以覆盖地球的绝大部分地域(两极盲区除外),如图 3-2 所示。

卫星与地面站之间的信道中,微波信号经过电离层,会产生法拉第旋转,使电波的极化发生偏转。因此,在卫星通信中需要使用圆极化波信号。

3.1.4 移动通信信道

陆地移动通信工作频段主要在射频与微波频段,电波传播的特点是以直射波为主。但是,由于城市建筑群和其他地形地物的影响,电波在传播过程中会产生反射波、散射波、地面波以及它们的合成波,因此,电波传输环境较为复杂,如图 3-3 所示。

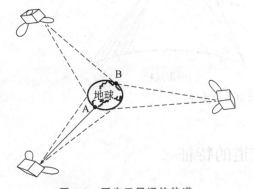

图 3-2　同步卫星通信信道

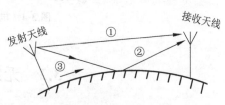

图 3-3　陆地移动通信信道

陆地移动通信信道是指基站天线和手机天线之间的传播路径。

从图 3-3 可以看出,在陆地移动通信信道中,包括以下 3 种波。

(1) 直接波。

（2）反射波。

（3）地面波。

移动通信信道是典型的随参信道。

3.1.5　短波电离层反射信道

短波电离层反射信道是利用地面发射的无线电波在电离层，或电离层与地面之间的一次反射或多次反射所形成的信道。

由于太阳辐射的紫外线和X射线，使离地面60～1000km的大气层成为电离层。电离层由分子、原子、离子及自由电子组成。

电离层的特性具有以下变化周期特点。

（1）昼夜变化。

（2）季节变化。

（3）太阳黑子变化。

由于太阳辐射的变化，电离层的密度和厚度也随时间随机变化。因此，短波电离层反射信道也是随参信道。

由于电离层密度和厚度随时间随机变化。因此，短波电波满足反射条件的频率范围也随时间变化。

短波电离层反射信道最主要的特征是多径传播，如图3-4所示。

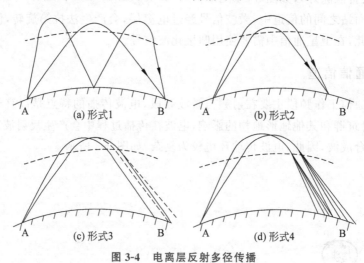

图 3-4　电离层反射多径传播

3.2　无线信道的特征

无线信道与移动通信信道的基本特征是衰落特性。

3.2.1　信号的传播方式

无线信道与移动通信信道中，无线电波传播的方式是直射波、反射波、绕射波、散射波以及它们的合成波。

对于地面移动信道,由于近地环境的影响,无线电波的合成波是随机起伏变化的。

对于卫星信道,由于电离层特性参数的随机变化,电离层波传播的信号也是随机起伏变化的。

图 3-5 为典型信号的衰落特性。

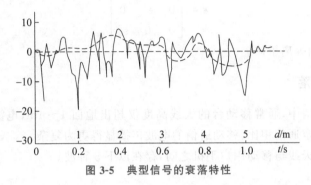

图 3-5 典型信号的衰落特性

【例 3-1】 电离层为等离子体,电子质量为 m,电荷为 q。当外加直流磁场 $B = \hat{z}B_0$ 时,回旋频率

$$\omega_c = \frac{qB_0}{m} \tag{3-1}$$

等离子体频率

$$\omega_p = \sqrt{\frac{Nq^2}{m\varepsilon_0}} \tag{3-2}$$

这时,电离层的介电常数张量为

$$\boldsymbol{\varepsilon} = \begin{bmatrix} \varepsilon' & i\varepsilon_g & 0 \\ -i\varepsilon_g & \varepsilon' & 0 \\ 0 & 0 & \varepsilon_z \end{bmatrix} \tag{3-3}$$

其中,本构参数为

$$\varepsilon' = \varepsilon_0 \left(1 - \frac{\omega_p^2}{\omega^2 - \omega_c^2} \right) \tag{3-4}$$

$$\varepsilon_g = -\varepsilon_0 \frac{\omega_c \omega_p^2}{\omega(\omega^2 - \omega_c^2)} \tag{3-5}$$

$$\varepsilon_z = \varepsilon_0 \left(1 - \frac{\omega_p^2}{\omega^2} \right) \tag{3-6}$$

求:当外加磁场为无限强时,电离层的介电常数张量。

解: 当外加磁场为无限强时,$B_0 \rightarrow \infty$,则

$$\omega_c = \frac{qB_0}{m} \rightarrow \infty \tag{3-7}$$

因此

$$\varepsilon' = \varepsilon_0 \left(1 - \frac{\omega_p^2}{\omega^2 - \omega_c^2} \right) = \varepsilon_0 \tag{3-8}$$

$$\varepsilon_g = -\varepsilon_0 \frac{\omega_c \omega_p^2}{\omega(\omega^2 - \omega_c^2)} = 0 \tag{3-9}$$

$$\varepsilon_z = \varepsilon_0 \left(1 - \frac{\omega_p^2}{\omega^2} \right) \tag{3-10}$$

介电常数张量为

$$\boldsymbol{\varepsilon} = \begin{bmatrix} \varepsilon' & 0 & 0 \\ 0 & \varepsilon' & 0 \\ 0 & 0 & \varepsilon_z \end{bmatrix} \tag{3-11}$$

这时,电离层为单轴等离子体。

3.2.2　信号的衰落

在陆上移动通信中,通常移动台的天线高度仅超出地面 $1\sim 4\mathrm{m}$,电波传播受地形地物的影响较大。与固定通信相比,移动通信的电波传播显得更为复杂。

移动小区基站天线与移动用户手机之间,存在以下 5 种波。

(1) 直接波。

(2) 反射波。

(3) 散射波。

(4) 绕射波。

(5) 地面波。

上述各种波及其合成波的起伏会引起接收机信号的衰落。

衰落的主要形式如下。

(1) 传播损耗和弥散。

(2) 阴影衰落。

(3) 多径衰落。

(4) 多普勒频移等。

多径衰落的信号包络服从瑞利分布,故把这种多径衰落称为瑞利衰落,瑞利衰落的概率分布如图 3-6 所示。

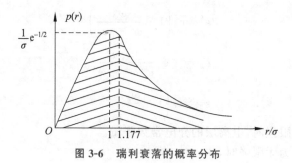

图 3-6　瑞利衰落的概率分布

3.2.3　衰落的分类

根据不同距离内信号强度变化的快慢,衰落可以分为两种。

(1) 大尺度衰落。

(2) 小尺度衰落。

大尺度衰落表现为长距离上信号强度的缓慢变化,主要是由信道路径上固定障碍物的阴影引起的,它会影响通信系统的业务覆盖区域。

小尺度衰落表现为短距离上信号强度的快速波动,主要是由移动台运动和地点的变化引起的,它会影响通信信号的传输质量。

根据信号与信道变化快慢程度的比较,衰落可以分为两种。

(1)长期慢衰落。

(2)短期快衰落。

为了保证通信畅通,系统必须有一定的衰落储备量。图 3-7 为可通率 T 分别为 90%、95% 和 99% 时的 3 组曲线。

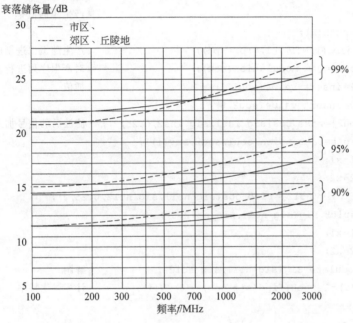

图 3-7 不同系统的衰落储备量

在应用中,根据地形地物、工作频率和可通率要求,由此图可查得必需的衰落储备量。

【例 3-2】 地面无线通信系统的工作频率 $f=450\mathrm{MHz}$,工作环境为市区,要求可通率 $T=99\%$,求:系统必需的衰落储备量。

解:由图 3-7 可查得,此时必需的衰落储备量约为 22.5dB。

3.2.4 衰落的仿真分析

信号的衰落会降低系统的通信质量。为了具体了解衰落的影响,我们对数字无线通信系统误码率进行仿真分析。

数字通信系统的主要性能指标如下。

(1)有效性。

(2)可靠性。

(3)安全性。

可靠性的衡量指标是误码率。误码率定义为:错误接收码元数目在传输码元总数中所占的比例。误比特率为：错误接收比特数目在传输比特总数中所占的比例。

在二进制数字调制中，调制与解调方式会影响系统的误码性能。在正交幅度调制（QAM）中，可以使用 MATLAB 仿真程序进行误比特率分析：

```
clear;                                          %仿真 QAM 的误比特率
snr=1:1:11;                                      %计算理论误比特率
sn1=12 * 10.^(snr/10)/(16-1);
err_the=(1-(1-(2 * (1-1/sqrt(16)) * 1/2 * erfc(1/sqrt(2) * sqrt(sn1)))).^2)/4;
                                                 %用理论值决定仿真点数
N=floor(1./err_the) * 100+100;
N(find(N<5000))=5000;                            %仿真开始
P=0.5;                                           %产生 1 的概率
For i=1:length(N);
  Sou=randsrc(1,N(i),[1,0;p,1-p]);               %产生随机二进制序列
  [sou1,sou2]=Qam_modulation(sou);               %对产生序列进行 QAM 调制
  sig_ins1=insert_value(sou1,8);                 %插值
  sig_ins2=insert_value(sou2,8);
  [sou1,sou2]=rise_cos(sig_ins1,sig_ins2,0.25,2);%滤波后的信号加入白噪声
  [x1,x2]=generate_noise(sou1,sou2,snr(i));
  sig_noi1=x1;
  sig_noi2=x2;
  [sig_noi1,sig_noi2]=rise_cos(sig_noi1,sig_noi2,0.25,2);
  [x1,x2]=pick_sig(sig_noi1,sig_noi2,8);
  sig_noi1=x1;
  sig_noi2=x2;
  sig=demodulate_sig(sig_noi1,sig_noi2);         %解调
  err_bit(i)=length(find(sig_sou ~=0)/N(i);      %计算误比特率
end;
semilogy(snr,err_bit,'- * b');                   %画图
hold on
semilogy(snr,err_the,'-+r');
grid on
legenth('实际值','理论值','location','NorthEast');
```

其中，QAM 调制函数 Qam_modulation 与解调函数 demodulate_sig 可以参考章坚武等编写的《移动通信实验与实训》。

3.3 无线信道传播模型

在无线通信系统分析中，为了有效研究无线信道中的信号传输，需要建立不同无线信道的传播模型。

3.3.1 自由空间模型

在自由空间中，直射波传播在传播路径中没有阻挡，所以电波能量不会被障碍物吸收，

也不会产生反射和折射。

自由空间的电波传播损耗为

$$L_{bs} = 32.45 + 20\lg d + 20\lg f \quad (dB) \tag{3-12}$$

其中,d 为信号传输距离(km),f 为系统工作频率(MHz)。图 3-8 给出了无线信道中自由空间传播损耗与频率和距离的关系。

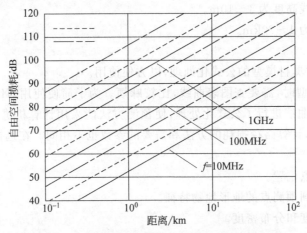

图 3-8 自由空间传播损耗与频率和距离的关系

【例 3-3】 在自由空间模型中,求:

(1) 通信系统的工作频率提高一倍,电波的传播损耗增加多少?

(2) 通信系统的工作波长减少一半,电波的传播损耗增加多少?

(3) 信号的传播距离增加一倍,电波的传播损耗增加多少?

解:由于自由空间的电波传播损耗 $L_{bs} = 32.45 + 20\lg d + 20\lg f$ (dB),则

(1) 通信系统的工作频率提高一倍,电波的传播损耗增加 6dB。

(2) 通信系统的工作波长减少一半,电波的传播损耗增加 6dB。

(3) 信号的传播距离增加一倍,电波的传播损耗增加 6dB。

3.3.2 常用传播模型

1. Egli J.John 模型

Egli J.John 模型认为不平坦地区的场强等于平面大地反射公式算出的场强加上一个修正值。

在使用中,可以分为以下 3 步。

(1) 计算平面大地反射场强。

(2) 计算修正值。

(3) 将上述结果相加即可。

2. 奥村模型

奥村(Okumura)模型将无线信道进行分类。

(1) 城市。

(2) 郊区。

将城市看作准平滑地形,给出城市场强中值。

对于郊区等不规则地形,给出开阔区的场强中值,以城市场强中值为基础进行修正。

奥村模型适用的范围如下。

(1) 频率为 150～1500MHz。

(2) 基地站天线高度为 30～200m。

(3) 移动台天线高度为 1～10m。

(4) 传播距离为 1～20km。

3. Hata 模型

Hata 模型是对奥村模型的公式化处理,以方便使用。

在使用奥村模型时,需要查图表曲线,比较麻烦。为了简便使用,Hata 对 Okumura 提出的基本中值场强曲线进行了公式化处理,使预测方法能采用计算机进行预测。由于模型各自适用范围不同,计算路径损耗的方法和需要的参数也不相同。在选择模型时,需要考虑以下因素。

(1) 不同预测点位置。

(2) 从发射机到预测点的地形地物特征。

(3) 建筑物高度和分布密度。

(4) 街道宽度和方向差异等。

如果传播模型选取不当、使用不合理,将影响路径损耗预测的准确性,并影响链路预算、干扰计算、覆盖分析和容量分析。

3.4 无线信道传输损耗

在无线信道的传输损耗计算中,通常先计算出自由空间的基本损耗,然后加上其他情况引起的损耗。

3.4.1 视距传播的极限距离

由于地球曲率的限制,地面视距传播的距离有限,如图 3-9 所示。

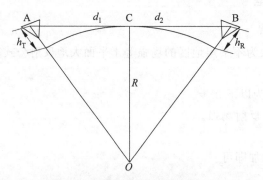

图 3-9 地面视距传播的极限距离

已知地球半径 $R = 6370\text{km}$,设发射天线和接收天线高度分别为 h_T 和 h_R(单位为 m),理论上可得视距传播的极限距离为

$$d_0 = 3.57(\sqrt{h_R(m)} + \sqrt{h_T(m)})(km) \tag{3-13}$$

考虑空气的不均匀性对电波传播轨迹的影响,在标准大气折射情况下,等效地球半径 $R = 8500km$,所以,修正后的视距传播的极限距离为

$$d_0 = 4.12(\sqrt{h_R(m)} + \sqrt{h_T(m)})(km) \tag{3-14}$$

说明:式(3-13)和式(3-14)是发送天线和接收天线的实际高度(单位为 m 时),求出来的中继距离对应的单位是 km。这两个公式的计算考虑了地球半径(单位是 km)对应求解出来的结果。

【例 3-4】 假设:一个地面微波中继通信系统,其收发天线高度都是 16m。求这个微波通信系统的最大中继距离。

解:将 $h_R = h_T = 16m$ 代入式(3-14),得

$$d_0 = 4.12 \times (4 + 4) = 32.96(km) \tag{3-15}$$

3.4.2 障碍物的绕射

由于地面移动信道会遇到各种障碍物,根据菲涅尔绕射理论,障碍物引起的绕射损耗与菲涅尔余隙之间的关系如图 3-10 所示。

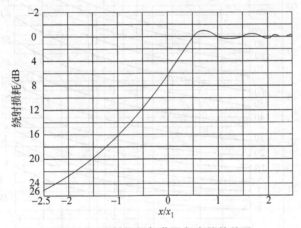

图 3-10 绕射损耗与菲涅尔余隙的关系

图中,横坐标为 x/x_1,x_1 为菲涅尔半径(第一菲涅尔半径)。

【例 3-5】 假设:一个无线通信系统的工作频率 $f = 150MHz$,收发距离 $L = 15km$,在地面无线信道中,菲涅尔余隙 $x = -82m$,发射天线距离障碍物 $d_1 = 5km$,接收天线距离障碍物 $d_2 = 10km$。求电波传播损耗。

解:电波传播损耗有两部分:一是自由空间损耗,二是绕射损耗。

(1)自由空间损耗:

$$L_{bs} = 32.45 + 20lg15 + 20lg150 = 99.5(dB) \tag{3-16}$$

(2)绕射损耗:由工作频率 $f = 150MHz$,得工作波长

$$\lambda = 2m$$

第一菲涅尔半径

$$x_1 = \sqrt{\frac{\lambda d_1 d_2}{d_1 + d_2}} = 81.7\text{m} \tag{3-17}$$

则

$$\frac{x}{x_1} = -1 \tag{3-18}$$

查图 3-10,得附加损耗为 17dB。所以,总的传播损耗为

$$99.5\text{dB} + 17\text{dB} = 116.5\text{dB}$$

3.4.3 传播损耗的计算

对于不同情况,奥村模型的计算方法不同。

1. 城市准平滑地形

图 3-11 给出了城市准平滑地形的基本衰耗中值 $A_m(f,d)$ 与工作频率、通信距离的关系。

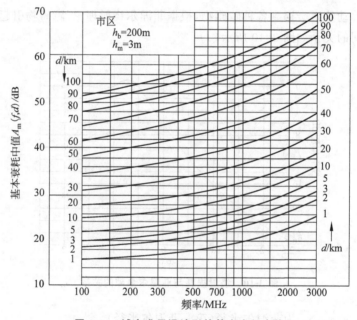

图 3-11 城市准平滑地形的基本衰耗中值

图 3-11 中给出的是在基地站天线有效高度 $h_b = 200\text{m}$,移动台天线高度 $h_m = 3\text{m}$ 时,以自由空间传播衰耗为基准(0dB),求得的衰耗中值的修正值 $A_m(f,d)$。

在应用中,传播损耗的计算步骤如下。

(1) 计算自由空间的传播衰耗中值。

(2) 查图求城市准平滑地形基本衰耗中值。

(3) 进行修正。

【例 3-6】 某地面无线通信系统,工作频率为 900MHz,基站天线高度为 200m,移动台天线高度为 3m,通信距离为 10km,求其在城市街道地区准平滑地形的传播衰耗中值。

解: 自由空间的传播衰耗中值为

$$L_{bs} = 32.45 + 20\lg d + 20\lg f = 32.45 + 20\lg 10 + 20\lg 900 = 111.5(\text{dB}) \qquad (3\text{-}19)$$

查图 3-11,得

$$A_m(f,d) = A_m(900,10) = 30\text{dB} \qquad (3\text{-}20)$$

则城市街道地区准平滑地形的传播衰耗中值为

$$L_T = L_{bs} + A_m(f,d) = 111.5\text{dB} + 30\text{dB} = 141.5\text{dB} \qquad (3\text{-}21)$$

当系统基站天线、移动台天线与图 3-11 中所给参数不同时,需要进行修正。图 3-12 为基地站天线高度增益因子曲线。

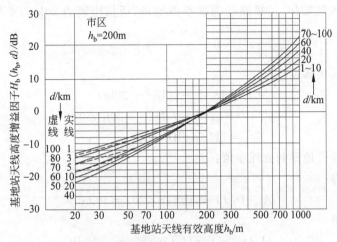

图 3-12　基地站天线高度增益因子曲线

图 3-13 为移动台天线高度增益因子曲线。

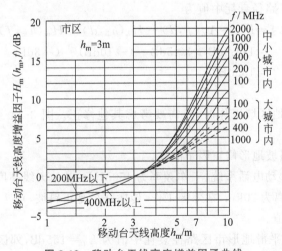

图 3-13　移动台天线高度增益因子曲线

【例 3-7】　某地面无线通信系统,工作频率为 900MHz,基站天线高度为 50m,移动台天线高度为 2m,通信距离为 10km,求路径传播衰耗中值。

解:查图 3-12,得

$$H_b(h_b,d) = H_b(50,10) = -12\text{dB} \qquad (3\text{-}22)$$

查图 3-13,得

$$H_m(h_m,f) = H_m(2,900) = 2dB \tag{3-23}$$

由上例,修正后的路径衰耗中值为

$$L_T = L_{bs} + A_m(f,d) - H_b(h_b,d) - H_m(h_m,f)$$
$$= 141.5dB - H_b(50,10) - H_m(2,900)$$
$$= 141.5dB - (-12dB) - (-2dB) = 155.5dB \tag{3-24}$$

【例 3-8】 某一移动电话系统,工作频率为 450MHz,基站天线高度为 70m,移动台天线高度为 1.5m,在市区工作,传播路径为准平滑地形,通信距离为 20km,求传播路径的衰耗中值。

解:

(1) 自由空间传输损耗:

$$L_{bs} = 32.45 + 20lgd + 20lgf$$
$$= 32.45 + 20lg20 + 20lg450$$
$$= 111.5(dB) \tag{3-25}$$

(2) 市区准平滑地形的衰耗中值:

查图 3-11,得

$$A_m(f,d) = A_m(450,20) = 30.5dB \tag{3-26}$$

查图 3-12,得

$$H_b(h_b,d) = H_b(70,20) = -10dB \tag{3-27}$$

查图 3-13,得

$$H_m(h_m,f) = H_m(1.5,450) = -3dB \tag{3-28}$$

所以,准平滑地形市区路径衰耗中值为

$$L_T = L_{bs} + A_m(f,d) - H_b(h_b,d) - H_m(h_m,f)$$
$$= 111.5dB + 30.5dB - (-10dB) - (-3dB)$$
$$= 155dB \tag{3-29}$$

2. 郊区修正

当无线系统在其他区域工作时,还需要考虑其他修正。图 3-14 给出了郊区修正因子曲线。

图 3-15 给出了斜坡地形修正因子曲线。

【例 3-9】 某一移动电话系统,工作频率为 450MHz,基站天线高度为 70m,移动台天线高度为 1.5m,通信距离为 20km,在郊区工作,传播路径是正斜坡,且 $\theta_m = 15mrad$(毫弧度),求传播路径的衰耗中值。

解:由例 3-8,准平滑地形市区路径衰耗中值为 $L_T = 155dB$,郊区修正,查图 3-14,得

$$K_{mr} = 8.5dB$$

斜坡路径修正,查图 3-15,得

$$K_{sp} = 4.5dB$$

所以,地形地物修正因子为

$$K_r = K_{mr} + K_{sp} = 13dB$$

因此,郊区斜坡路径衰耗中值为

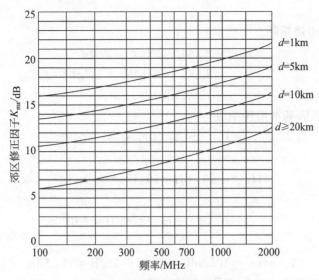

图 3-14 郊区修正因子曲线

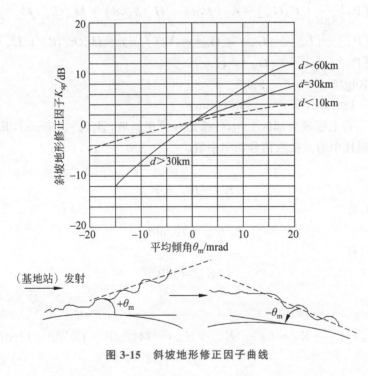

图 3-15 斜坡地形修正因子曲线

$$L_\Lambda = L_\mathrm{T} - K_\mathrm{r} = 155\mathrm{dB} - 13\mathrm{dB} = 142\mathrm{dB} \tag{3-30}$$

【例 3-10】 某一移动信道,工作频段为 450MHz,基站天线高度为 50m,天线增益为 6dB,移动台天线高度为 3m,天线增益为 0dB,在市区工作,传播路径为中等起伏地,通信距离为 10km。试求:

(1) 传播路径损耗中值。

(2) 若基站发射机送至天线的信号功率为 10W,求移动台天线接收信号功率中值。

解：

（1）自由空间传播损耗

$$[L_{fs}] = 32.44 + 20\lg f + 20\lg d$$
$$= 32.44 + 20\lg 450 + 20\lg 10$$
$$= 105.5(\text{dB}) \tag{3-31}$$

查图 3-11,得市区基本损耗中值

$$A_m(f,d) = A_m(450,10) = 27\text{dB}$$

查图 3-12,得

$$H_b(h_b,d) = H_b(50,10) = -12\text{dB}$$

查图 3-13,得

$$H_m(h_m,f) = H_m(3,450) = 0\text{dB}$$

所以

$$L_\Lambda = L_T = 105.5\text{dB} + 27\text{dB} + 12\text{dB} = 144.5\text{dB}$$

（2）中等起伏地市区中接收信号的功率中值

$$[P_P] = \left[P_T\left(\frac{\lambda}{4\pi d}\right)^2 G_b G_m\right] - A_m(f,d) + H_b(h_b,d) + H_m(h_m,f)$$
$$= [P_T] - [L_{fs}] + [G_b] + [G_m] - A_m(f,d) + H_b(h_b,d) + H_m(h_m,f)$$
$$= [P_T] + [G_b] + [G_m] - [L_T]$$
$$= 10\lg 10 + 6 + 0 - 144.5$$
$$= -128.5(\text{dBW}) = -98.5(\text{dBm}) \tag{3-32}$$

【例 3-11】 若上题改为郊区工作,传播路径是正斜坡,且 $\theta_m = 15\text{mrad}$,其他条件不变。再求传播路径损耗中值及接收信号功率中值。

解：因

$$K_T = K_{mr} + K_{sp}$$

查图 3-14,有

$$K_{mr} = 12.5\text{dB}$$

查图 3-15,有

$$K_{sp} = 3\text{dB}$$

故

$$L_\Lambda = L_T - K_T = L_T - (K_{mr} + K_{sp}) = 144.5\text{dB} - 15.5\text{dB} = 129\text{dB}$$

所以,

$$[P_{PC}] = [P_T] + [G_b] + [G_m] - L_\Lambda$$
$$= 10 + 6 - 129 = -113(\text{dBW})$$
$$= -83(\text{dBm})$$

或

$$[P_{PC}] = [P_P] + K_T = -98.5\text{dBm} + 15.5\text{dB} = -83\text{dBm} \tag{3-33}$$

【例 3-12】 什么是电波传播的主要通道？它对电波传播有什么影响？

解：虽然电波传播中的许多菲涅尔区都对接收点的场强有影响,但第一菲涅尔区起主要作用,因此第一菲涅尔椭球是电波传播的主要通道。它对电波的传播有两方面的影响。

(1) 只要有凸起物进入第一菲涅尔椭球区域,就不能将收发两点之间的电波传播视为自由空间传播。

(2) 即使有凸起物挡住了收发两点之间的视线,只要没有将第一菲涅尔椭球全部遮住,就能够在接收点收到信号,即电波传播表现出绕射作用。

3.5 信道编码技术

为了使无线通信与移动通信系统的信号便于在信道中传播,提高通信的有效性、可靠性、安全性,需要使用不同的编码技术。

3.5.1 扩频码和地址码

1. 扩频码和地址码的概念

扩频码是系统扩频使用的码,地址码是用来作为地址的码。

常用的扩频码和地址码如下。

(1) 伪随机(PN)码。

(2) 沃尔什(Walsh)码。

(3) 正交可变速率扩频增益码。

2. 伪随机码

伪随机码又称为伪噪声码,是一种具有白噪声性质的码。常用的伪随机码如下。

1) m(序列)码

m 序列是一种伪随机序列,是由 n 级移位寄存器所能产生的周期最长的序列,又称最大长度序列。m 序列的自相关函数如图 3-16 所示。

m 序列的功率谱密度如图 3-17 所示。

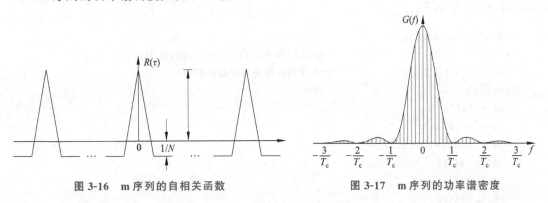

图 3-16　m 序列的自相关函数　　　　　　　图 3-17　m 序列的功率谱密度

m 序列的自相关函数,是理想的双值函数。而 m 序列的互相关函数,是指长度相同而序列结构不同的两个 m 序列之间的相关函数。

m 序列可以使用生成多项式产生,如 $(45)_8 = (100101)_2$,其中,$()_8$ 代表八进制,$()_2$ 代表二进制。MATLAB 程序如下:

```
Clear;
Clc;
G=63;                          %码长
Sd1=[0 0 0 0 1];               %寄存器初始状态
PN1=[];                        %第一个序列
for j=1:G
  PN1=[PN1 Sd1(5)];
  if Sd1(1)==Sd1(4)
      temp1=0;
  else temp1=1;
  end
 Sd1(1)=Sd1(2);
 Sd1(2)=Sd1(3);
 Sd1(3)=Sd1(4);
 Sd1(4)=Sd1(5);
 Sd1(5)=temp1;
end
subplot(3,1,1);
stem(PN1);
title('(45)8=(100101)2产生的m序列');
```

2）Gold 码

Gold 码是一类伪随机序列，它具有良好的自相关和互相关特性，可以用作地址码的数量远大于 m 序列，而且易于实现，结构简单，在工程中得到广泛应用。

Gold 码的生成：当给定移位寄存器级数 n 时，总可以找出一对互相关函数最小的码序列，采用移位相加的方法构成新码组，其互相关旁瓣都很小，而且自相关函数和互相关函数都是有界的，这个新码组被称为 Gold 码或 Gold 序列。

级数为 7，长度为 127 的平衡 Gold 序列，可以由 m1 序列和 m2 序列模二相加产生。MATLAB 程序如下：

```
function c=gold();
n=7;                           %m1序列多项式(211)8=(010001001)2
a=[1 1 1 1 1 1 1];             %m1序列各移位寄存器的初值
co=[];
for v=1:2^n-1
  co=[co,a(1)];
  a(8)=mod(a(5)+a(1),2);
  a(1)=a(2);
  a(2)=a(3);
  a(3)=a(4);
  a(4)=a(5);
  a(5)=a(6);
  a(6)=a(7);
  a(7)=a(8);
end
```

```
m1=co;
    %m2 的多项式为(217)₈=(010001111)₂
    %本原多项式为(211)₈、(217)₈的两个 m 序列为一优选对,相加构成 Gold 序列
b=[1 0 1 0 0 0 0 1];          %m2 序列各移位寄存器的初值
co=[];
for v=1:2^n-1
  co=[co,b(1)];
  m=mod(b(5)+b(1),2);
  p=mod(b(6)+m,2);
  b(8)=mod(b(7)+p,2);
  b(1)=b(2);
  b(2)=b(3);
  b(3)=b(4);
  b(4)=b(5);
  b(5)=b(6);
  b(6)=b(7);
  b(7)=b(8);
end
m2=co;
c=xor(m1,m2);
```

3) Walsh 码

如果序列间的互相关函数值很小,特别是正交序列的互相关函数为 0,那么这类序列称为第二类伪随机序列。Walsh 序列是第二类伪随机序列。

Walsh 函数是有限区间上的一组归一化正交函数集,可由哈达玛矩阵产生。

哈达玛矩阵 $\boldsymbol{H}$ 是由 +1 和 -1 两个元素组成的正交方阵。所谓正交方阵是指任意两行(或两列)都是相互正交的。

$$\boldsymbol{H}_2 = \frac{1}{\sqrt{2}}\begin{bmatrix} 1 & 1 \\ 1 & -1 \end{bmatrix} \tag{3-34}$$

$$\boldsymbol{H}_4 = \frac{1}{\sqrt{2}}\begin{bmatrix} H_2 & H_2 \\ H_2 & -H_2 \end{bmatrix} = \begin{bmatrix} 1 & 1 & 1 & 1 \\ 1 & -1 & 1 & -1 \\ 1 & 1 & -1 & -1 \\ 1 & -1 & -1 & 1 \end{bmatrix} \tag{3-35}$$

$$\boldsymbol{H}_8 = \frac{1}{\sqrt{2}}\begin{bmatrix} H_4 & H_4 \\ H_4 & -H_4 \end{bmatrix} \tag{3-36}$$

4) OVSF 码

OVSF 码是 Walsh 函数的一种,其生成原则与 Walsh 相同。

设:一阶 OVSF 码的初始码字为 0,在其对应的行与列分别放置 0,对角线放置 1,就生成了二阶 OVSF 码。

以此类推,可以生成四阶、八阶等 OVSF 码。

MATLAB 程序如下:

```
close all;
```

```
clear all;
global ovsf;
spr_fac=input('输入扩频因子: ');
code_n=input('输入码编号: ');
if code_n>0 && code_n<=spr_fac
  ovsf=ovsf_gen(spr_fac,code_n);
end

function ovsf=ovsf_gen(spr_fac,code_n)
ovsf=1;
global ovsf
ovsf=1;
if spr_fac==1
  return;
end
for i=1:1:log2(spr_fac)
  temp=ovsf;
for j=1:1:size(ovsf,1)
  if j==1
    ovsf=[temp(j,:),temp(j,:);temp(j,:),(-1) * temp(j,:)];
  else
    ovsf=[ovsf;temp(j,:),temp(j,:);temp(j,:),(-1) * temp(j,:)];
  end
end
end
if code_n>0
  ovsf=ovsf(code_n,:);
end
```

3. 3G 系统中使用的码

在 3G 系统中,扩频码和地址码主要可以划分成如下 3 类。

(1) 用户地址码。

(2) 信道地址码。

(3) 小区地址码。

3.5.2　信道编码

信道编码是提高数据传输可靠性、减少差错的有效方法。

1. 信道编码的定义

信道编码通过加入校验位,即增加冗余实现纠错和检错能力。其追求的目标是如何加入最少的冗余位来获得最好的纠错能力。

信道编码也称为纠错编码或者差错控制编码。

2. 信道编码的分类

信道编码有不同的分类方式。

(1) 根据功能不同,差错控制码可以分为两类。

① 检错码。

② 纠错码。

检错码只检测信息传输是否出现错误,本身没有纠错的能力,如循环冗余校验码、奇偶校验码等。

纠错码则可以纠正误码错误。

(2) 根据对信息序列处理方法的不同,纠错码可以分为两类。

① 分组码。

② 卷积码。

分组码是将信息序列划分为 k 位为一组,然后对各个信息组分别进行编码,形成对应的一个码字。

卷积码也是首先将信息序列划分为组,但当前码组的编译码不仅与当前信息组有关,而且与前面若干码组的编译码有关,这样就能够利用码组的相关性进行译码。

(3) 根据码元与原始信息之间的关系,纠错码可以分为两类。

① 线性码。

② 非线性码。

线性码的所有码元都是原始信息元的线性组合。

非线性码的码元不是信息元的线性组合。

(4) 根据适用差错的类型,纠错码可以分为两类。

① 纠随机错误码。

② 纠突发错误码。

纠随机错误码主要适合随机错误信道,纠正其中可能产生的随机错误。

纠突发错误码主要用于纠正信息传输过程中的突发错误。

3. 简单编码

下面通过几个简单的例子,介绍几种简单编码。

【例 3-13】 用 3 位二进制数字码组传输信息,如何进行纠错?

解:

(1) 3 位二进制数字码组共 8 种组合,可传 8 种信息:000 表示晴、001 表示云、010 表示阴、011 表示雨、100 表示雪、101 表示霜、110 表示雾、111 表示雹,这时有效性最高,但可靠性最低,无法发现错误。

(2) 若只传 4 种信息:000 表示晴、011 表示云、101 表示阴、110 表示雨,这时降低了有效性,但提高了可靠性,可以发现一个错码的错误,例如,000(晴)错一位,则变为 100、010 或001,这三种码都是禁码。

(3) 若只用 2 个码:000 表示晴、111 表示雨,则有效性进一步降低,但可靠性进一步提高,可发现两个错误,纠正一个错误。例如,100 若错一位,则它应为 000。

这就是牺牲了有效性,提高了可靠性。从不能发现错误,到可以发现错误并且能纠正错误。

【例 3-14】 奇偶监督码。

解:

信息位   监督位

晴	00	0
云	01	1
阴	10	1
雨	11	0

偶数监督码包含 1 位监督位,码组中 1 的数目为偶数,可检测奇数个错码。

【例 3-15】 恒比码。

解:码组中 1 或 0 的数目相同。

1: 01011	6: 10101
2: 11001	7: 11100
3: 10110	8: 01110
4: 11010	9: 10011
5: 00111	0: 01101

【例 3-16】 正反码。

解:监督码元与信息码元相同或相反。

(1) 编码:信息位中 1 的数目为奇数,监督位相同,即

$$11001:1100111001$$

信息位中 1 的数目为偶数,监督位相反,即

$$10001:1000101110$$

(2) 解码:信息位与监督位模 2 相加的合成码组,若信息位中 1 的数目为奇数,合成码组为校验码组;信息位中 1 的数目为偶数,合成码组取反为校验码组。由校验码组中 0 或 1 的数目进行判决。

- 全 0:无错码。
- 一个 0:信息码错 1 位,错码位置对应校验码中 0 的位置。
- 一个 1:监督码错 1 位,错码位置对应校验码中 1 的位置。
- 其他:错码大于 1。

设:发送 1100111001 时,若

- 接收 1100111001;则合成码组为 11001+11001=00000,信息位 1 的数目为奇数;校验码组为 00000,无错码。
- 接收 1000111001;则合成码组为 10001+11001=01000,信息位 1 的数目为偶数;校验码组为 10111,一个 0,信息位错 1 位,应为 1100111001。
- 接收 1100101001;则合成码组为 11001+01001=10000,信息位 1 的数目为奇数;校验码组为 10000,一个 1,监督位错码,应为 1100111001。
- 接收 1001111001;则合成码组为 10011+11001=01010,信息位 1 的数目为奇数;校验码组为 01010,错码大于 1 个。

4. 分组码

分组码,就是对每个 k 位长的信息组,按照一定规则增加 $r = n - k$ 位校验码元,构成长度为 n 的序列 $(c_{n-1}, c_{n-2}, \cdots, c_1, c_0)$,该序列称为码字。

如果采用二进制码,则信息组共有 2^k 种组合,经过编码后相应码字只有 2^k 种,称这 2^k 个码字集合为 (n, k) 分组码。

长度为 n 的序列共有 2^n 种可能取值,每个长度为 n 的序列称为 n 重,(n,k) 分组码的码字集合数量只有 2^k 个,所以分组码就是确定某种规则,从 2^n 个 n 重中筛选出 2^k 个不同的码字。

不同的编码规则可以产生不同的码。称被选中的 2^k 个 n 重为许用码组,其余的 2^n-2^k 个码字为禁用码组。

禁用码组是编码不可能产生的码组,接收端一旦接收到这类码组,可以判断传输中发生了错误。

(n,k) 分组码的码率为 $R=k/n$。码率是衡量分组码编码有效性的基本参数。在纠错能力相同的情况下,码率越大,效率越高,增大码率有利于提高信息传输的效率。

5. 卷积码

卷积码 (n_0,k_0,m) 是对每段长度为 k_0 的信息组,按照一定的规则增加 $r_0=n_0-k_0$ 个校验元,构成长度为 n_0 的码段。

r_0 个校验元不仅与当前本段的信息元有关,而且与前 m 段的信息元也有关,当信息元不断输入时,输出码序列为半无限长。

卷积码 (n_0,k_0,m) 的码率为 $R=k_0/n_0$,与 m 无关。在卷积码中,称 $n_0(m+1)$ 为编码约束码长,说明 k_0 个信息从输入编码器到移出移寄存器时对编码输出影响的码元数。对于上述 $(2,1,2)$ 卷积码,编码效率为 $R=1/2$,编码约束长度为 6。

6. 汉明距离

汉明距离是描述信道编码特性的一个重要参数。

两个 n 重 x、y 之间对应码元取值不同的个数,称为这两个 n 重之间的汉明距离,用 $d(x,y)$ 表示。

n 重 x 中非零码元的个数称为汉明重量,简称重量,用 $w(x)$ 表示。

【例 3-17】 x、y 分别为 10101 和 00111,求汉明距离。

解:

$$d(x,y)=2$$

而

$$w(x)=3, \quad w(y)=3$$

(n,k) 分组码中,任意两个码字 x、y 之间的汉明距离的最小值,称为该分组码的最小汉明距离,简称为最小距离,用 d_0 表示。

【例 3-18】 求 $(3,2)$ 码的最小汉明距离。

解: $(3,2)$ 码共有四个码字,分别为 000,011,101,110,显然

$$d_0=2$$

最小汉明距离是分组的重要参数之一,表明了该分组码抗干扰能力的大小,与码字的检错、纠错能力有关,d_0 越大,码的抗干扰能力越强,在相同的译码规则下,错误译码的概率越小。

对于分组码而言,码率 R 和最小距离 d_0 是两个最重要的参数。纠错码的基本任务就是构造码率 R 一定,最小距离 d_0 尽可能大的码;或者 d_0 一定,码率 R 尽可能高的码。

【例 3-19】 讨论 $(n,1)$ 重复码的检错能力。

解:

(1) $(2,1)$ 重复码。

它的两个码字是 00 和 11,$d_0=2$,$R=1/2$。

这种码能发现传输中的一个错误,但不能自动纠正。

(2)(3,1)重复码。

它的两个码字是 000 和 111,$d_0=3$,$R=1/3$。

该码能纠正序列中的一个错误。

(3)(4,1)重复码。

该码的 $d_0=4$,$R=1/4$。它的纠错能力如下。

① 能纠正一个错误的同时发现两个错误。

② 若仅用来检错,则可检测 $e=d_0-1=3$ 个错误。

(4)(5,1)重复码。

它的 $d_0=5$,$R=1/5$。它的纠错能力如下。

① 能纠正两个随机错误。

② 若仅用来检错,则能发现 $e=d_0-1=4$ 个错误。

7. 码的纠错能力

码的纠错能力是一个很重要的参数。

(n,k) 分组码的最小距离 d_0 与纠错能力和检错能力之间有如下关系。

任意 (n,k) 分组码,如果要在码字内:

(1)检测 e 个随机错误,则要求码的最小距离满足 $d_0 \geqslant e+1$。

(2)纠正 t 个随机错误,则要求 $d_0 \geqslant 2t+1$。

(3)纠正 t 个随机错误,并且检测 $e(\geqslant t)$ 个错误,则要求 $d_0 \geqslant e+t+1$。

(4)纠正 t 个随机错误和 ρ 个删除,则要求 $d_0 \geqslant 2t+\rho+1$。

【例 3-20】 求 (7,4) 线性分组码的纠错能力。

解:(7,4) 线性分组码的最小汉明距离为 $d_0=n-k+1=4$,最多可以检测 3 个错误,而只能够纠正一个错误。

【例 3-21】 讨论奇偶校验码的纠错能力。

解:奇偶校验码是只有一个检验元的 $(n,n-1)$ 分组码,其最小汉明距离为 2,所以只能检测一个错误,而没有纠错能力。

任给一个由 $k=3$ 位信息组成的信息组 $m=(m_2,m_1,m_0)$,由它生成的 (6,3) 线性分组码的码字

$$v=(v_5,v_4,v_3,v_2,v_1,v_0)$$

由于每个信息组共有 $k=3$ 位信息码元,信息组集合共由 $2^3=8$ 个不同的信息组构成,因此上述关系生成的 (6,3) 线性分组码共有 8 个码字。

对于任意信息组 $m=(m_2,m_1,m_0)$,生成的码字

$$v=(m_2,m_1,m_0,m_2+m_1,m_2+m_0,m_1+m_0)$$

信息组 000　码字 000000

　　　　001　　　001011

　　　　010　　　010101

　　　　011　　　011110

　　　　100　　　100110

　　　　101　　　101101

```
110        110011
111        111000
```

从生成的码字可以看出，前 $k=3$ 位是原信息组，而后 $n-k=3$ 位是监督元，因此称 $(6,3)$ 码为系统码。

【例 3-22】 $(7,4)$ 系统码的生成矩阵为

$$G = [\, \boldsymbol{I}_k \mid \boldsymbol{P} \,] = \begin{bmatrix} 1 & 0 & 0 & 0 & 1 & 0 & 1 \\ 0 & 1 & 0 & 0 & 1 & 1 & 1 \\ 0 & 0 & 1 & 0 & 1 & 1 & 0 \\ 0 & 0 & 0 & 1 & 0 & 1 & 1 \end{bmatrix} \tag{3-37}$$

求其生成公式。

解：假设编码的信息位为 $[\, x_{m1} \quad x_{m2} \quad m_{m3} \quad x_{m4} \,]$，采用上述生成矩阵产生的码字表示为

$$C_m = (\, x_{m1} \quad x_{m2} \quad x_{m3} \quad x_{m4} \quad c_{m5} \quad c_{m6} \quad c_{m7} \,)$$

其中，$c_{mj}, j=5,6,7$ 表示 3 比特校验位，具体如下：

$$\begin{aligned} c_{m5} &= x_{m1} + x_{m2} + x_{m3} \\ c_{m6} &= x_{m2} + x_{m3} + x_{m4} \\ c_{m7} &= x_{m1} + x_{m2} + x_{m4} \end{aligned} \tag{3-38}$$

【例 3-23】 对于上例的生成矩阵产生的系统 $(7,4)$ 码，求其关系方程。

解：根据校验矩阵与生成矩阵之间的关系，可以得到矩阵

$$\boldsymbol{H} = \begin{bmatrix} 1 & 1 & 1 & 0 & 1 & 0 & 0 \\ 0 & 1 & 1 & 1 & 0 & 1 & 0 \\ 1 & 1 & 0 & 1 & 0 & 0 & 1 \end{bmatrix} \tag{3-39}$$

由 $C_m \boldsymbol{H} T = 0$ 可以得到三个方程：

$$\begin{aligned} x_{m1} + x_{m2} + x_{m3} + c_{m5} &= 0 \\ x_{m2} + x_{m3} + x_{m4} + c_{m6} &= 0 \\ x_{m1} + x_{m2} + x_{m4} + c_{m7} &= 0 \end{aligned} \tag{3-40}$$

8. 常见线性分组码和卷积码

下面简单介绍几种工程应用中经常遇到的线性分组码，并给出一些重要参数。

1) 汉明码

汉明码可以分为两种。

① 二进制汉明码。

② 非二进制汉明码。

首先讨论二进制汉明码的一些性质。

对于给定的正整数 $m \geq 3$，二进制汉明码的信息位数量、码字长度与 m 之间满足下列关系：

$$\begin{aligned} k &= 2^m - m - 1 \\ n &= 2^m - 1 \end{aligned} \tag{3-41}$$

所以汉明码实际就是 $(2^m-1, 2^m-m-1)$ 分组码。当 $m=3$ 时，则为 $(7,4)$ 码。

(n,k) 分组码的校验矩阵有 $n-k$ 行 n 列。二进制汉明码，$n=2^m-1$，$n-k=m$，所以校

验矩阵可用简单方法构造。

取 m 位二进制所有非 0 排列构成校验矩阵 H，然后由检验矩阵与生成矩阵间关系 $GH_T=0$ 得到生成矩阵 G。

【例 3-24】 构造 $m=3$ 的汉明码。

解：由于 $m=3$，根据汉明码的性质可知

$$k=2^m-m-1=4$$
$$n=2^m-1=7 \tag{3-42}$$

所以 $m=3$ 的汉明码是 $(7,4)$ 分组码。除了矢量 $\mathbf{0}$ 之外的所有排列为 (001)，(010)，(011)，(100)，(101)，(110)，(111)，为产生系统码。

将 (100)，(010)，(001) 放在矩阵最后 3 列，得校验矩阵

$$H=\begin{bmatrix} 0 & 1 & 1 & 1 & 1 & 0 & 0 \\ 1 & 0 & 1 & 1 & 0 & 1 & 0 \\ 1 & 1 & 0 & 1 & 0 & 0 & 1 \end{bmatrix} \tag{3-43}$$

生成矩阵

$$G=\begin{bmatrix} 1 & 0 & 0 & 0 & 0 & 1 & 1 \\ 0 & 1 & 0 & 0 & 1 & 0 & 1 \\ 0 & 0 & 1 & 0 & 1 & 1 & 0 \\ 0 & 0 & 0 & 1 & 1 & 1 & 1 \end{bmatrix} \tag{3-44}$$

由于汉明码的校验矩阵中没有两列是线性相关的，而总可以找到三列是线性相关的，所以 (n,k) 汉明码的最小距离为 $d_0=3$。

2）高莱码

高莱码是二进制 $(23,12)$ 线性码，最小汉明距离为 $d_0=7$，纠错能力为 $t=3$。

在 $(23,12)$ 码的校验位上加上 1 比特，得到扩展高莱码 $(24,12)$，其最小汉明距离为 $d_0=8$。

3）循环码

循环码是线性分组码子集，满足下列循环移位特性。

如果 $C=(c_{n-1}c_{n-2}\cdots c_1c_0)$ 是循环码的一个码字，那么对 C 的元素循环移位一次得到的 $(c_{n-2}c_{n-3}\cdots c_0c_{n-1})$ 也是循环码的一个码字，也就是说 C 的循环移位都是码字。

循环特性允许在编码、译码中使用具有众多结构的码字。有效编码和硬判决译码算法有许多，从而可以在通信系统中实现具有大量码字的长码。

一般 (n,k) 分组码的 k 个基底之间没有规则联系，相互之间线性无关，所以需要用 k 个基底组成一个生成矩阵产生码字。

对于循环码而言，采用多项式讨论比较方便，这样就不需要使用生成矩阵。

【例 3-25】 讨论长度 $n=7$ 的循环码。

解：多项式 p^7+1 可以分解为下列形式：

$$p^7+1=(p+1)(p^3+p^2+1)(p^3+p+1) \tag{3-45}$$

为了产生 $(7,4)$ 循环码，可以取下列两个多项式之一作为生成多项式：

$$g_1(p)=p^3+p^2+1$$
$$g_2(p)=p^3+p+1 \tag{3-46}$$

其中，$g_1(p)$ 和 $g_2(p)$ 产生的码是等价的。

由多项式

$$g_1(p) = p^3 + p^2 + 1 \tag{3-47}$$

生成的 (7,4) 码的码字为

信息位	码字
0000	0000000
0001	0001101
0010	0011010
0011	0010111
0100	0110100
0101	0111001
0110	0101110
0111	0100111
1000	1101000
1001	1100101
1010	1111111
1011	1011100
1100	0010001
1101	1000110
1111	1001011

具体产生过程：假设 4 比特信息为 (0001)，对应的信息多项式为

$$X_1(p) = 1 \tag{3-48}$$

所以码字多项式为

$$C_1(p) = X_1(p)g_1(p) = (p^3 + p^2 + 1) \tag{3-49}$$

对应码字为

$$C_1 = (0001101)$$

当 4 比特信息为 (0010) 时，对应的信息多项式为

$$X_2(p) = p \tag{3-50}$$

码字多项式为

$$C_2(p) = X_2(p)g_1(p) = p(p^3 + p^2 + 1) = p^4 + p^3 + p \tag{3-51}$$

对应码字为

$$C_2 = (0011010)$$

当 4 比特信息为 (0011) 时，对应的信息多项式为

$$X_3(p) = p + 1 \tag{3-52}$$

码字多项式为

$$\begin{aligned} C_3(p) = X_3(p)g_1(p) &= (p+1)(p^3 + p^2 + 1) \\ &= (p^4 + p^3 + p) + (p^3 + p^2 + 1) \end{aligned} \tag{3-53}$$

注意到二进制多项式加法为同阶次项的系数进行半加运算，所以 $p^3 + p^3 = (1+1)$，$p^3 = 0$，$p^3 = 0$。

于是得到

$$C_3(p) = p^4 + p^2 + p + 1$$

对应码字为

$$C_3 = (0010111)$$

以此类推,可以得到其他码字。

【例 3-26】 讨论上例的$(7,4)$循环码的对偶码。

解: 上例中使用下列多项式产生$(7,4)$循环码

$$h_1(p) = (p+1)(p^3 + p^2 + 1) = p^4 + p^3 + p^2 + 1 \tag{3-54}$$

对应的倒数多项式为

$$g_2(p) = p^4 h_1(p) = p^4 + p^2 + p + 1 \tag{3-55}$$

由于$n-k=3$,所以其对偶码为$(7,3)$码。

根据生成多项式$g_2(p)$,可以构造对偶码,具体过程如下。

① 当 3 比特信息为(000)时,对应的信息多项式为

$$X_0(p) = 0 \tag{3-56}$$

所以产生的码字为(0000000)。

② 当 3 比特信息为(001)时,对应的信息多项式为

$$X_1(p) = 1 \tag{3-57}$$

于是有

$$C_1(p) = X_1(p)g_2(p) = g_2(p) \tag{3-58}$$

所以产生的码字为(0010111)。

③ 当 3 比特信息为(010)时,对应的信息多项式为

$$X_2(p) = p \tag{3-59}$$

于是

$$C_2(p) = X_2(p)g_2(p) = p^5 + p^3 + p^2 + p \tag{3-60}$$

所以产生的码字为(0101110)。

④ 当 3 比特信息为(011)时,对应的信息多项式为

$$X_3(p) = p + 1 \tag{3-61}$$

于是有

$$\begin{aligned}C_3(p) &= X_3(p)g_2(p) = (p^5 + p^3 + p^2 + p) + (p^4 + p^2 + p + 1) \\ &= p^5 + p^4 + p^3 + 1\end{aligned} \tag{3-62}$$

所以产生的码字为(0111001)。

⑤ 当 3 比特信息为(111)时,对应的信息多项式为

$$X_7(p) = p^2 + p + 1 \tag{3-63}$$

于是有

$$\begin{aligned}C_7(p) &= X_7(p)g_2(p) \\ &= (p^6 + p^4 + p^3 + p^2) + (p^5 + p^3 + p^2 + p) + (p^4 + p^2 + p + 1) \\ &= p^6 + p^5 + p^2 + 1\end{aligned} \tag{3-64}$$

所以产生的码字为(1100101)。这样,所产生的$(7,3)$对偶码为

信息位	码字
0000	0000000
0001	0010011
0010	0101110
0011	0111001
0100	1011100
0101	1001011
0110	1110010
0111	1100101

请读者自己证明：(7,3)对偶码码字与上例产生的(7,4)循环码的码字是正交的。

【例 3-27】 (7,4)循环码的生成多项式为 $g_1(p)=p^3+p^2+1$，求出对应的生成矩阵 $\boldsymbol{G}$。

解：将生成多项式乘以 p^i，得到

$$p^i g_1(p)=p^{3+i}+p^{2+i}+p^i, i=0,1,2,3 \tag{3-65}$$

当 $i=3$ 时，生成多项式为

$$p^3 g_1(p)=p^6+p^5+p^3, \quad 对应矢量为(1101000) \tag{3-66}$$

当 $i=2$ 时，生成多项式为

$$p^2 g_1(p)=p^5+p^4+p^2, \quad 对应矢量为(0110100) \tag{3-67}$$

当 $i=1$ 时，生成多项式为

$$p g_1(p)=p^4+p^3+p, \quad 对应矢量为(0011010) \tag{3-68}$$

当 $i=0$ 时，生成多项式为

$$g_1(p)=p^3+p^2+1, \quad 对应矢量为(0001101) \tag{3-69}$$

所以生成矩阵 $\boldsymbol{G}$ 为

$$\boldsymbol{G}_1=\begin{bmatrix} 1 & 1 & 0 & 1 & 0 & 0 & 0 \\ 0 & 1 & 1 & 0 & 1 & 0 & 0 \\ 0 & 0 & 1 & 1 & 0 & 1 & 0 \\ 0 & 0 & 0 & 1 & 1 & 0 & 1 \end{bmatrix} \tag{3-70}$$

如果使用多项式

$$g_2(p)=p^3+p+1 \tag{3-71}$$

可以得到生成矩阵

$$\boldsymbol{G}_2=\begin{bmatrix} 1 & 0 & 1 & 1 & 0 & 0 & 0 \\ 0 & 1 & 0 & 1 & 1 & 0 & 0 \\ 0 & 0 & 1 & 0 & 1 & 1 & 0 \\ 0 & 0 & 0 & 1 & 0 & 1 & 1 \end{bmatrix} \tag{3-72}$$

【例 3-28】 利用生成多项式 $g(p)=p^3+p+1$ 构造(7,4)系统循环码。

解：系统循环码是由多项式 p^{n-i} 除以生成多项式构造的，使用长除法可得

$$p^6=(p^3+p+1)g(p)+p^2+1 \tag{3-73}$$

于是得到生成矩阵的第一行为(1000101)。

同理可以得到

$$p^5 = (p^2+1)g(p) + p^2 + p + 1$$
$$p^4 = pg(p) + p^2 + p \tag{3-74}$$
$$p^3 = g(p) + p + 1$$

生成矩阵为

$$\boldsymbol{G} = \begin{bmatrix} 1 & 0 & 0 & 0 & 1 & 0 & 1 \\ 0 & 1 & 0 & 0 & 1 & 1 & 1 \\ 0 & 0 & 1 & 0 & 1 & 1 & 0 \\ 0 & 0 & 0 & 1 & 0 & 1 & 1 \end{bmatrix} \tag{3-75}$$

根据校验矩阵 $\boldsymbol{H}$ 与生成矩阵 $\boldsymbol{G}$ 之间的关系,可以得到校验矩阵 $\boldsymbol{H}$ 为

$$\boldsymbol{H} = \begin{bmatrix} 1 & 1 & 1 & 0 & 1 & 0 & 0 \\ 0 & 1 & 1 & 1 & 0 & 1 & 0 \\ 1 & 1 & 0 & 1 & 0 & 0 & 1 \end{bmatrix} \tag{3-76}$$

4）卷积码

卷积码的特点是信息进行编码时,信息组之间不是独立编码的,而是具有一定的相关性,系统译码时可以利用这种相关性进行译码。

卷积码编码时如同分组码一样,首先将信息序列划分为长度为 k 的组,当前时刻编码输出不仅取决于当前输入的信息组,而且与前若干时刻的信息组有关。

为了表示这种关联性,卷积码一般表示为 (n,k,m),其中,k 为信息组的长度,n 表示每组信息对应输出的码长度。

而 m 是表示信息组关联的一个参数,称为信息组约束长度。与分组码一样,(n,k,m) 卷积码的码率为 $R = k/n$。

卷积码编码器可以用生成矩阵加以描述。一般说来,由于输入序列是半无限的,所有卷积码的生成矩阵也是半无限的。显然,这种描述方式并不很简洁。

我们可以采用一个矢量来代替生成矩阵,矢量中的 1 表示对应寄存器内容参与模 2 加法运算,而 0 表示对应寄存器内容不参与模 2 加法运算。

这样 n 位编码输出只需要 n 个矢量即可,而每个矢量由 $m \times k$ 个元素构成,表示共有 $m \times k$ 位寄存器内容与指定模 2 加法器之间的连接关系。

【例 3-29】 讨论 $(3,1,3)$ 卷积码。

解:对于编码器的第一个输出而言,可以使用下列矢量表示函数生成器:

$$\boldsymbol{g}_1 = [100]$$

其中,第 1 位的 1 表示最左边寄存器与当前输出相连接。

对于输出 2 而言,编码输出是由当前输入与最右边寄存器内容（$i-2$ 时刻）进行模 2 加法产生,所以编码函数生成器可以表示为

$$\boldsymbol{g}_2 = [101]$$

同理

$$\boldsymbol{g}_3 = [111]$$

根据函数生成器和移位寄存器的内容就可以得出当前编码输出码字。

假设移位寄存器的原始状态为（000）,输入序列为（1010）,那么编码输出如下。

① 当输入 $x_0 = 1$ 时,寄存器的状态为（100）,所以

$$\boldsymbol{C}_0^0 = \boldsymbol{g}_1 \begin{bmatrix} 1 \\ 0 \\ 0 \end{bmatrix} = [100] \begin{bmatrix} 1 \\ 0 \\ 0 \end{bmatrix} = 1 \tag{3-77}$$

$$\boldsymbol{C}_0^1 = \boldsymbol{g}_2 \begin{bmatrix} 1 \\ 0 \\ 0 \end{bmatrix} = [101] \begin{bmatrix} 1 \\ 0 \\ 0 \end{bmatrix} = 1 \tag{3-78}$$

$$\boldsymbol{C}_0^2 = \boldsymbol{g}_3 \begin{bmatrix} 1 \\ 0 \\ 0 \end{bmatrix} = [111] \begin{bmatrix} 1 \\ 0 \\ 0 \end{bmatrix} = 1 \tag{3-79}$$

于是编码输出码字为 $C_0 = (111)$。

② 当第 2 位信息 $x_1 = 0$ 输入时,移位寄存器内容为(010),编码输出分别为

$$\boldsymbol{C}_1^0 = \boldsymbol{g}_1 \begin{bmatrix} 0 \\ 1 \\ 0 \end{bmatrix} = [100] \begin{bmatrix} 0 \\ 1 \\ 0 \end{bmatrix} = 0 \tag{3-80}$$

$$\boldsymbol{C}_1^1 = \boldsymbol{g}_2 \begin{bmatrix} 0 \\ 1 \\ 0 \end{bmatrix} = [101] \begin{bmatrix} 0 \\ 1 \\ 0 \end{bmatrix} = 0 \tag{3-81}$$

$$\boldsymbol{C}_1^2 = \boldsymbol{g}_3 \begin{bmatrix} 0 \\ 1 \\ 0 \end{bmatrix} = [111] \begin{bmatrix} 0 \\ 1 \\ 0 \end{bmatrix} = 1 \tag{3-82}$$

于是编码输出码字为 $C_1 = (001)$。

同理可以得出 $C_2 = (100)$,$C_3 = (001)$。

除了使用上述方法描述卷积码之外,还可以使用树图、格图和状态图来描述卷积码。

9. Turbo 码

Turbo 码又称为并行级联卷积码,它是由两个反馈的系统卷积编码器通过一个交织器并行连接而成,编码后的校验位经过删余阵,从而产生不同的码率的码字。

Turbo 码巧妙地将卷积码和随机交织器结合在一起,在实现随机编码思想的同时,实现用短码构造长码的方法,并采用软输出迭代译码来逼近最大似然译码。

Turbo 码充分利用了香农信道编码定理的基本条件,具有很好的纠错性能,以及很强的抗衰落、抗干扰能力,性能接近香农理论极限,而且编译码的复杂度不高,现已广泛应用于移动通信系统中。

典型的 Turbo 码编码器的简化形式如图 3-18 所示,其中主要包括两个相同结构的分量卷积编码器,一个随机交织器,删余模块和多路复用模块。

分量卷积编码器一般使用递归系统卷积码编码器。交织器用于将输入到第二个分量卷积编码器的编码输入序列进行随机交织。删余模块可用于将两个分量卷积编码器输出的校验序列进行删余,以提高 Turbo 编码输出的码率。最后多路复用器用来进行并串转换,将延迟过后的编码器输入序列与经过删余模块的两个分量卷积编码器输出的校验序列结合,作为整个 Turbo 编码器的最终编码输出。

Turbo 码有一重要特点是其译码较为复杂,比常规的卷积码要复杂得多,这种复杂不仅

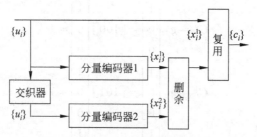

图 3-18 Turbo 编码器的简化形式

在于其译码要采用迭代的过程,而且采用的算法本身也比较复杂。这些算法的关键是不但要能够对每比特进行译码,而且还要伴随着译码给出每比特译出的可靠性信息,有了这些信息,迭代才能进行下去。

10. LDPC 码

LDPC 码又名低密度奇偶校验码,是一类逼近信道容量限的线性分组码。与 4G 中使用的 Turbo 码相比,LDPC 码具有高译码吞吐量、低错误平层、自交织、自校验和码参数设计灵活等优点,已经被广泛地应用于多种实际的通信系统中,而且被 3GPP 采纳为 5G eMBB 场景数据信道的编码方式。

LDPC 编码是由其校验矩阵 **H** 来表示,其校验矩阵的特点是矩阵中含有非常少量的非零元素,相对于校验矩阵行和列的长度,非零元素在每行每列中所占的比重非常低。因此,LDPC 的校验矩阵又被称为稀疏校验矩阵,同时校验矩阵只含有 0 和 1,又可以称为二进制稀疏校验矩阵。除了 LDPC 的校验矩阵是稀疏矩阵外,码本身与其他线性分组码并无区别。

构造一个 LDPC 编码实际上就是找到其校验矩阵,为了找到一个合适的、译码性能优秀的校验矩阵,需要通过一些科学的构造方法来选择。例如,随机构造法和结构构造法。

(1)随机构造法是在给定 LDPC 码率、码长、围长和度分布的条件下,用一种搜索算法进行搜索,随机生成一个满足要求的校验矩阵。

(2)结构构造法主要基于代数理论知识进行构造,此方法构造的校验矩阵具有稳定的结构。

对于中短码字来说,随机构造法和结构构造法的性能差不多,但随机构造法实现简单且复杂度低。

若某 LDPC 编码的校验矩阵 **H** 有 m 行 n 列,则说明码字中包含 n 比特,且这些码字满足 m 个不同的校验方程式,可以计算得到该编码的码元包含的信息位比特数为 $k=n-m$,LDPC 码的码率则为 $R=k/n$。

LDPC 码相对于其他常用的信道编码方式,主要的优点如下。

(1)LDPC 码在目前所知的所有编码方式中,是最接近香农极限的编码方式之一,错误率低,且信道的利用率高。

(2)LDPC 码在译码过程中可以采用完全并行的译码方式来加快译码速度,而且并行的译码结构在硬件实现上比较容易,更适合于高吞吐量的应用场景。

(3)LDPC 编码本身具有抗突发差错的性能。

(4)LDPC 编码的码率可以任意构造,相比 Turbo 码等编码方式更加灵活、实用。

11. 极化码（Polar Codes）

极化码是由 Arikan 教授于 2009 年提出的一种新型信道编码方法。极化码被证明可以达到香农极限信道容量，并且具有准线性的编译码复杂度，相比于其他编码更容易进行理论分析和性能预测。

与传统信道编码不同，极化码有固定的构造结构，没有误码平层现象，拥有更加灵活且通用的速率适配方案，在实际应用中展现出极大的灵活性与普适性。2016 年，在 3GPP RAN1♯87 次会议上，华为公司主推的极化编码方案被确定为 5G eMBB 场景下控制信道的编码方案，这标志着极化码从理论研究向实际应用的跨越。

极化码的设计则是基于信道极化现象，即通过将消息比特放在那些可靠性较高的极化信道上来实现最佳性能，所以极化码的设计目标是最小化那些承载了消息的极化信道的错误概率。

极化码常用的编码方式可以分为非系统编码和系统编码。极化码的编码过程如下。

（1）生成矩阵。

（2）信息位的选择。

（3）极化码的构造。

【例 3-30】 5G 为什么采用与 4G 不同的编码方案？

解：3G 与 4G 均采用了 Turbo 码的信道编码方案。

5G 时代，峰值速率要求速率可达 20Gbps，时延低于 0.5ms。5G 现有标准提案中，信令信道编码采用极化码，数据信道编码采用 LDPC 码。

Turbo 码编码简单，解码性能出色。但 Turbo 码迭代次数多，译码时延较大，不适用于 5G 高速率、低时延应用场景。

LDPC 码可用硬件实现并行运算，虽然硬件资源消耗大，但线性时间内可以编解码，非常适合高速率处理的场景，更好地适应 5G 的需求。

极化码基于信道极化现象和串行译码方式提升信息比特的可靠性，理论上可以达到香农极限信道容量。极化码的优势是计算量小，小规模的芯片就可以实现，商业化后设备成本较低。

因此，极化码拿下 5G 信令信道编码方案，LDPC 码拿下 5G 数据信道编码方案。

3.6　分集接收技术

3.6.1　分集接收的概念

分集接收是指接收端对它收到的多个衰落特性互相独立（携带同一信息）的信号进行特定的处理，以降低信号电平起伏的办法。

分集接收包含两层含义。

（1）在发射时，"分"。

所谓分，就是对于同一个信号源，采用分开的发射或者接收方式。

（2）在接收时，"集"。

所谓集，就是对于同一个信号源，把分开发射或者接收的不同信号进行某种方式的合并。

3.6.2 分集的分类

在移动通信系统中可能用到两类分集方式。

（1）宏分集。

（2）微分集。

1. 宏分集

宏分集主要用于蜂窝通信系统中，也称为多基站分集。这是一种减小慢衰落影响的分集技术，其做法是把多个基站设置在不同的地理位置上（如蜂窝小区的对角上）和在不同方向上，同时和小区内的一个移动台进行通信（可以选用其中信号最好的一个基站进行通信）。

显然，只要在各个方向上的信号传播不是同时受到阴影效应或地形的影响而出现严重的慢衰落（基站天线的架设可以防止这种情况发生），这种办法就能保持通信不会中断。

2. 微分集

微分集是一种减小快衰落影响的分集技术，在各种无线通信系统中都经常使用。

理论和实践都表明，在空间、频率、极化、场分量、角度及时间等方面分离的无线信号，都呈现互相独立的衰落特性。

据此，微分集又可分为下列 6 种。

1）空间分集

空间分集的依据在于快衰落的空间独立性，即在任意两个不同的位置上接收同一个信号，只要两个位置的距离大到一定程度，则两处所收信号的衰落是不相关的。

为此，空间分集的接收机至少需要两副相隔距离为 d 的天线，间隔距离 d 与工作波长、地物及天线高度有关，在移动信道中，通常取

$$d = 0.5\lambda（市区）$$
$$d = 0.8\lambda（郊区）$$

在满足上式的条件下，两信号的衰落相关性已很弱；d 越大，相关性就越弱。

由上式可知，在 900MHz 的频段工作时，两副天线的间隔也只需要 0.27m。

2）频率分集

由于频率间隔大于相关带宽的两个信号所遭受的衰落可以认为是不相关的，因此可以用两个以上不同的频率传输同一信息，以实现频率分集。

例如，市区中 $\Delta = 3\mu s$，相关带宽 B_c 约为 53kHz。这样，频率分集需要用两部以上的发射机（频率相隔 53kHz 以上）同时发送同一信号，并用两部以上的独立接收机来接收信号。这不仅使设备复杂，而且在频谱利用方面也很不经济。

3）极化分集

由于两个不同极化的电磁波具有独立的衰落特性，所以发送端和接收端可以用两个位置很近但为不同极化的天线分别发送和接收信号，以获得分集效果。

极化分集可以看成空间分集的一种特殊情况，它也要用两副天线（二重分集情况），但利用不同极化的电磁波所具有的不相关衰落特性，可缩短天线间的距离。

在极化分集中，由于射频功率分给两个不同的极化天线，因此发射功率要损失 3dB。

4) 场分量分集

由电磁场理论可知,电磁波的 E 场和 H 场载有相同的消息,而反射机理是不同的。例如,一个散射体反射 E 波和 H 波的驻波图形相位差 90°,即当 E 波为最大时,H 波为最小。在移动信道中,多个 E 波和 H 波叠加,结果表明 E_Z、H_X 和 H_Y 的分量是互不相关的,因此,通过接收三个场分量,也可以获得分集的效果。

场分量分集不要求天线间有体上的距离间隔,因此适用于较低工作频段(例如低于100MHz)。当工作频率较高时(800~900MHz),空间分集在结构上容易实现。

场分量分集和空间分集的优点是这两种方式不像极化分集那样要损失 3dB 的辐射功率。

5) 角度分集

角度分集的做法是使电波通过几个不同路径,并以不同角度到达接收端,而接收端利用多个方向性尖锐的接收天线能分离出不同方向来的信号分量;由于这些分量具有互相独立的衰落特性,因而可以实现角度分集并获得抗衰落的效果。

显然,角度分集在较高频率时容易实现。

6) 时间分集

同一信号在不同的时间区间多次重发,只要各次发送的时间间隔足够大,那么各次发送信号所出现的衰落将是彼此独立的,接收机将重复收到的同一信号进行合并,就能减小衰落的影响。

时间分集主要用于在衰落信道中传输数字信号。此外,时间分集也有利于克服移动信道中由多普勒效应引起的信号衰落现象。

3.6.3 合并的方式

在接收端有不同的合并方式。

1. 选择式合并

选择式合并是检测所有分集支路的信号,以选择其中信噪比最高的那一个支路的信号作为合并器的输出。在选择式合并器中,加权系数只有一项为1,其余均为0,如图 3-19 所示。

2. 最大比值合并

最大比值合并是一种最佳合并方式,其方框图如图 3-20 所示。为了书写简便,每一支路信号包络 $r_k(t)$ 用 r_k 表示。每一支路的加权系数 a_k 与 r_k 成正比而与噪声功率 N_k 成反比。

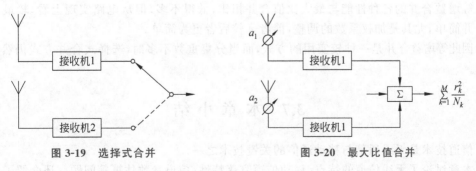

图 3-19 选择式合并　　　　　　图 3-20 最大比值合并

3. 等增益合并

在等增益合并中,不需要对信号加权,各支路的信号是等增益相加的,其方框图如图 3-21 所示。

【**例 3-31**】 在二重分集情况下,试分别求出三种合并方式的信噪比改善因子。

解:可知

$$[\overline{D}_S(M)] = [\overline{D}_S(2)] = 10\lg 1.5 = 1.76 (\text{dB})$$

$$[\overline{D}_R(M)] = \overline{D}_R(2) = 3 (\text{dB}) \tag{3-83}$$

$$\overline{D}_E(M) = 2.5 (\text{dB})$$

图 3-22 给出了三种合并方式与 M 的关系曲线。

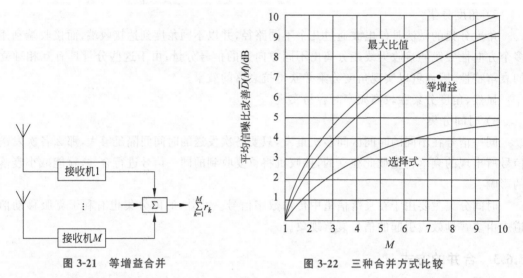

图 3-21 等增益合并   图 3-22 三种合并方式比较

从图 3-22 可以得出以下结论。

(1) 在相同分集重数(即 M 相同)情况下,以最大比值合并方式改善信噪比最多,等增益合并方式次之。

(2) 在分集重数 M 较小时,等增益合并的信噪比改善接近最大比值合并。

(3) 选择式合并所得到的信噪比改善量最少,其原因在前面已指出过,在于合并器输出只利用了最强一路信号,而其他各支路都没有被利用。

从平均误码率来看,最大比值合并也是最佳的。在二重分集情况下,较选择式合并有 3dB 增益。

等增益合并的各种性能与最大比值合并相比,低得不多,但从电路实现上看,较最大比值合并简单,尤其是加权系数的调整,前者远较后者更为简单。

因此等增益合并是一种较实用的方式,而当分集重数不多时,选择式合并方式仍然是可取的。

3.7 本章小结

信道技术是无线通信与移动通信的关键技术之一。

本章讨论了无线信道的特点、移动信道衰落特性、信道参数估算等问题。还介绍了提高系统可靠性的信道编码和分集接收技术。

重点如下。

1. 各种地形环境下的电波传播损耗计算

(1) 城市。

(2) 郊区。

2. 常用信道编码方法

(1) 线性分组码。

(2) 卷积码。

(3) 4G、5G 中的 Turbo 码、LDPC 码和极化码。

3. 常用分集接收方法

(1) 空间分集。

(2) 频率分集。

(3) 极化分集。

(4) 场分量分集。

(5) 角度分集。

(6) 时间分集等。

4. 分集合并的方式

(1) 选择式合并。

(2) 最大比值合并。

(3) 等增益合并。

3.8　为进一步深入学习推荐的参考书目

为了进一步深入学习本章有关内容,向读者推荐以下参考书目。

[1]　章坚武,姚英彪,骆懿. 移动通信实验与实训[M]. 2 版. 西安:西安电子科技大学出版社,2017.

[2]　李建东,郭梯云,邬国扬. 移动通信[M]. 4 版. 西安:西安电子科技大学出版社,2006.

[3]　章坚武. 移动通信[M]. 6 版. 西安:西安电子科技大学出版社,2020.

[4]　王华奎,李艳萍,张立毅,等. 移动通信原理与技术[M]. 北京:清华大学出版社,2009.

[5]　魏崇毓. 无线通信基础及应用[M]. 西安:西安电子科技大学出版社,2009.

[6]　杨家玮,张文柱,李钊. 移动通信基础[M]. 2 版. 北京:电子工业出版社,2010.

[7]　徐福新. 小灵通(PAS)个人通信接入系统[M]. 北京:电子工业出版社,2002.

[8]　吴伟陵. 移动通信原理[M]. 2 版. 北京:电子工业出版社,2009.

[9]　韦惠民,李白萍. 蜂窝移动通信技术[M]. 西安:西安电子科技大学出版社,2002.

[10]　樊昌信. 通信原理教程[M]. 4 版. 北京:电子工业出版社,2019.

[11]　金荣洪,耿军平,范瑜. 无线通信中的智能天线[M]. 北京:北京邮电大学出版社,2006.

[12]　李立华. 移动通信中的先进数字信号处理技术[M]. 北京:北京邮电大学出版社,2005.

[13]　Rappaport T S. 无线通信原理与应用[M]. 周文安,付秀花,王志辉,译. 2 版. 北京:电子工业出版社,2018.

[14]　王新梅,肖国镇. 纠错码——原理与方法(修订版)[M]. 西安:西安电子科技大学出版社,2001.

[15]　蔡跃明,吴启晖,田华. 现代移动通信[M]. 4 版. 北京:机械工业出版社,2017.

[16] Cox C. LTE 完全指南——LTE、LTE-Advanced、SAE、VoLTE 和 4G 移动通信[M]. 严炜烨,田军,译. 2 版. 北京:机械工业出版社,2017.

[17] 张传福,赵立英,张宇,等. 5G 移动通信系统及关键技术[M]. 北京:电子工业出版社,2018.

3.9 习　　题

(1) 移动通信中使用的地形分为哪几类? 地物分为哪几类?

(2) 基站和移动台天线的有效高度是如何定义的?

(3) COST-231-Walfisch-Ikegami 模型表达式中包括几部分内容?

(4) 什么是快衰落?

(5) 什么是慢衰落?

(6) 什么是多径时延扩展?

(7) 什么是多普勒效应?

(8) 什么是多径效应?

(9) 某一移动通信系统,基站天线高度为 30m,移动台天线高度为 3m,天线增益为 0dB,市区为中等起伏地,通信距离为 10km,工作频率为 450MHz,试求传播损耗中值。

(10) 线性分组码的检错和纠错能力与最小汉明距离有什么关系?

(11) (7,4)循环码的生成多项式为 $g_1(p) = p^3 + p^2 + 1$,写出其监督矩阵和生成矩阵,对信息位 0110 和 1001 进行编码。

(12) 移动通信系统中的噪声主要来源有哪些? 其中影响比较大的是什么噪声?

(13) 采用分集接收技术是为了解决哪些接收问题? 主要的分集接收方式有哪些? 依据是什么?

(14) 分集接收有哪几种合并方式? 哪一种可以获得最大的输出信噪比?

第 4 章 数字调制解调技术

教学提示：数字调制解调技术是现代无线通信和移动通信系统的重要部分。本章描述了应用于无线通信与移动通信中的各种数字调制解调技术，分析了各种调制解调方案的性能。

教学要求：通过本章学习，应了解数字调制解调的基本概念和各种调制解调方案的特点及实现方法。应重点掌握数字调制解调的原理、已调信号的频谱特性和各种调制方案的性能评估。

4.1 数字调制概述

信源产生的基带信号的频谱从零频率附近开始，不适宜直接在无线信道上传输。一般要进行调制，将基带信号加载到高频信号上，即将其频谱搬移到较高的频带上再进行传输。在移动通信中，由于受无线电波传播的恶劣条件影响，传输信号会受到幅度衰落、时延和频谱扩展等损伤。因此，寻求良好的抗干扰、抗衰落和高频谱利用率的调制技术，一直是无线通信和移动通信的重要研究课题。

4.1.1 调制的基本概念

调制在无线和移动通信系统中至关重要。所谓调制，就是把传输信号变换成适合在信道中传输的形式的一种过程。

广义的调制分为基带调制和带通调制（也称载波调制）。基带调制后的信号仍然是基带信号，只是信号的波形发生了变化。载波调制，就是用基带信号 $m(t)$（调制信号）去控制载波 $c(t)$ 的过程，使载波的某一个参数或几个参数按照调制信号的规律而变化。载波调制后的已调信号 $S_m(t)$ 是一个带通信号，其频谱与带通信道的特性相适应。在无线通信和其他大多数场合，仅将调制作狭义的理解，均指载波调制。调制的一般模型如图 4-1 所示。

图 4-1 调制的一般模型

解调则是调制的逆过程，是在接收端将已调信号中的调制信号恢复出来，便于接收者处理和理解的过程。根据接收端是否需要产生同频同相的相干载波信号，解调的方式可以分为相干解调和非相干解调。

在无线传输中，进行载波调制主要有以下几方面的作用。

（1）通过调制将基带信号的频谱搬移到载波频率附近，使得发送的频带信号的频谱匹配于频带信道的带通特性。

（2）通过调制把多个基带信号分别搬移到不同的载频处，在一个信道内同时传送多个信源的消息，实现信道的频分复用。

（3）通过采用不同的调制方式实现通信的有效性和可靠性的折中。例如扩频调制技术，可扩展信号带宽，提高系统的抗干扰和抗衰落能力，实现传输带宽与信噪比之间的互换。

（4）在无线通信中，要求天线的尺寸和发射信号的波长可比拟。通过载波调制进行频谱搬移后，以较短的天线发送较小的功率，实现可靠且有效的通信，方便了天线和射频器件的设计加工，使其适合应用于便携式移动终端。

4.1.2　数字调制的特点

现代无线通信和移动通信系统大都采用了数字调制技术。与模拟调制相比，数字调制拥有诸多优点，主要包括：更好的抗噪声性能，更强的抗信道衰落能力，更容易复用各种形式的信息（如声音、数据、图像和视频等），更好的安全性和易于集成微型化，等等。除此之外，采用数字调制解调的数字传输系统可采用信源编码、信道编码、加密和均衡等数字信号处理技术，以改善通信链路质量，提高系统性能。

随着超大规模集成电路、数字信号处理技术和软件无线电技术的发展，出现了新的多用途可编程信号处理器，使得数字调制解调器完全用软件来实现，可以在不替换硬件的情况下，重新设计或选择调制方式，改变和提高调制解调的性能。

4.1.3　数字调制的分类

调制是基带信号加到载波上的过程。基带信号 $m(t)$ 可以是模拟信号，也可以是数字信号；而载波 $c(t)$ 可以是连续波（通常采用正弦波），也可以是脉冲波形；$m(t)$ 可以改变载波的幅度、频率或相位等参量中的某一个或多个参数。这样组合起来就会形成多种调制方式，如图 4-2 所示。

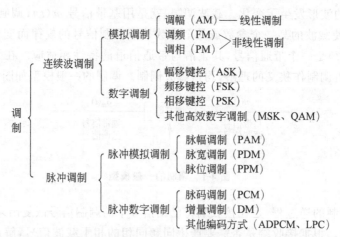

图 4-2　从基带信号、载波和调制参量的角度划分的调制方式

数字信息有二进制和多进制之分。因此，数字调制可分为二进制调制和多进制调制。二进制调制中，对应的载波参量只有两种可能的取值，相应的调制方式有二进制振幅键控

（BASK）、二进制频移键控（BFSK）、二进制相移键控（BPSK）和二进制差分相移键控（BDPSK）；而在多进制调制之中，对应的载波参量可能有 $M(M>2)$ 种取值，基本的多进制键控方式有 MASK、MFSK、MPSK 和 MDPSK 等几种。

在二进制和基本的多进制调制方式基础上，为提高系统性能，经过改进的新型调制体制包括正交振幅调制（QAM）、最小频移键控（MSK）、正交频分复用（OFDM）和滤波器组多载波（FBMC）调制等。

此外，数字调制按相位是否连续可分为相位连续的调制和相位不连续的调制；按包络是否恒定可分为恒包络调制和非恒包络调制。

4.1.4 数字调制的性能指标

数字调制的性能指标通常用功率有效性 η_{P} 和带宽有效性 η_{B} 来衡量。

（1）功率有效性 η_{P}：反映调制技术在低功率电平情况下保证系统误码性能的能力。可表述成在接收机特定的差错概率下（如 10^{-5}），每比特的信号能量 E_{b} 与噪声功率谱密度 N_{0} 之比，即

$$\eta_{P} = \frac{E_{b}}{N_{0}} \tag{4-1}$$

（2）带宽有效性 η_{B}：反映调制技术在一定的频带内容纳数据的能力，也称为带宽效率，体现了通信系统对分配的带宽是如何有效利用的。可表述成在给定的带宽条件下每赫兹的数据通过率，即

$$\eta_{B} = \frac{R}{B} (\text{bps/Hz}) \tag{4-2}$$

其中，R 为数据速率，单位为 bps；B 为已调 RF 信号占用的带宽。

带宽效率有一个基本的上限，由香农定理：

$$C = B \log_2 \left(1 + \frac{S}{N}\right) (\text{bps}) \tag{4-3}$$

其中，C 为信道容量，B 为 RF 带宽，S/N 为信噪比。因此最大可能的

$$\eta_{Bmax} = \frac{R}{B} = \log_2 \left(1 + \frac{S}{N}\right) (\text{bps/Hz}) \tag{4-4}$$

【例 4-1】 对于 GSM 系统，当 B=200kHz，SNR=10dB 时，信道的理论最大速率为多少？

解：已知信噪比 SNR=10dB，即 $S/N=10$，

信道容量

$$C = B \log_2 \left(1 + \frac{S}{N}\right) = 200 \log_2 (1 + 10) = 691.886 (\text{kbps}) \tag{4-5}$$

最大带宽效率

$$\eta_{Bmax} = \log_2 \left(1 + \frac{S}{N}\right) = \log_2 (1 + 10) = 3.46 (\text{bps/Hz}) \tag{4-6}$$

对于 GSM 目前实际数据速率为 270.833kbps，只达到 10dB 信噪比条件下信道容量理论值的 40%。

移动通信面临的无线信道问题包括多径衰落、干扰（自然、人为、ISI）和频率资源有限等，根据其自身的特点，对调制解调技术提出如下要求。

（1）频谱资源有限→高带宽效率。

（2）用户终端小→高功率效率,抗非线性失真能力强。

（3）邻道干扰→低带外辐射。

（4）多径信道传播→对多径衰落不敏感,抗衰落能力强。

（5）干扰受限的信道→抗干扰能力强。

（6）解调复杂度低→一般采用非相干方式或插入导频的相干解调。

（7）产业化问题→成本低,易于实现。

在无线通信数字系统设计中,需要在调制解调方案的功率有效性和带宽有效性之间折中。蜂窝移动通信 1G 到 3G 系统中的调制技术如图 4-3 所示;4G 移动通信系统采用多载波 OFDM 调制技术和单载波自适应均衡技术等调制方式;5G 移动通信研究的热点调制技术包括基于滤波器组多载波的移位正交幅度调制(FBMC-OQAM)技术、基于子带滤波的正交频分复用(F-OFDM)技术、通用滤波的多载波(UFMC)技术、通用频分复用(GFDM)技术和基于滤波器组的正交频分复用(FB-OFDM)技术等。

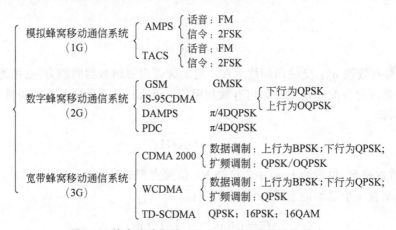

图 4-3　蜂窝移动通信 1G 到 3G 系统中的调制技术

4.1.5　数字调制信号的星座图

数字调制信号在向量空间的表示可用星座图来描述,星座图中定义了一种调制技术的2 个基本参数。

（1）信号分布。

（2）映射关系。

星座图中规定了星座点与传输比特间的对应关系,这种关系称为"映射"。一种调制技术的特性可由信号分布和映射完全定义,即可由星座图来完全定义。

数字调制器的实质是将数字信息映射成与信道特性相匹配的波形。映射过程是这样进行的:先将信息序列 $\{a_n\}$ 一次提取 $k = \log_2 M$ 个二进制数字形成分组,再从 $M = 2^k$ 个确定的有限能量波形 $\{s_m(t), m = 1, 2, 3, \cdots, M\}$ 中选择其中之一送往信道传输。这 M 个特定的信号波形构成的集合称为已调信号集,表示为

$$S = \{s_1(t), s_2(t), \cdots, s_M(t)\} \tag{4-7}$$

对于二进制调制方案,S 只包含两个信号波形;对于 M 进制调制方案,信号集由 M 个

信号波形组成,每个信号最大可传送 $\log_2 M$ 比特的信息量。

在向量空间中,物理可实现的波形的有限集都可以表示为 N 个标准正交波形的线性组合,这 N 个正交波形为该向量空间的基底。因此,要在向量空间中表示数字调制信号,必须找到构成该向量空间的基底 $\varphi_j(t)$,$j = 1, 2, \cdots, N$,即

$$s_i(t) = \sum_{i=1}^{N} s_{ij} \varphi_j(t) \tag{4-8}$$

而基底信号在时域上两两正交,且具有单位能量,满足

$$\begin{cases} \int_{-\infty}^{+\infty} \varphi_i(t) \varphi_j(t) \mathrm{d}t = 0, & i \neq j \\ E = \int_{-\infty}^{+\infty} \varphi_j^2(t) \mathrm{d}t = 1 \end{cases} \tag{4-9}$$

【例 4-2】 二进制相移键控 BPSK 星座图表示。

解:BPSK 信号的时域表达式为

$$s_1(t) = \sqrt{\frac{2E_b}{T_b}} \cos(2\pi f_c t), \quad 0 \leqslant t \leqslant T_b \tag{4-10a}$$

$$s_2(t) = -\sqrt{\frac{2E_b}{T_b}} \cos(2\pi f_c t), \quad 0 \leqslant t \leqslant T_b \tag{4-10b}$$

其中,E_b 为信号能量,T_b 为比特时宽。二进制调制,信号集由 $s_1(t)$ 和 $s_2(t)$ 构成,对这个信号集,基底只有一个波形

$$\varphi_1(t) = \sqrt{\frac{2}{T_b}} \cos(2\pi f_c t), \quad 0 \leqslant t \leqslant T_b \tag{4-11}$$

由基底表示的 BPSK 信号集

$$S_{\mathrm{BPSK}} = \{ \sqrt{E_b} \varphi_1(t), -\sqrt{E_b} \varphi_1(t) \} \tag{4-12}$$

其向量空间的星座图如图 4-4 所示。

星座图为每一个可能出现的符号状态的复包络提供了图形化表示,它的 x 轴代表复包络的同相分量,y 轴代表复包络的正交分量。对比 BPSK 的星座图,BASK 的两个信号体现在星座图中,一个位于原点,另一个位于 x 轴上;而 BFSK 的两个信号一个位于 x 轴上,另一个位于 y 轴上。

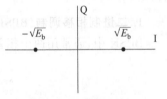

图 4-4 BPSK 调制的向量
空间星座图

星座图上信号点之间的距离代表了已调信号集波形间的差异,与接收机的抗噪声性能有关。从数字调制方案的星座图可以得出以下结论。

(1) 已调信号的带宽随着信号点数(维数)的增加而下降。星座信号点越密集,其带宽效率越高。

(2) 误码率和星座中最近的两个信号点的距离(最小欧几里得距离)成反比。星座密集的调制方案比星座疏散的调制方案的功率效率低。

无线通信中,调制的目的是在无线信道中以尽可能好的质量同时占用尽可能少的带宽来传输信号。超大规模集成电路和数字信号处理技术的新发展不断地带来了新的数字调制和解调方案,本章将描述许多实用的无线通信调制方案、接收机的解调方案和它们的抗噪声性能评估。

4.2　线性调制

模拟调制中,按已调信号频谱是否为基带调制信号频谱的简单搬移可分为线性调制(幅度调制)和非线性调制(角度调制),如果将数字调制看成模拟信号的特例,在广义上也可分为线性调制和非线性调制两大类。

线性调制中,传输信号 $s(t)$ 的幅度随数字调制信号 $m(t)$ 线性变化,可表示为

$$s(t) = \text{Re}[Am(t)\exp(j2\pi f_c t)]$$
$$= A[m_R(t)\cos(2\pi f_c t) - m_I(t)\sin(2\pi f_c t)] \qquad (4\text{-}13)$$

其中,A 为载波振幅,f_c 为载波频率,$m(t) = m_R(t) + jm_I(t)$ 为调制信号的复包络表示,线性调制通常没有恒定的包络。线性调制方案具有良好的频谱效率,这一优点使得线性调制适用于在有限频带内要求容纳越来越多用户的无线通信系统。但为了避免发射信号的失真而引起严重的邻道干扰,传输线性调制信号必须采用功率效率较低的线性射频(RF)放大器。

非线性调制中,不管数字调制信号 $m(t)$ 如何变化,已调信号的幅度是恒定的,即所谓的恒包络调制。移动通信系统存在衰落现象,因此,许多实际的移动无线通信系统都使用非线性调制方案。

相位调制和频率调制一样,本质上是非线性调制,但在数字调相中,由于表征信息的相位变化只有有限的离散取值,因此,可把相位变化归结为幅度变化。这样一来,数字调相同线性调制的数字调幅就联系起来了。因此,可把数字调相信号当作线性调制信号来处理。目前,无线通信系统中使用较广泛的线性调制技术有 BPSK、QPSK、OQPSK 和 π/4DQPSK 等。

4.2.1　二进制相移调制

1. 二进制相移调制(BPSK)信号产生

BPSK 中,通常用两个相差 π 的载波相位分别表示二进制 0 和 1。

$$s_{\text{BPSK}}(t) = \sqrt{\frac{2E_b}{T_b}}\cos(\omega_c t + \theta_c + \varphi_n) \qquad (4\text{-}14)$$

其中,θ_c 为载波的初始相位,通常设为 0;$\theta_c + \varphi_n$ 表示第 n 个符号的绝对相位:

$$\varphi_n = \begin{cases} 0, & \text{发送 0 时} \\ \pi, & \text{发送 1 时} \end{cases} \qquad (4\text{-}15)$$

BPSK 信号可以表述为一个双极性基带脉冲序列与一个正弦载波的相乘:

$$s_{\text{BPSK}}(t) = m(t)A_c\cos(\omega_c t + \theta_c) = \left[\sum_n a_n g(t - nT_b)\right]A_c\cos(\omega_c t + \theta_c) \qquad (4\text{-}16)$$

$m(t) = \sum_n a_n g(t - nT_b)$ 为基带调制信号,A_c 是载波幅度,比特能量 $E_b = \frac{1}{2}A_c^2 T_b$,$g(t)$ 是脉宽为 T_b 的基带脉冲,而 a_n 的统计特性为

$$a_n = \begin{cases} 1, & \text{概率为 } P \quad \text{发送 0 时} \\ -1, & \text{概率为 } 1-P \quad \text{发送 1 时} \end{cases} \qquad (4\text{-}17)$$

BPSK 调制器可采用模拟调制的相乘器法或数字键控相位选择法实现,典型的 BPSK

信号波形如图 4-5 所示。

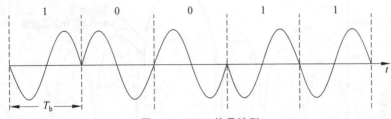

图 4-5 BPSK 信号波形

2. BPSK 信号功率谱密度

将 BPSK 信号写成复包络的形式：

$$s_{\text{BPSK}}(t) = \text{Re}\{g_{\text{BPSK}}(t)\exp(2\pi f_c t)\} \tag{4-18}$$

$g_{\text{BPSK}}(t)$ 为信号复包络，

$$g_{\text{BPSK}}(t) = \sqrt{\frac{2E_b}{T_b}}\, m(t)\mathrm{e}^{j\theta_c} \tag{4-19}$$

复包络的功率谱密度（PSD）为

$$P_{g\text{BPSK}}(f) = 2E_b\left[\frac{\sin(\pi f T_b)}{\pi f T_b}\right]^2 \tag{4-20}$$

通过载波调制将基带功率谱搬移到了载波频率上：

$$P_{\text{BPSK}}(f) = \frac{1}{4}\left[P_{g\text{BPSK}}(f - f_c) + P_{g\text{BPSK}}(-f - f_c)\right] \tag{4-21}$$

将式(4-20)代入，得 BPSK 信号的功率谱密度为

$$P_{\text{BPSK}}(f) = \frac{E_b}{2}\left\{\left[\frac{\sin\pi(f - f_c)T_b}{\pi(f - f_c)T_b}\right]^2 + \left[\frac{\sin\pi(-f - f_c)T_b}{\pi(-f - f_c)T_b}\right]^2\right\} \tag{4-22}$$

基带脉冲为矩形脉冲和升余弦滚降（滚降系数 $\alpha = 0.5$）脉冲的 BPSK 信号的功率谱如图 4-6 所示。在矩形脉冲的情况下，主瓣带宽为 $2R_b = 2/T_b$，BPSK 信号能量的 90% 集中在 $1.6R_b$ 的带宽内；升余弦脉冲时 BPSK 信号所有能量在 $1.5R_b$ 带宽内。因此，基带调制信号的成形和滤波与数字调制的带宽有效性密切相关。

3. BPSK 接收机

BPSK 信号的解调通常采用相干解调法，解调器框图如图 4-7 所示。

在相干解调中，如何得到与接收的 BPSK 信号同频同相的相干载波是个关键问题，即载波恢复，亦称为载波同步。对于无辅助导频的 BPSK 信号，可以采用非线性变换的方法从信号中获取载频。常用的无辅助导频提取法有平方环法和科斯塔斯环法，图 4-7 中的解调器载波同步采用了平方环法。无论哪一种方法，都会存在相位模糊问题，即恢复的本地载波和所需的相干载波可能同相，也可能反相。当反相时，造成解调判决输出的数字信号全部出错，这种现象称为 BPSK 方式的"倒 π 现象"。另外，当出现长时间的连续相同码元符号时，接收机难以辨认信号码元的起止时刻。为解决上述问题，实际二进制调相通信系统中多采用差分相移键控（DPSK）调制方案。

4. BPSK 系统的抗噪声性能

在加性高斯白噪声信道条件下，且输入序列 0 和 1 等概率出现时，BPSK 接收机的平均

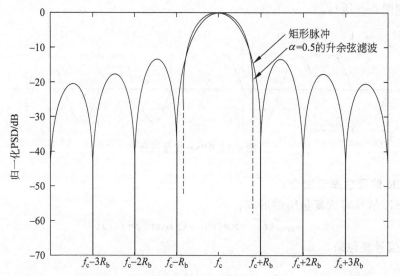

图 4-6　基带脉冲为矩形脉冲和升余弦滚降脉冲的 BPSK 信号的功率谱

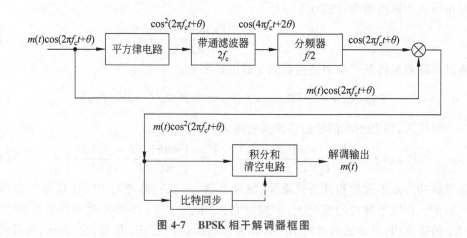

图 4-7　BPSK 相干解调器框图

误比特率（BER）为

$$P_{\mathrm{b,BPSK}} = \frac{1}{2}\mathrm{erfc}\left(\sqrt{\frac{E_{\mathrm{b}}}{N_0}}\right) = Q\left(\sqrt{\frac{2E_{\mathrm{b}}}{N_0}}\right) \qquad (4\text{-}23)$$

其中，E_{b}/N_0 是接收信号的平均比特能量和高斯白噪声的单边功率谱密度之比值。

4.2.2　差分相移调制

BPSK 信号中，相位变化是以未调载波的相位作为参考基准的，它利用载波相位的绝对数值表示数字信息，所以又称为绝对相移键控。DPSK 利用前后相邻码元载波相位的相对变化传递数字信息，所以又称为相对相移键控。

1. DPSK 信号产生

DPSK 信号调制器原理方框图如图 4-8 所示。先对二进制数字基带信号进行差分编码，即把表示数字信息序列的绝对码变换成相对码（差分码），然后再根据相对码进行绝对调相,即可产生 DPSK 信号。

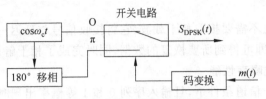

图 4-8 DPSK 调制器原理框图

差分码的编码规则为

$$b_n = a_n \oplus b_{n-1} \tag{4-24}$$

$\oplus$ 为模 2 加,b_{n-1} 为 b_n 的前一码元,最初的 b_{n-1} 可任意设定。式(4-24)的逆过程称为差分译码(码反变换),即

$$a_n = b_n \oplus b_{n-1} \tag{4-25}$$

典型的 DPSK 信号波形如图 4-9 所示。

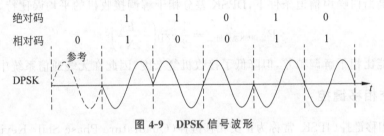

图 4-9 DPSK 信号波形

DPSK 中的调制信号是基带信号 $m(t)$ 对应的码变换后的相对码序列,在基带脉冲波形相同的情况下,DPSK 信号和 BPSK 信号的功率谱密度是完全一样的。

2. DPSK 解调

DPSK 信号的解调可以采用相干解调加码反变换法(极性比较法),原理框图如图 4-10(a)所示;也可以采用差分相干解调(相位比较法),其原理框图如图 4-10(b)所示。

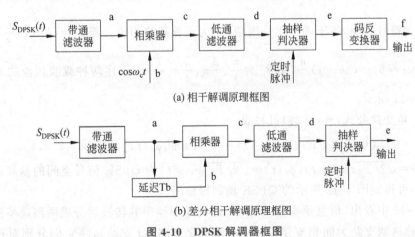

(a) 相干解调原理框图

(b) 差分相干解调原理框图

图 4-10 DPSK 解调器框图

相干解调时,先将 DPSK 信号进行相干解调,得到相对码,再进行差分译码得到绝对

码。该接收系统中虽然会存在相干载波相位模糊问题,但经差分译码后,不会发生码元序列完全倒置的现象。

差分相干解调方法不需要提取相干载波,它将接收信号与延迟一比特时间的信号相乘、低通滤波、采样、判决,即可得到所要恢复的数据,同时完成了相干解调和差分译码的功能。

3. DPSK 系统的抗噪声性能

在加性高斯白噪声信道条件下,且输入序列 0 和 1 等概率出现时,DPSK 相干解调接收机的平均误比特率为

$$P_{b,DPSK相干} = 2P_{b,BPSK}(1 - P_{b,BPSK}) \tag{4-26}$$

当 $P_{b,BPSK} \ll 1$ 时,式(4-26)可近似为 $2P_{b,BPSK}$,即

$$P_{b,DPSK相干} = \mathrm{erfc}\left(\sqrt{\frac{E_b}{N_0}}\right) = 2Q\left(\sqrt{\frac{2E_b}{N_0}}\right) \tag{4-27}$$

显然,采用相干解调的 DPSK 系统的抗噪声性能比 BPSK 系统差,但其克服了 BPSK 的相位模糊问题。

在加性高斯白噪声信道条件下,DPSK 差分相干解调接收机的平均误比特率为

$$P_{b,DPSK差分相干} = \frac{1}{2}\exp\left(-\frac{E_b}{N_0}\right) \tag{4-28}$$

其抗噪声性能比相干解调稍差,但降低了接收机复杂度,因此在无线通信系统中广泛应用。

4.2.3 正交相移键控

四进制相移键控(4PSK)常称为正交相移键控(Quadrature Phase Shift Keying,QPSK),是 MPSK 调制中最常用的一种调制方式。一个 QPSK 调制符号可传输 2 比特信息,频带利用率是 BPSK 的 2 倍。

1. QPSK 信号产生

QPSK 中,正弦载波相位有 4 个可能的离散状态,其信号可以表示为

$$s_{QPSK}(t) = \sqrt{\frac{2E_s}{T_s}}\cos(\omega_c t + \theta_k), \quad 0 \leqslant t \leqslant T_s, \quad k = 1,2,3,4 \tag{4-29}$$

T_s 为四进制符号间隔,等于两个比特周期,θ_k 为正弦载波相位。若 $\theta_k = (k-1)\frac{\pi}{2}$,则 θ_k 为 0、$\frac{\pi}{2}$、π、$\frac{3}{2}\pi$;若 $\theta_k = (2k-1)\frac{\pi}{4}$,则 θ_k 为 $\frac{\pi}{4}$、$\frac{3}{4}\pi$、$\frac{5}{4}\pi$、$\frac{7}{4}\pi$。上述两种载波相位的 QPSK 星座图如图 4-11 所示。

基于三角变换公式,式(4-29)可写成

$$s_{QPSK}(t) = \left[\sqrt{E_s}\cos\theta_k\phi_1(t) - \sqrt{E_s}\sin\theta_k\phi_2(t)\right], \quad k = 1,2,3,4 \tag{4-30}$$

其中,$\phi_1(t) = \sqrt{2/T_s}\cos(\omega_c t)$,$\phi_2(t) = \sqrt{2/T_s}\sin(\omega_c t)$ 为 QPSK 信号空间的基底函数。根据式(4-30)可得到图 4-12 所示的 QPSK 调制器框图。

从图 4-12 中看出,信息速率为 R_b 的二进制序列经串并转换后分成两路速率减半的二进制序列,称这两支路为同相支路(I 支路)和正交支路(Q 支路),将它们分别对正交载波 $\cos(\omega_c t)$ 和 $-\sin(\omega_c t)$ 进行 BPSK 调制,再将这两支路的 BPSK 信号相加即可得到 QPSK 信号。

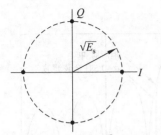
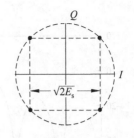

(a) 载波相位为0、$\frac{\pi}{2}$、π和$\frac{3\pi}{2}$的QPSK星座图　　(b) 载波相位为$\frac{\pi}{4}$、$\frac{3\pi}{4}$、$\frac{5\pi}{4}$和$\frac{7\pi}{4}$的QPSK星座图

图 4-11　QPSK 信号的矢量图

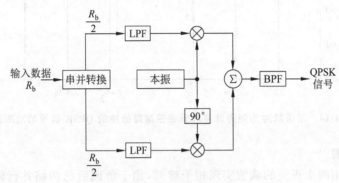

图 4-12　QPSK 调制器原理框图

上述方法为相乘电路法,此外,QPSK 调制器还可以采用相位选择法实现,其原理框图如图 4-13 所示。

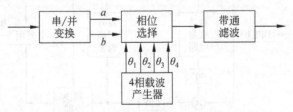

图 4-13　相位选择法产生 QPSK 信号

2. QPSK 信号功率谱密度

QPSK 信号可看成两路正交载波的 BPSK 线性叠加而成,所以 QPSK 信号的平均功率谱密度是同相支路及正交支路 BPSK 信号平均功率谱密度的线性叠加。

因为每个 QPSK 符号对应于两比特,所以 $T_s=2T_b$,$E_s=2E_b$。于是,由式(4-22)可得到 QPSK 信号功率谱表达式为

$$P_{\text{QPSK}}(f)=E_b\left\{\left[\frac{\sin 2\pi(f-f_c)T_b}{2\pi(f-f_c)T_b}\right]^2+\left[\frac{\sin 2\pi(-f-f_c)T_b}{2\pi(-f-f_c)T_b}\right]^2\right\} \qquad (4\text{-}31)$$

基带脉冲为矩形脉冲和升余弦滚降(滚降系数 $\alpha=0.5$)脉冲的 QPSK 信号的功率谱如图 4-14 所示。矩形基带脉冲情况下,当 BPSK 及 QPSK 的二进制信息速率相同时,QPSK 信号的平均功率谱密度的主瓣宽度是 BPSK 平均功率谱密度主瓣宽度的一半,即比特速

率 R_b。

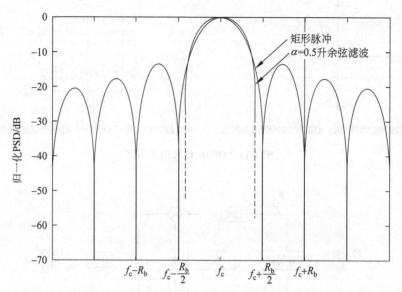

图 4-14　基带脉冲为矩形脉冲和升余弦滚降脉冲的 QPSK 信号的功率谱

3. QPSK 解调

QPSK 可利用两个正交的载波实现相干解调,相干解调后的两路并行码元经过复用之后,再生成串行的原始二进制序列,其原理方框图如图 4-15 所示。

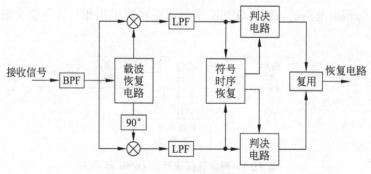

图 4-15　QPSK 相干解调器框图

QPSK 信号的相干解调,在提取相干载波时,同样会存在恢复载波的四重相位模糊问题,因而,实际应用中,可采用差分四相移相键控(DQPSK)方案来解决此问题。

DQPSK 信号的产生方法和 QPSK 信号的产生方法类似,只需要把输入的基带信号先经过码变换器进行差分编码,将绝对码序列变成相对码序列,然后再去调制载波(乘法器法)或选择载波相位。同理,DQPSK 的解调方法也有两类,即极性比较法和相位比较法。

4. QPSK 系统的抗噪声性能

在加性高斯白噪声信道条件下,QPSK 同相支路及正交支路相干解调后的平均错判概率为

$$P_{bI} = P_{bQ} = P_{b,BPSK} = \frac{1}{2} \text{erfc} \left(\sqrt{\frac{E_b}{N_0}} \right) = Q \left(\sqrt{\frac{2E_b}{N_0}} \right) \tag{4-32}$$

当发端信源输出的二进制符号 0 和 1 等概出现时，即二进制码元出现在 I 支路和 Q 支路的概率 $P_I = P_Q = 1/2$，则 QPSK 相干解调的平均误比特率为

$$P_{b,QPSK} = P_I P_{bI} + P_Q P_{bQ} = \frac{1}{2} \text{erfc} \left(\sqrt{\frac{E_b}{N_0}} \right) = Q \left(\sqrt{\frac{2E_b}{N_0}} \right) \tag{4-33}$$

将 QPSK 和 BPSK 相比较，在两者的信息速率、信号总发送功率、噪声的单边功率谱密度相同的条件下，QPSK 和 BPSK 的平均误比特率相同，而 QPSK 的功率谱主瓣宽度仅为 BPSK 的一半，即在同样的能量效率的情况下，QPSK 可以提供两倍的频谱效率。

DQPSK 系统的抗噪声性能比 QPSK 系统差，但其克服了 QPSK 的相位模糊问题，且可以采用实现相对简单的非相干解调。BPSK、QPSK 及 DPSK、DQPSK 的平均误比特率性能曲线如图 4-16 所示。

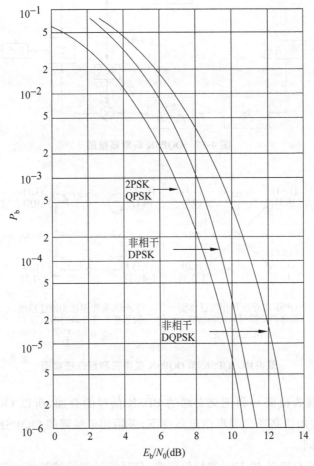

图 4-16　BPSK、QPSK 及 DPSK、DQPSK 的平均误比特率性能曲线

4.2.4　交错正交相移键控(OQPSK)

当基带调制信号为二进制双极性不归零矩形脉冲时，QPSK 信号的幅度是恒定的。然

而当 QPSK 进行波形成形时,由于实际信道是带限的,要经过带通滤波,所以限带后的 QPSK 将失去恒包络的性质,并且偶尔发生的 180°的相移,会导致信号的包络在瞬时间通过零点。反映在频谱方面,会出现旁瓣和频谱加宽的现象。为了防止旁瓣再生和频谱扩展,必须使用效率较低的线性放大器放大 QPSK 信号。

OQPSK 又称偏移四相移键控,是 QPSK 的改进型,其调制器框图如图 4-17 所示。它与 QPSK 有同样的相位关系,也是把输入码流分成两路,然后进行正交调制。不同点在于它将同相和正交两支路的码流在时间上错开了半个码元周期,即一比特时宽 T_b。由于两支路码元半周期的偏移,每次只有一路可能发生极性翻转,不会发生两支路码元极性同时翻转的现象。因此,OQPSK 信号相位只能跳变 0°、±90°,不会出现 180°的相位跳变。图 4-18 对比了 QPSK 和 OQPSK 星座图和相位迁移图。

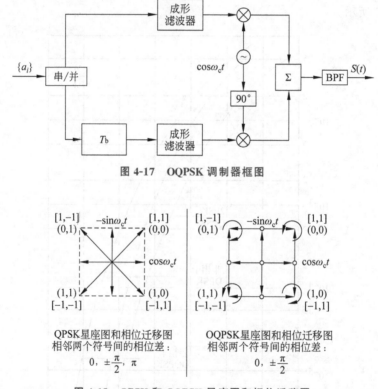

图 4-17　OQPSK 调制器框图

图 4-18　QPSK 和 OQPSK 星座图和相位迁移图

OQPSK 仍可视为由同相和正交支路的 BPSK 信号的叠加,所以 OQPSK 的功率谱和 QPSK 的相同,且在加性高斯白噪声信道条件下,采用相干解调的 OQPSK 系统与 QPSK 系统的抗噪声性能相同。

OQPSK 克服了 QPSK 的 180°的相位跳变,信号通过带通滤波器(BPF)后包络起伏小,在经过非线性功放后,不会引起功率谱旁瓣有大的增生,所以它适于在带限非线性信道中使用。美国 IS-95 CDMA 蜂窝系统中,在反向信道(上行)数据传输中采用了 OQPSK 调制方案。但是,当码元转换时,OQPSK 相位变化不连续,存在 90°的相位跳变,因而高频滚降慢,频带仍然较宽。

4.2.5 π/4DQPSK

π/4QPSK 是 QPSK 和 OQPSK 在实际最大相位跳变的折中调制方案,QPSK 的最大相位跳变是 $180°$,OQPSK 的最大相位跳变是 $90°$,而 π/4QPSK 的最大相位跳变是 $135°$。因此,带限 π/4QPSK 信号比 QPSK 有更好的恒包络性质,但在包络变化方面比 OQPSK 更敏感。为克服解调端载波恢复的相位模糊问题,通常,π/4QPSK 采用差分编码,即 π/4DQPSK,从而进一步可采用非相干解调,大大简化接收机的设计。

1. π/4DQPSK 信号产生

π/4DQPSK 已调信号可表示为

$$s_{π/4DQPSK}(t) = \cos(\omega_c t + \theta_k) \tag{4-34}$$

式(4-34)中,θ_k 为 $kT_S \leqslant t \leqslant (k+1)T_S$ 间的附加相位。上式展开为

$$s_{π/4DQPSK}(t) = \cos(\theta_k)\cos(\omega_c t) - \sin(\theta_k)\sin(\omega_c t) \tag{4-35}$$

式(4-35)中,θ_k 是前一码元附加相位 θ_{k-1} 与当前码元相位跳变量 $\Delta\theta_k$ 之和,即

$$\theta_k = \theta_{k-1} + \Delta\theta_k \tag{4-36}$$

设当前码元两个支路的正交信号取值分别为

$$I_k = \cos\theta_k = \cos(\theta_{k-1} + \Delta\theta_k) = \cos(\Delta\theta_k)\cos(\theta_{k-1}) - \sin(\Delta\theta_k)\sin(\theta_{k-1}) \tag{4-37a}$$

$$Q_k = \sin\theta_k = \sin(\theta_{k-1} + \Delta\theta_k) = \cos(\Delta\theta_k)\sin(\theta_{k-1}) + \sin(\Delta\theta_k)\cos(\theta_{k-1}) \tag{4-37b}$$

令前一码元两支路正交信号取值为 $I_{k-1} = \cos\theta_{k-1}$,$Q_{k-1} = \sin\theta_{k-1}$,则有

$$I_k = I_{k-1}\cos(\Delta\theta_k) - Q_{k-1}\sin(\Delta\theta_k) \tag{4-38a}$$

$$Q_k = Q_{k-1}\cos(\Delta\theta_k) + I_{k-1}\sin(\Delta\theta_k) \tag{4-38b}$$

表 4-1 给出了双比特信息 x_k、y_k 和相邻码元间相位跳变 $\Delta\theta_k$ 之间的对应关系。由表可见,码元转换时的相位跳变量有 $\pm\pi/4$ 和 $\pm3\pi/4$ 四种取值,所以信号的相位也必定在如图 4-19 所示的○组和●组之间跳变,而不可能产生如 QPSK 信号的 $\pm\pi$ 的相位跳变,信号的频谱特性得到较大的改善。同时可以得出,I_k 和 Q_k 只可能有 0、$\pm1/\sqrt{2}$、±1 五种取值,且 0、±1 和 $\pm1/\sqrt{2}$ 相隔出现。

表 4-1　比特 x_k,y_k 和 $\Delta\theta_k$ 的对应关系

x_k	y_k	$\Delta\theta_k$	$\cos\Delta\theta_k$	$\sin\Delta\theta_k$	x_k	y_k	$\Delta\theta_k$	$\cos\Delta\theta_k$	$\sin\Delta\theta_k$
1	1	$\dfrac{\pi}{4}$	$\dfrac{1}{\sqrt{2}}$	$\dfrac{1}{\sqrt{2}}$	-1	-1	$-\dfrac{3\pi}{4}$	$-\dfrac{1}{\sqrt{2}}$	$-\dfrac{1}{\sqrt{2}}$
-1	1	$\dfrac{3\pi}{4}$	$-\dfrac{1}{\sqrt{2}}$	$\dfrac{1}{\sqrt{2}}$	1	-1	$-\dfrac{\pi}{4}$	$\dfrac{1}{\sqrt{2}}$	$-\dfrac{1}{\sqrt{2}}$

π/4DQPSK 调制器可以采用相乘法正交调制方式实现,如图 4-20 所示。输入数据经串/并变换后得到同相通道和正交通道的两种脉冲序列,再对差分相位编码后的序列进行正交调制,合成输出即为 π/4DQPSK 信号。为了使已调信号功率谱更加集中,减少占用频带,通常,π/4DQPSK 调制器的 I、Q 支路在调制前应加入具有线性相位和平方根升余弦频率特性的低通滤波器(LPF)。

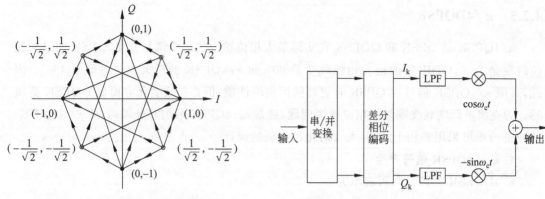

图 4-19　π/4DQPSK 信号的星座图　　　　图 4-20　π/4DQPSK 正交调制实现原理框图

π/4DQPSK 调制器也可以采用相位选择器实现,如图 4-21 所示。载波信号发生器产生 $0,\pi/4,\pi/2,\cdots,7\pi/4$ 等 8 种载波信号,固定送给相位选择器 $D_0,D_1,\cdots,D_7$,地址码发生器由编码电路和延迟电路组成。编码器完成双比特 I_k、Q_k 输入和三比特 A_k、B_k、C_k 输出之间的转换。延迟电路完成相对码变换,以控制八选一选择器把所需要的载波选取出来,再经过滤波器形成 π/4DQPSK 输出信号。

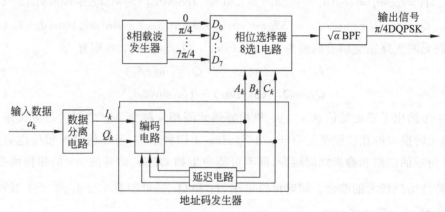

图 4-21　π/4DQPSK 相位选择法实现原理框图

2. π/4DQPSK 解调

π/4DQPSK 中的信息完全包含在载波的相位跳变 $\Delta\theta_k$ 之中,解调可以采用相干解调,也可以采用非相干解调。π/4DQPSK 常用的检测方法有基带差分检测、中频差分检测和鉴频器检测三种方案。

1) 基带差分检测

π/4DQPSK 基带差分检测器的原理框图如图 4-22 所示,接收的 π/4DQPSK 信号与本地振荡器产生的两个同频但不同相的载波进行正交解调。

I、Q 两支路低通滤波器的输出信号的取样值可表示为

$$w_k = \cos(\theta_k - \varphi) \tag{4-39a}$$
$$z_k = \sin(\theta_k - \varphi) \tag{4-39b}$$

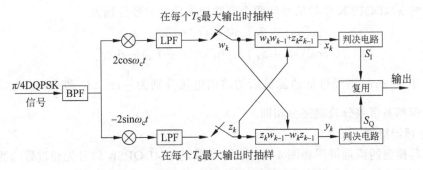

图 4-22 π/4DQPSK 基带差分检测器原理框图

式中，$\theta_k = \arctan(Q_k/I_k)$ 是第 k 个数据比特的载波相位，φ 为本地正交载波与接收信号的相位差，可视为因噪声、信道传播和干扰引起的相位偏移。

令差分译码电路的运算规则为

$$x_k = w_k w_{k-1} + z_k z_{k-1} = \cos(\theta_k - \theta_{k-1}) = \cos\Delta\theta_k \qquad (4\text{-}40a)$$

$$y_k = z_k w_{k-1} - w_k z_{k-1} = \sin(\theta_k - \theta_{k-1}) = \sin\Delta\theta_k \qquad (4\text{-}40b)$$

差分检测过程消除了相位差 φ 的影响。根据表 4-1 中 π/4DQPSK 信号产生时的相位跳变规则，接收端判决准则为

$$S_I = \begin{cases} 1, & x_k > 0 \\ -1, & x_k < 0 \end{cases}$$

$$ \qquad (4\text{-}41)$$

$$S_Q = \begin{cases} 1, & y_k > 0 \\ -1, & y_k < 0 \end{cases}$$

S_I 和 S_Q 再经并/串变换后，即可恢复出所传输的数据。

基带差分检测的难点在于要保证接收机本地振荡器的频率与发射机载波频率一致。载波频率的任何漂移 Δf，在一个码元周期内，都会产生 $2\pi\Delta f T_s$ 的相位漂移，从而引起误比特性能的恶化。

2）中频差分检测

中频差分检测的原理框图如图 4-23 所示，接收的 π/4DQPSK 信号先变至中频，然后进行中频延迟差分检测。该检测方案的优点是解调中采用了延迟线和混频器，而无须本地振荡器产生相干载波。而难点在于带通滤波器的设计，其传输特性不理想时，将会引入码间串扰。

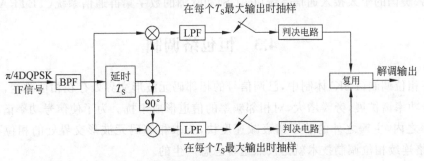

图 4-23 π/4DQPSK 中频差分检测器原理框图

输入的 $\pi/4DQPSK$ 中频信号经两个支路相乘后的信号分别为

$$\cos[\omega_I t + \theta_k]\cos[\omega_I(t - T_S) + \theta_{k-1}] \tag{4-42a}$$

$$\cos[\omega_I t + \theta_k] - \sin[\omega_I(t - T_S) + \theta_{k-1}] \tag{4-42b}$$

取 $\omega_I T_s = 2n\pi$，则经过低通滤波后的输出电压分别为 $\frac{1}{2}\cos\Delta\theta_k$ 和 $\frac{1}{2}\sin\Delta\theta_k$，后面的数据判决过程和基带差分检测完全相同。

3）鉴频器检测

鉴频器检测的原理框图如图 4-24 所示，接收的 $\pi/4DQPSK$ 信号先经过带通滤波器，而后经过限幅器去掉包络起伏。FM 鉴频器提取接收信号的瞬时频率偏移量，并在每个符号周期内积分可得两个抽样点相位差 $\Delta\theta_k$。该相位差通过一个四电平的门限比较器可得到原始数据信号。也可以通过模为 2π 的鉴相器来检测此相位差，这种相位检测器能提高 BER 性能，减小门限噪声的影响。

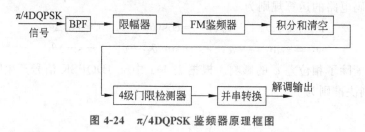

图 4-24　$\pi/4DQPSK$ 鉴频器原理框图

3. $\pi/4DQPSK$ 误比特性能

上述三种检测方案都是利用相位差来进行数据恢复，其各自的实现技术不同，接收机结构不同，但它们 BER 性能基本相同。

在理想高斯信道条件下，采用基带差分检测的 $\pi/4DQPSK$ 误比特率为

$$P_{b,\frac{\pi}{4}DQPSK} = e^{-\frac{2E_b}{N_0}}\sum_{k=0}^{\infty}(\sqrt{2} - 1)^k I_k\left(\sqrt{2}\,\frac{E_b}{N_0}\right) - \frac{1}{2}e^{-\frac{2E_b}{N_0}}I_0\left(\sqrt{2}\,\frac{E_b}{N_0}\right) \tag{4-43}$$

式中，I_k 为 k 阶修正第一类 Bessel 函数。理论上，差分检测的 $\pi/4DQPSK$ 的 BER 比 QPSK 低 3dB。

$\pi/4DQPSK$ 具有频谱特性好，功率效率高，抗干扰能力强且实现简单等特点。该调制方案已应用于美国 IS-136 数字蜂窝移动通信系统、日本的个人数字蜂窝系统（PDC）及 PHS 无绳电话、美国的个人接入通信系统（PACS）和欧洲的数字集群通信系统（TETRA）。

4.3　恒包络调制

数字相位调制（PSK）体制中，已调信号的相邻码元波形交界处存在相位跳变，相位跳变会使信号功率谱扩展，旁瓣增大，对相邻频率的信道形成干扰。为了使信号功率谱尽可能集中于主瓣之内，主瓣之外的功率谱衰减速度快，要求相邻码元波形交界处的相位不产生突变，恒包络连续相位调制技术就是按照这种思想产生的。

恒包络调制具有满足多种应用环境的优点，例如，恒包络调制可采用功率效率较高的 C 类放大器而不会引起发送信号的频谱扩展；带外辐射可达 $-60 \sim -70$dB；接收机可采用

简单的限幅-鉴频器结构,简化设计的同时可有效抵抗瑞利衰落和随机噪声引起的信号波动。但恒包络调制占用的带宽比线性调制大,对于带宽效率比功率效率更重要的通信系统,恒包络调制不一定是最合适的调制方案。MSK 和 GMSK 就是两种在移动通信中常用的恒包络连续相位调制技术。

4.3.1 最小频移键控

1. MSK 基本原理

频移键控(FSK)是数字通信中用得较广的一种形式,在衰落信道中传输数据时,它被广泛采用。例如,BFSK 信号是 0 符号对应载频 ω_1,而 1 符号对应丁载频 ω_2(与 ω_1 不同的另一载频)的已调波形,而且 ω_1 与 ω_2 之间的改变是瞬间完成的。

FSK 的实现方法有模拟调频法和键控法。一般来说,键控法得到的已调信号的相位是不连续的,是一种非线性调制,因此研究它的频谱特性比较困难。如果在码元转换时刻 FSK 信号的相位是连续的,称为连续相位的 FSK 信号(CPFSK),CPFSK 信号的有效带宽比一般的 FSK 信号小。最小移频键控(Minimum Shift Keying,MSK)就是一种特殊的 CPFSK,是一种包络恒定、相位连续、占用带宽最小并且严格正交的 BFSK 信号。MSK 有时也称为快速频移键控(FFSK),所谓"最小"是指这种调制方式能以最小的调制指数(0.5)获得正交信号;而"快速"是指在给定同样的频带内,MSK 能比 2PSK 的数据传输速率更高,且在带外的频谱分量要比 2PSK 衰减得快。

MSK 信号的表达式可写为

$$S_{\mathrm{MSK}}(t)=\cos\left(\omega_c t+\frac{\pi a_k}{2T_{\mathrm{S}}}t+\phi_k\right),\quad kT_{\mathrm{S}}\leqslant t\leqslant (k+1)T_{\mathrm{S}} \tag{4-44}$$

其中,ω_c 为载波角频率;T_{S} 为码元宽度;a_k 为第 k 个输入码元,取值为 ± 1;ϕ_k 为第 k 个码元的相位常数,在时间 $kT_{\mathrm{S}}\leqslant t\leqslant (k+1)T_{\mathrm{S}}$ 中保持不变,其作用是保证在 $t=kT_{\mathrm{S}}$ 时刻信号相位连续。

由信号相位 $\varphi_k(t)=\left(\omega_c t+\dfrac{\pi a_k}{2T_{\mathrm{S}}}t+\phi_k\right)$ 对时间求导,得

$$\frac{\mathrm{d}\phi_k(t)}{\mathrm{d}t}=\omega_c+\frac{\pi a_k}{2T_{\mathrm{S}}}=\begin{cases}\omega_c+\dfrac{\pi}{2T_{\mathrm{S}}},&a_k=+1\\[2mm]\omega_c-\dfrac{\pi}{2T_{\mathrm{S}}},&a_k=-1\end{cases} \tag{4-45}$$

可知,当 $a_k=+1$ 时,信号的频率为 $f_2=f_c+\dfrac{1}{4T_{\mathrm{S}}}$;当 $a_k=-1$ 时,信号的频率为 $f_1=f_c-\dfrac{1}{4T_{\mathrm{S}}}$。由此可得,频率之差为 $\Delta f=f_2-f_1=\dfrac{1}{2T_{\mathrm{S}}}$。则调制指数 $h=\Delta fT_{\mathrm{S}}=0.5$。

定义附加相位函数

$$\theta_k(t)=\frac{\pi a_k}{2T_{\mathrm{S}}}t+\phi_k,\quad kT_{\mathrm{S}}\leqslant t\leqslant (k+1)T_{\mathrm{S}} \tag{4-46}$$

要确保 MSK 信号在 $t=kT_{\mathrm{S}}$ 时刻的信号相位 $\varphi_k(t)$ 连续,即要保证前一码元 a_{k-1} 在 kT_{S} 时刻的载波附加相位 $\theta_{k-1}(kT_{\mathrm{S}})$ 与当前码元 a_k 在 kT_{S} 时刻的载波附加相位 $\theta_k(kT_{\mathrm{S}})$ 相等,即

$$\frac{\pi a_{k-1}}{2T_S}kT_S + \phi_{k-1} = \frac{\pi a_k}{2T_S}kT_S + \phi_k \tag{4-47}$$

整理可得

$$\phi_k = \phi_{k-1} + \frac{k\pi}{2}(a_{k-1} - a_k) = \begin{cases} \phi_{k-1}, & a_k = a_{k-1} \\ \phi_{k-1} \pm k\pi, & a_k \neq a_{k-1} \end{cases} \tag{4-48}$$

假设 ϕ_{k-1} 的初始参考值为 0,则 $\phi_k = 0$ 或 $\pi(\mathrm{mod}\,2\pi)$。由式(4-46)可见,在一个码元持续时间 T_S 内,附加相位是时间 t 的直线方程,每经过一个 T_S,MSK 码元的附加相位就改变 $\pm\pi/2$。若 $a_k = +1$,则增加 $\pi/2$;若 $a_k = -1$,则减少 $\pi/2$。按此规律可画出 MSK 信号附加相位 $\theta_k(t)$ 的轨迹图,图 4-25 中粗线为 MSK 信号附加相位的轨迹曲线,其对应的信息序列为:$a_k = +1+1-1+1-1-1-1$,图中同时给出了附加相位的全部可能路径。

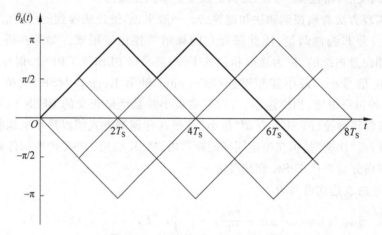

图 4-25　MSK 信号附加相位路径

由上述分析可知,MSK 信号具有如下特点。

(1) 已调信号的振幅是恒定的。

(2) 信号的频率偏移严格地等于 $\pm 1/4T_S$,相应的调制指数 $h = 0.5$。

(3) 以载波相位为基准的信号相位在一个码元期间内准确地线性变化 $\pm\pi/2$。

(4) 在码元转换时刻信号的相位是连续的,或者说信号的波形没有突跳。

2. MSK 信号产生

由式(4-44)和式(4-46)可得 MSK 信号的表达式:

$$\begin{aligned}
S_{\mathrm{MSK}}(t) &= \cos\theta_k(t)\cos\omega_c t - \sin\theta_k(t)\sin\omega_c t \\
&= \cos\left(\frac{\pi a_k}{2T_S}t + \varphi_k\right)\cos\omega_c t - \sin\left(\frac{\pi a_k}{2T_S}t + \varphi_k\right)\sin\omega_c t \\
&= \left(\cos\frac{\pi a_k}{2T_S}t\cos\varphi_k - \sin\frac{\pi a_k}{2T_S}t\sin\varphi_k\right)\cos\omega_c t - \\
&\quad \left(\sin\frac{\pi a_k}{2T_S}t\cos\varphi_k + \cos\frac{\pi a_k}{2T_S}t\sin\varphi_k\right)\sin\omega_c t
\end{aligned} \tag{4-49}$$

而 $a_k = \pm 1$,$\phi_k = 0$ 或 $\pi(\mathrm{mod}\,2\pi)$,则

$$S_{\mathrm{MSK}}(t) = \cos\varphi_k\cos\frac{\pi t}{2T_S}\cos\omega_c t - a_k\cos\varphi_k\sin\frac{\pi t}{2T_S}\sin\omega_c t$$

$$= I_k \cos \frac{\pi t}{2T_S} \cos\omega_c t + Q_k \sin \frac{\pi t}{2T_S} \sin\omega_c t \qquad (4-50)$$

式中，$\cos\pi t/2T_S$ 和 $\sin\pi t/2T_S$ 称为加权函数（或称调制函数）；$I_k = \cos\phi_k$ 为同相分量的等效数据；$Q_k = -a_k\cos\phi_k$ 为正交分量的等效数据。

根据式(4-50)，MSK 信号可采用正交调幅方式产生，其调制的方框图如图 4-26 所示。

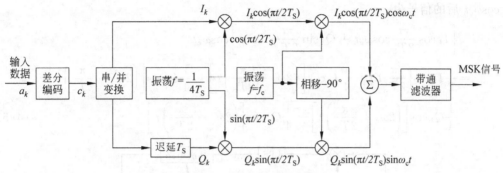

图 4-26　MSK 调制器框图

3. MSK 信号功率谱

MSK 信号的单边功率谱密度为

$$P_{MSK}(f) = \frac{16A^2 T_S}{\pi^2} \left(\frac{\cos[2\pi(f-f_c)T_S]}{1-[4(f-f_c)T_S]^2} \right)^2 \qquad (4-51)$$

式中，A 为 MSK 信号的幅度；f_c 为信号载频；T_S 为码元持续时间。

按照式(4-51)画出的 MSK 信号功率谱曲线如图 4-27 所示。计算表明，包含 99% 信号功率的 MSK 信号带宽为 $B_{MSK} \approx 1.2/T_S$，而对比 QPSK（OQPSK）和 BPSK 的 99% 信号功率带宽分别为 $B_{QPSK(OQPSK)} \approx 6/T_S$、$B_{BPSK} \approx 9/T_S$。由此可见，MSK 信号的功率更为集中，旁瓣功率衰减的更快，邻道间干扰小。

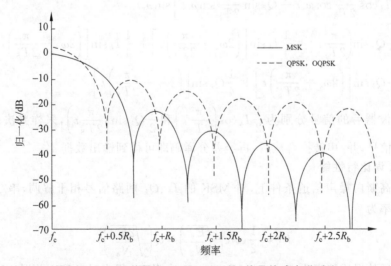

图 4-27　MSK 信号和 QPSK（OQPSK）信号的功率谱对比

4. MSK 信号的解调

MSK 信号的解调与 FSK 信号相似,可以采用相干解调,也可以采用非相干解调。由于 MSK 信号调制指数较小,采用一般鉴频器方式进行解调误码率性能不太好,因此在对误码率有较高要求时大多采用相干解调方式。

MSK 相干解调的原理框图如图 4-28 所示,对 MSK 信号进行正交解调,可得到 I_k 路乘上 $\cos\omega_c t$ 后的信号为

$$
\left[I_k \cos\frac{\pi t}{2T_S}\cos\omega_c t + Q_k \sin\frac{\pi t}{2T_S}\sin\omega_c t\right]\cos\omega_c t
$$

$$
= \frac{1}{2}I_k\cos\left(\frac{\pi}{2T_S}t\right) + \frac{1}{4}I_k\cos\left[\left(2\omega_c+\frac{\pi}{2T_S}\right)t\right] + \frac{1}{4}I_k\cos\left[\left(2\omega_c-\frac{\pi}{2T_S}\right)t\right] -
$$

$$
\frac{1}{4}Q_k\cos\left[\left(2\omega_c+\frac{\pi}{2T_S}\right)t\right] + \frac{1}{4}Q_k\cos\left[\left(2\omega_c-\frac{\pi}{2T_S}\right)t\right] \tag{4-52}
$$

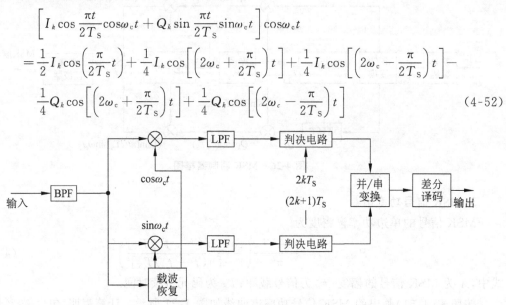

图 4-28　MSK 相干解调原理框图

Q_k 路乘上 $\sin\omega_c t$ 后的信号为

$$
\left[I_k \cos\frac{\pi t}{2T_S}\cos\omega_c t + Q_k \sin\frac{\pi t}{2T_S}\sin\omega_c t\right]\sin\omega_c t
$$

$$
= \frac{1}{2}Q_k\sin\left(\frac{\pi}{2T_S}t\right) + \frac{1}{4}I_k\sin\left[\left(2\omega_c+\frac{\pi}{2T_S}\right)t\right] + \frac{1}{4}I_k\sin\left[\left(2\omega_c-\frac{\pi}{2T_S}\right)t\right] -
$$

$$
\frac{1}{4}Q_k\sin\left[\left(2\omega_c+\frac{\pi}{2T_S}\right)t\right] + \frac{1}{4}Q_k\sin\left[\left(2\omega_c-\frac{\pi}{2T_S}\right)t\right] \tag{4-53}
$$

通过低通滤波器后的信号分别为 $\frac{1}{2}I_k\cos\left(\frac{\pi}{2T_S}t\right)$ 和 $\frac{1}{2}Q_k\sin\left(\frac{\pi}{2T_S}t\right)$,采样判决即可还原出 I_k、Q_k 两路信号,并/串转换合成后,再经差分译码即可得到输出数据 a_k'。

5. MSK 误比特性能

在加性高斯白噪声信道条件下,对 MSK 的 I_k、Q_k 两路信号相干解调,串/并变换后的平均误比特率为

$$
P_b = \frac{1}{2}\mathrm{erfc}\left(\sqrt{\frac{E_b}{N_0}}\right) = Q\left(\sqrt{\frac{2E_b}{N_0}}\right) \tag{4-54}
$$

经差分译码后的误比特率为 $P_{b,\mathrm{MSK}} = 2P_b(1-P_b)$,当 P_b 很小时,MSK 总误比特率为

$$
P_{b,\mathrm{MSK}} \approx 2P_b = 2Q\left(\sqrt{\frac{2E_b}{N_0}}\right) \tag{4-55}
$$

4.3.2 高斯最小频移键控（GMSK）

MSK 调制方式的突出优点是信号具有恒定的振幅及信号的功率谱密度在主瓣以外衰减较快。然而,在一些通信场合(如移动通信),对信号带外辐射功率的限制是十分严格的,如必须衰减 $70 \sim 80\text{dB}$,MSK 信号仍不能满足这样苛刻的要求。高斯最小频移键控(GMSK)方式就是针对上述要求提出的。

1. GMSK 信号产生

GMSK 的基本原理是让基带信号先经过高斯滤波器滤波,使基带信号形成高斯脉冲,之后再进行 MSK 调制。GMSK 信号产生的原理框图如图 4-29 所示,基带的高斯脉冲成型技术平滑了 MSK 信号的相位曲线,因此使得发射频谱上的旁瓣大大降低。

图 4-29 GMSK 信号产生的原理框图

高斯滤波器的冲激响应为

$$h_G(t) = \frac{\sqrt{\pi}}{\alpha}\text{e}^{-\pi^2 t^2/\alpha^2} \tag{4-56}$$

对应的频率传输函数为

$$H_G(f) = \exp(-\alpha^2 f^2) \tag{4-57}$$

参数 α 与高斯滤波器的 3dB 带宽 B_b 有关

$$\alpha = \frac{\sqrt{\ln 2}}{\sqrt{2} B_b} = \frac{0.5887}{B_b} \tag{4-58}$$

实现 GMSK 信号的调制,关键是设计一个性能良好的高斯低通滤波器,GMSK 滤波器性能可以由 3dB 带宽 B_b 和基带脉冲持续时间 T_b 确定,常用它们的乘积 $B_b T_b$(亦称为归一化带宽)定义 GMSK。

GMSK 的信号表达式为

$$S_{\text{GMSK}}(t) = \cos[\omega_c t + \theta(t)] = \cos\left\{\omega_c t + \frac{\pi}{2T_b} \int_{-\infty}^{t} \left[\sum_n a_n g\left(\tau - nT_b - \frac{T_b}{2}\right) \right] \text{d}\tau\right\}$$

$$\tag{4-59}$$

高斯滤波器将占据一个比特周期 T_b 的全响应信号转换成了占据几个比特周期的部分响应信号。GMSK 信号在一个码元周期内的相位增量随着输入序列的不同而不同,不像 MSK 固定为 $\pm\pi/2$,通过引入可控的码间串扰,消除了 MSK 码元转换时刻的相位转折点,平滑了相位路径。

此外,GMSK 信号的产生还可以采用波形存储正交调制法和锁相环调制法。

2. GMSK 信号功率谱

图 4-30 给出了 GMSK 信号的功率谱密度。图中,横坐标为归一化频率 $(f - f_c)T_b$,纵坐标为功率谱密度,参变量 $B_b T_b$,$B_b T_b = \infty$ 的曲线是 MSK 信号的功率谱密度。由图可见,GMSK 信号的频谱随着 $B_b T_b$ 值的减小变得更加紧凑。

需要指出,GMSK 信号频谱特性的改善是通过降低误比特率性能换来的。前置滤波器

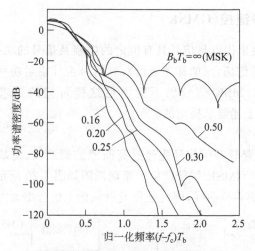

图 4-30　GMSK 信号的功率谱密度

的带宽越窄,输出功率谱密度就越紧凑,误比特率性能变得越差。欧洲数字蜂窝通信系统中采用了 $B_b T_b = 0.3$ 的 GMSK。

3. GMSK 信号的解调

GMSK 信号的解调可以采用正交相干解调,也可以采用非相干解调。在移动通信的信道环境中,受多径干扰和瑞利衰落的影响,相干载波的提取较为困难,因而 GMSK 的解调一般采用非相干检测技术。GMSK 信号的非相干解调常采用差分解调算法,利用接收号及其时延信号进行解调。差分解调又分为 1 比特解调、2 比特解调和 N 比特解调,GMSK 解调常采用 1 比特解调和 2 比特解调,图 4-31 为其各自的电路框图。

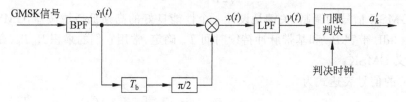

(a) GMSK信号1比特差分解调电路框图

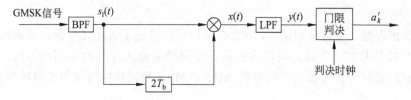

(b) GMSK信号2比特差分解调电路框图

图 4-31　GMSK 信号的差分解调电路框图

下面以 1 比特差分解调为例,说明 GMSK 信号的解调原理。GMSK 接收信号经中频滤波器后的输出信号为

$$s_1(t) = A(t) \cdot \cos[\omega_1(t) + \theta(t)] \tag{4-60}$$

式(4-60)中，$A(t)$为信号的时变包络，ω_I为中频载波角频率，$\theta(t)$信号的附加相位。在不考虑噪声和干扰的情况下，相乘器的输出为

$$x(t) = A(t) \cdot \cos[\omega_I t + \theta(t)] \cdot A(t - T_b) \cdot \sin[\omega_I(t - T_b) + \theta(t - T_b)] \tag{4-61}$$

经 LPF 滤波后的输出信号为

$$y(t) = \frac{1}{2}A(t) \cdot A(t - T_b) \cdot \sin[\omega_I T_b + \Delta\theta(T_b)] \tag{4-62}$$

式(4-62)中，$\Delta\theta(T_b) = \theta(t) - \theta(t - T_b)$，当 $\omega_I T_b = 2k\pi$（k 为整数）时，有

$$y(t) = \frac{1}{2}A(t) \cdot A(t - T_b) \cdot \sin[\Delta\theta(T_b)] \tag{4-63}$$

$A(t)$ 和 $A(t - T_b)$ 是信号的包络，恒为正值，因而 $y(t)$ 的极性取决于相位差信息 $\Delta\theta(T_b)$。通常输入"$+1$"时，$\theta(t)$增加；输入"-1"时，$\theta(t)$减小。则判决规则为

$$\begin{cases} y(t) > 0, & \text{判为} +1 \\ y(t) < 0, & \text{判为} -1 \end{cases} \tag{4-64}$$

由此可恢复出原始数据 a_k'。

4. GMSK 误比特性能

在加性高斯白噪声信道及高信噪比条件下，GMSK 相干解调的平均误比特率下界为

$$P_b = Q\left(\sqrt{\frac{d_{min}^2}{2N_0}}\right) \tag{4-65}$$

d_{min} 为最小欧几里得距离，对于 $B_b T_b = 0.3$ 的 GMSK，$d_{min} = 1.89\sqrt{E_b}$，而对于 $B_b T_b = \infty$ 的 GMSK，即 MSK，$d_{min} = 2\sqrt{E_b}$。

在衰落信道中，GMSK 的解调性能受信噪比、归一化带宽和多普勒频移 f_D 等多种因素的影响。图 4-32 为 GMSK 的 2 比特差分检测的误比特性能和相干检测误比特性能对比，当 $B_b T_b = 0.25$，$f_D = 40\text{Hz}$ 时，2 比特差分检测的误比特性能优于相干检测。此外，2 比特差分检测的误比特性能还优于 1 比特差分检测。

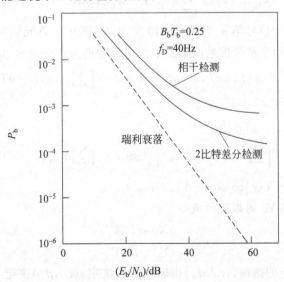

图 4-32　GMSK 非相干解调 2 比特差分检测误比特性能

4.4　正交振幅调制

正交振幅调制(QAM)是一种矢量调制,是振幅和相位联合调制的技术,它同时利用了载波的幅度和相位来传递信息比特,不同的幅度和相位代表不同的编码符号。因此,在一定的条件下可实现更高的频带利用率,而且抗噪声能力强,实现技术简单。QAM 在卫星通信和有线电视网络高速数据传输等领域得到广泛应用。

4.4.1　QAM 信号产生

正交振幅调制是用两路独立的基带信号对两个相互正交的同频载波进行抑制载波双边带调幅,利用这种已调信号的频谱在同一带宽内的正交性,实现两路并行的数字信息的传输。该调制方式通常有 4QAM、16QAM、64QAM…,它们统称为 MQAM,其对应的空间信号矢量方形星座图如图 4-33 所示,分别有 4、16、64…个矢量端点。对于 4QAM,当两路信号幅度相等时,其产生、解调、性能及相位矢量均与 QPSK 相同。

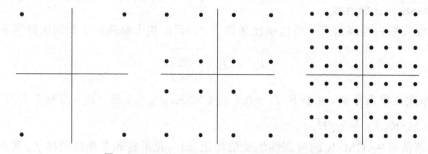

图 4-33　4QAM、16QAM、64QAM 方形星座图

正交振幅调制信号的一般表示式:

$$S_{\mathrm{MQAM}}(t) = \sum_n A_n g(t - nT_\mathrm{S}) \cos(\omega_c t + \theta_n) \tag{4-66}$$

式(4-66)中,A_n 是基带信号第 n 个码元的幅度,θ_n 为第 n 个码元信号的初始相位,$g(t - nT_\mathrm{S})$ 是宽度为 T_S 的单个基带信号波形。上式还可变换为正交表示形式:

$$S_{\mathrm{MQAM}}(t) = \Big[\sum_n A_n g(t - nT_\mathrm{S}) \cos\theta_n \Big] \cos\omega_c t - \Big[\sum_n A_n g(t - nT_\mathrm{S}) \sin\theta_n \Big] \sin\omega_c t$$

$$\tag{4-67}$$

令 $X_n = A_n \cos\theta_n$,$Y_n = A_n \sin\theta_n$,则

$$S_{\mathrm{MQAM}}(t) = \Big[\sum_n X_n g(t - nT_\mathrm{S}) \Big] \cos\omega_c t - \Big[\sum_n Y_n g(t - nT_\mathrm{S}) \Big] \sin\omega_c t$$

$$= X(t) \cos\omega_c t - Y(t) \sin\omega_c t \tag{4-68}$$

QAM 中的振幅 X_n 和 Y_n 可以表示成

$$\begin{cases} X_n = c_n A \\ Y_n = d_n A \end{cases} \tag{4-69}$$

式(4-69)中,A 为固定的振幅,(c_n, d_n) 由输入数据决定,(c_n, d_n) 决定了已调 QAM 信号在信号空间中的坐标点。

QAM 调制器原理框图如图 4-34 所示。输入的二进制序列经过串/并变换器输出速率减半的两路并行序列，再分别经过 2 电平到 L 电平的变换，形成 L 电平的基带信号。为了抑制已调信号的带外辐射，该 L 电平的基带信号还要经过预调制低通滤波器，形成 $X(t)$ 和 $Y(t)$，再分别对同相载波和正交载波相乘。最后将两路信号相加即可得到 QAM 信号。

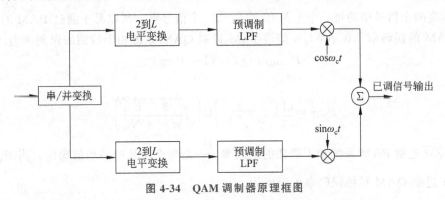

图 4-34　QAM 调制器原理框图

4.4.2　QAM 信号功率谱

MQAM 信号可视为由两个正交的抑制载波的双边带信号叠加而成，其功率谱是同相和正交支路的功率谱之和。在给定信息速率和 M 进制的条件下，MQAM 和 MPSK 信号具有相同的功率谱和带宽效率。

理想情况下，MQAM 的最高频带利用率为 $\log_2 M$bps/Hz。实际通信系统中，如果发射机和接收机基带滤波器合成的冲激响应为升余弦滚降的，且滚降因子为 α，则频带利用率为 $(1/(1+\alpha))\log_2 M$bps/Hz。随着 M 的增加，MQAM 信号的功率谱主瓣宽度变窄，频谱利用率增加。

4.4.3　QAM 信号的解调

QAM 信号采取正交相干解调的方法解调，解调框图如图 4-35 所示。在接收端，接收信号首先与本地恢复的两个正交载波信号相乘，再经过低通滤波器、多电平判决、$L-2$ 电平变换，最后并/串转换即可得到输出数据。

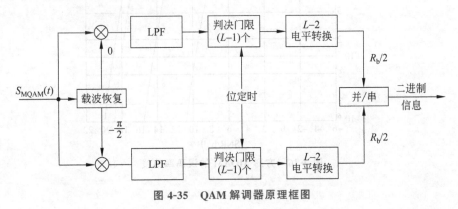

图 4-35　QAM 解调器原理框图

4.4.4 QAM 误码性能

方形 MQAM 信号星座最突出的优点就是容易产生和解调。对于 $M=2^k$ 下的方形信号星座图（k 为偶数），QAM 信号星座图与正交载波上的两个脉冲振幅调制（PAM）信号是等价的，这两个信号中的每一个上都有 $\sqrt{M}=2^{k/2}$ 个信号点。所以易于通过 PAM 的误码率确定 QAM 的误码率。在 AWGN 信道下，M 进制 QAM 系统相干检测的误码率为

$$P_{\mathrm{e,MQAM}}=1-(1-P_{\sqrt{M}})^2 \tag{4-70}$$

其中

$$P_{\sqrt{M}}=2\left(1-\frac{1}{\sqrt{M}}\right)Q\left(\sqrt{\frac{3}{M-1}\frac{E_{\mathrm{av}}}{N_0}}\right) \tag{4-71}$$

$P_{\sqrt{M}}$ 是 $\sqrt{M}$ 进制 PAM 系统相干解调的误码率，$\dfrac{E_{\mathrm{av}}}{N_0}$ 是每个符号的平均信噪比。当 $P_{\sqrt{M}}$ 值很小时，M 进制 QAM 系统误码率可近似为

$$P_{\mathrm{e,MQAM}}\approx 4\left(1-\frac{1}{\sqrt{M}}\right)Q\left(\sqrt{\frac{3}{M-1}\frac{E_{\mathrm{av}}}{N_0}}\right) \tag{4-72}$$

方形 MQAM 的误码率曲线如图 4-36 所示，在 $M>4$ 时，MQAM 的误码率小于 MPSK 的误码率。此外，为了改善方形 QAM 的接收性能，还可以设计星形 MQAM 星座。

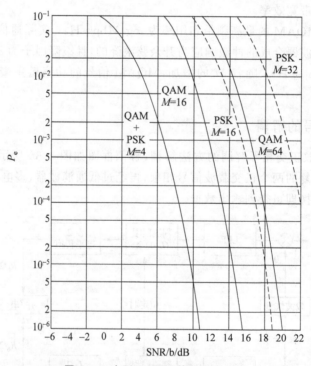

图 4-36　方形 MQAM 的误码率曲线

4.5　多载波调制

多载波调制(Multicarrier Modulation,MCM)将数据流分解为若干子数据流,从而使子数据流具有较低的传输比特速率,利用这些数据分别去调制相应的子载波。所以,在多载波调制信道中,数据传输速率相对较低,码元周期加长,只要时延扩展与码元周期相比小于一定的比值,就不会造成码间串扰,因而多载波调制对于信道的时间弥散性不敏感。

多载波调制可以通过多种技术途径来实现,如多音实现(Multitone Realization)、正交多载波调制(Orthogonal Frequency Division Multiplexing,OFDM)、MC-CDMA 和编码MCM(Coded MCM)、滤波器组多载波(FBMC)、通用滤波多载波(UFMC)、广义频分复用(GFPM)等。其中,OFDM 频谱利用率高,可有效抵抗多径衰落造成的码间串扰,广泛应用于 4G 移动通信系统、IEEE 802.16 和 IEEE 802.11 系列标准中。因此,本节中重点阐述OFDM 的基本原理、实现、特点和应用,并简要介绍几种 5G 新型多载波传播技术的原理。

4.5.1　OFDM 的基本原理

在传统的多载波通信系统中,整个系统频带被划分为若干互相分离的子信道(载波)。载波之间有一定的保护间隔,接收端通过滤波器把各个子信道分离之后接收所需信息。这样虽然可以避免不同信道互相干扰,但却以牺牲频带利用率为代价。而且当子信道数量很大时,大量分离各子信道信号的滤波器的设置就成了几乎不可能的事情。

20 世纪中期,人们提出了频带混叠的多载波通信方案,选择相互之间正交的载波频率作为子载波,也就是人们所说的 OFDM。这种"正交"表示的是载波频率间精确的数学关系。按照这种设想,OFDM 既能充分利用信道带宽,也可以避免使用高速均衡和抗突发噪声差错。通过图 4-37,可定性地对比传统 FDM 多载波调制方式和 OFDM 多载波调制方式的频带利用率。

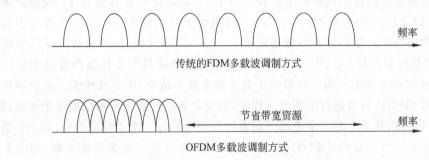

图 4-37　FDM 多载波调制方式和 OFDM 多载波调制方式的频带利用率比较

OFDM 是一种特殊的多载波通信方案,它可以被看作一种调制技术,也可以被当作一种复用技术。OFDM 系统的基本原理模型框图如图 4-38 所示。设基带调制信号的带宽为 B,码元调制速率为 R,码元周期为 t_s,且信道的最大迟延扩展 $\tau_m > t_s$。OFDM 的基本原理是将原信号分割为 N 个子信号,分割后码元速率为 R/N,周期为 $T_s = Nt_s$,然后用 N 个子信号分别调制 N 个相互正交的子载波。由于子载波的频谱相互重叠,因而可以得到较高的频谱效率。当调制信号通过陆地无线信道到达接收端时,由于信道多径效应带来的码间串扰的作用,子载波之间不能保持良好的正交状态。因而,发送前就在码元间插入保护时间。如果保护间隔 T_g 大于最大时延扩展 τ_m,则所有时延小于 T_g 的多径信号将不会延伸到下一个码元期间,因而有效地消除了码间串扰。

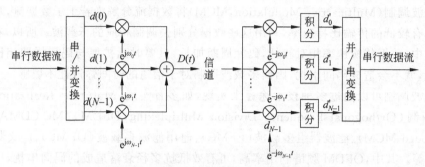

图 4-38　OFDM 系统的基本原理模型框图

在发射端,发射数据经过常规调制(如 BPSK、QPSK、QAM 等)形成速率为 R 的基带信号。这里要求码元波形是受限的,并且数据要成块处理。然后经过串/并变换变成 N 个子信号,再去调制相互正交的 N 个子载波,最后相加形成 OFDM 发射信号。

在接收端,接收信号分为 N 个支路,分别用 N 个子载波混频后积分,恢复出子信号,再经过并/串变换和相对应的常规解调就可以恢复出数据。由于子载波的正交性,混频和积分电路可以有效地分离各个子信道。

为了保证各子载波信号之间的正交性,要求

$$\omega_i = 2\pi f_i = 2\pi(f_c + i/T_s), \quad i = 0,1,2,\cdots,N-1 \tag{4-73}$$

即满足

$$\frac{1}{T_s} \int_0^{T_s} \exp(j\omega_n t) \cdot \exp(j\omega_m t) dt = \begin{cases} 1, & m=n \\ 0, & m \neq n \end{cases} \tag{4-74}$$

这种正交性还可以从频域角度来解释。每个 OFDM 符号在其周期 T_s 内包含多个非零的子载波,因此其频谱可以看作周期为 T_s 的矩形脉冲的频谱与一组位于各个子载波频率上的 δ 函数的卷积。矩形脉冲的频谱幅值为 $sinc(fT_s)$ 函数,这种函数的零点出现在频率为 $1/T_s$ 整数倍的位置上。图 4-39 中给出了相互混叠的各个子信道内经过矩形波形成形得到的符号的 sinc 函数频谱。在每个子载波频率最大值处,所有其他子信道的频谱值恰好为零。在对 OFDM 符号进行解调的过程中,需要计算这些点上所对应的每个子载波频率的最大值,所以可以从多个相互重叠的子信道符号中提取每一个子信道符号,而不会受到其他子信道的干扰。可以看出,OFDM 符号频谱实际上可以满足奈奎斯特准则,即多个子信

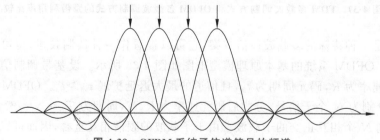

图 4-39　OFDM 系统子信道符号的频谱

道频谱之间不存在相互干扰。因此,这种一个子信道频谱出现最大值而其他子信道频谱为零点的特点可以避免载波间干扰(ICI)的出现。

功率归一化的 OFDM 信号的复包络可表示为

$$s(t) = \frac{1}{\sqrt{N}} \sum_{i=0}^{N-1} d_i \, \text{rect}\left(t - \frac{T_s}{2}\right) \exp(\text{j}2\pi f_i t) \tag{4-75}$$

其中,$\dfrac{1}{\sqrt{N}}$是功率归一化因子,$f_i = f_c + \dfrac{i}{T_s}$。OFDM 符号的功率谱密度$|S(f)|^2$ 为 N 个子载波上的信号的功率谱密度之和,即

$$| S(f) |^2 = \frac{1}{\sqrt{N}} \sum_{i=0}^{N-1} \left| d_i T_s \, \frac{\sin(\pi(f - f_i)T_s)}{\pi(f - f_i)T_s} \right|^2 \tag{4-76}$$

图 4-40 为子载波个数分别为 16、64 和 256 的 OFDM 系统的功率谱密度。从图中可以看出,OFDM 符号的带外功率谱密度衰减比较慢,即带外辐射功率比较大。随着子载波数量 N 的增加,由于每个子载波功率谱密度主瓣和旁瓣变窄,也就是说它们下降的陡度增加,所以 OFDM 符号功率谱密度的下降速度会逐渐增加。但即使是在 256 个子载波的情况中,其-40dB 带宽仍然会是-3dB 带宽的 4 倍。为了让带宽之外的功率谱密度下降得更快,则需要对 OFDM 符号采用"加窗"技术,通常采用的窗函数类型为升余弦函数。

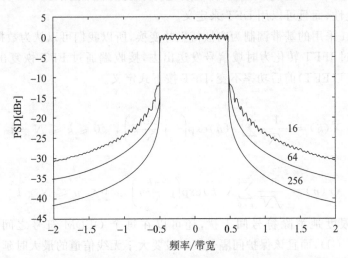

图 4-40 子载波个数分别为 16、64 和 256 的 OFDM 系统的功率谱密度

4.5.2 OFDM 的实现

OFDM 系统的一个重要优点就是可以利用离散傅里叶变换(DFT)实现调制和解调,从而避免了直接生成 N 个载波时由于频率偏移而产生的交调,而且采用快速傅里叶变换(FFT)技术实现,可以大大简化系统实现的复杂度,且便于利用超大规模电路(VLSI)技术实现。本节将简述其原理。

多载波信号 $S(t)$ 可以写为如下复数形式:

$$S(t) = \sum_{i=0}^{N-1} d_i(t) \text{e}^{\text{j}\omega_i t} \tag{4-77}$$

其中，$\omega_i = \omega_0 + i\Delta\omega$ 为第 i 个载波角频率，$d_i(t)$ 为第 i 个载波上的复数信号，若设定在一个符号周期内 $d_i(t)$ 为定值（如非滚降 QAM），有

$$d_i(t) = d_i \tag{4-78}$$

设信号采样频率为 $1/T$，则有

$$s(kT) = \sum_{i=0}^{N-1} d_i \mathrm{e}^{\mathrm{j}(\omega_0 + i\Delta\omega)kT} \tag{4-79}$$

一个符号周期 T_s 内含有 N 个采样值，即有 $T_s = NT$，不失一般性，令 $\omega_0 = 0$，则

$$s(kT) = \sum_{i=0}^{N-1} d_i \mathrm{e}^{(i\Delta\omega)kT} = \sum_{i=0}^{N-1} d_i \mathrm{e}^{\mathrm{j}(2\pi i\Delta f)kT} \tag{4-80}$$

若取 $\Delta f = \dfrac{1}{T_s} = \dfrac{1}{NT}$，则有

$$s(kT) = \sum_{i=0}^{N-1} d_i \mathrm{e}^{\mathrm{j}2\pi ik/N} \tag{4-81}$$

将其与 IDFT 形式（系数忽略）

$$g(kT) = \sum_{i=0}^{N-1} G\left(\frac{i}{NT}\right) \mathrm{e}^{\mathrm{j}2\pi ik/N} \tag{4-82}$$

进行比较，可以看出两式等价。由此可知，若选择子载波频率间隔为 $1/T_s$，则 OFDM 信号不但保持了正交性，而且可以用 DFT 来定义。

由于 OFDM 采用的基带调制为离散傅里叶变换，所以我们可以认为数据的编码映射是在频域进行，经过 IFFT 转化为时域信号发送出去，接收端通过 FFT 恢复出频域信号。为了使信号在 IFFT(FFT) 前后功率不变，DFT 按下式定义。

DFT：

$$X(k) = \frac{1}{\sqrt{N}} \sum_{n=0}^{N-1} x(n) \exp\left(-\mathrm{j}\frac{2\pi n}{N}k\right), \quad 0 \leqslant k \leqslant N-1 \tag{4-83a}$$

IDFT：

$$x(n) = \frac{1}{\sqrt{N}} \sum_{k=0}^{N-1} X(k) \exp\left(\mathrm{j}\frac{2\pi k}{N}n\right), \quad 0 \leqslant n \leqslant N-1 \tag{4-83b}$$

为了最大限度地消除符号间干扰，还可以在每个 OFDM 符号之间插入保护间隔（Guard Interval，GI），而且该保护间隔长度一般要大于无线信道的最大时延扩展，这样一个符号的多径分量就不会对下一个符号造成干扰。

传统的保护间隔插入方案，是在保护间隔时间内不插入任何信号，即是一段空闲的传输时段。然而在这种情况下，由于多径传播的影响，则会产生信道间干扰（ICI），即子载波之间的正交性遭到破坏，不同的子载波之间产生干扰。每个 OFDM 符号中都包括所有的非零子载波信号，而且接收端也同时会出现该 OFDM 符号的时延信号，由于在 FFT 运算时间长度内，某一子载波与带有时延的另一子载波之间的周期差不再是整数，所以当接收机试图对其中一个子载波进行解调时，另一子载波会对此造成干扰，反之相同。为了消除由于多径所造成的 ICI，OFDM 符号需要在其保护间隔内填入循环前缀（Cyclic Prefix，CP）信号，即将一个符号的最后 n 个采样点复制到本符号的开头，这样就可以保证在 FFT 周期内，OFDM 符号的延时副本内所包含的波形的周期个数也是整数。这样时延小于保护间隔 T_g 的时延信号就不会在解调过程中产生 ICI。

图 4-41 为传统的 OFDM 收发信机系统模型。

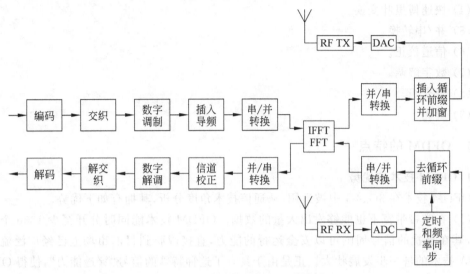

图 4-41　OFDM 收发信机系统模型

OFDM 信号的发送过程需要经过下面几个步骤。

（1）编码：在基于 OFDM 调制技术的系统中，编码可采用 Reed-Solomon 码、卷积纠错码、维特比码或 Turbo 码。

（2）交织：交织器用于降低在数据信道中的突发错误，交织后的数据通过一个串/并转换器，将 IQ 映射到一个相应的星座图上。在这里 I 代表同相信号，Q 代表正交信号。

（3）数字调制：在 OFDM 方式中，采用星座图将符号映射到相应的星座点上。星座映射将输入的串行数据，先做一次调制，再经由 FFT 分布到各个子信道上去。调制的方式可以有许多种，包括 BPSK、QPSK、QAM 等。

（4）插入导频：为了能够使接收稳定，在每 48 个子载波中插入 4 个导频信息。

（5）串/并转换：使串行输入的信号以并行的方式输出到 M 条线路上。这 M 条线路上的任何一条上的数据传输速率为 R/M 码字/秒。

（6）快速傅里叶逆变换：快速傅里叶逆变换可以把频域离散的数据转化为时域离散的数据。由此，用户的原始输入数据就被 OFDM 按照频域数据进行了处理。

（7）并/串转换：用于将并行数据转换为串行数据。

（8）插入循环前缀并加窗：为了最大限度地消除符号间的干扰（ISI），需要在每个OFDM 符号之间插入保护前缀，这样可以更好地对抗多径效应产生的时间延迟的影响。

接收器完成与发送器相反的操作。接收器收到的信号是时域信号。由于无线信道的影响发生了一定的变化，首先要通过训练序列定时和对频率偏移进行估计，同时将符号的定时信息传送到去循环前缀功能模块，在这里训练序列和导频信息主要是用来信道纠错。然后将信号经过一个串/并转换器，并且把循环前缀清除掉。总体来说整个接收过程需要经过下面几个步骤。

（1）定时和频率同步。

（2）去循环前缀。

（3）串/并转换。

（4）快速傅里叶变换。

（5）并/串转换。

（6）信道校正。

（7）数字解调。

（8）解交织。

（9）解码。

4.5.3　OFDM 的特点

1. OFDM 技术的优势

OFDM 技术在 3G、4G 中被运用，从通信技术角度分析，其拥有如下优势。

（1）在窄带带宽下也能够发出大量的数据。OFDM 技术能同时分开至少 1000 个数字信号，其在干扰的信号周围可以安全运行的能力，直接威胁到目前市场上已经广泛流行的 CDMA 技术的进一步发展壮大。正是由于具有了这种特殊的信号"穿透能力"，使得 OFDM 技术深受欧洲通信运营商以及手机生产商的喜爱和欢迎。

（2）OFDM 技术能够持续不断地监控传输介质上通信特性的变化。通信链路传送数据的能力会随时间发生变化，OFDM 能动态地与之相适应，并且接通和切断相应的载波以保证持续进行成功的通信。该技术可以自动地检测到在传输介质下，哪一个特定的载波存在高的信号衰减或干扰，然后采取合适的调制措施来使指定频率下的载波进行成功通信。

（3）OFDM 技术的最大优点是对抗频率选择性衰落或窄带干扰。在单载波系统中，单个衰落或干扰能够导致整个通信链路失败，但是在多载波系统中，仅仅有很小一部分载波会受到干扰。对这些受干扰的子信道还可以采用纠错码来进行纠错。OFDM 技术特别适合使用在高层建筑物、居民密集和地理上突出的地方以及将信号散播的地区。

（4）OFDM 技术可以有效地对抗信号波形间的干扰，适用于多径环境和衰落信道中的高速数据传输。当信道中因为多径传输而出现频率选择性衰落时，只有落在频带凹陷处的子载波以及其携带的信息受影响，其他的子载波未受损害。因此，系统总的误码率性能要好得多。

（5）OFDM 技术通过各个子载波的联合编码，具有很强的抗衰落能力。OFDM 技术本身已经利用了信道的频率分集，如果衰落不是特别严重，就没有必要再加时域均衡器。通过将各个信道联合编码，可以使系统性能得到提高。

（6）OFDM 技术可以使用硬件模块集成基于 IFFT/FFT 的算法，通过这种方式实现的 OFDM 系统的运行速度，主要取决于硬件电路的运行速度，简化了系统实现的复杂程度。

（7）OFDM 技术的信道利用率很高，这一点在频谱资源有限的无线环境中尤为重要；当子载波个数很大时，系统的频谱利用率趋于 2Baud/Hz。

2. OFDM 技术的缺陷

虽然 OFDM 有上述优点，但是同样其信号调制机制也使得 OFDM 信号在传输过程中存在着以下两点劣势。

（1）易受频率偏差的影响。由于子信道的频谱相互覆盖，这就对它们之间的正交性提出了严格的要求。由于无线信道的时变性，在传输过程中出现无线信号的频谱偏移，或发射机与接收机本地振荡器之间存在的频率偏差，都会使 OFDM 系统子载波之间的正交性遭到破坏，导致子信道的信号相互干扰，这种对频率偏差的敏感是 OFDM 系统的主要缺点之一。

（2）存在较高的峰值平均功率比。多载波系统的输出是多个子信道信号的叠加，因此如果多个信号的相位一致时，所得到的叠加信号的瞬时功率就会远远高于信号的平均功率，导致出现较大的峰值平均功率比（Peak-to-Average Power Ratio，PAPR）。这就对发射机内放大器的线性提出了很高的要求，可能带来信号畸变，使信号的频谱发生变化，从而导致各个子信道间的正交性遭到破坏，产生干扰，使系统的性能恶化。

3. OFDM 系统的关键技术

移动通信系统中有关 OFDM 的关键技术如下。

1）时域和频域同步

OFDM 系统对定时和频率偏移敏感，特别是实际应用中可能与 FDMA、TDMA 和 CDMA 等多址方式结合使用时，时域和频域同步显得尤为重要。与其他数字通信系统一样，同步分为捕获和跟踪两个阶段。在下行链路中，基站向各个移动终端广播式发送同步信号，所以，下行链路同步相对简单，较易实现。在上行链路中，来自不同移动终端的信号必须同步到达基站，才能保证子载波间的正交性。基站根据各移动终端发来的子载波携带信息进行时域和频域同步信息的提取，再由基站发回移动终端，以便让移动终端进行同步。具体实现时，同步将分为时域同步和频域同步，也可以时频域同时进行同步。

2）信道估计

在 OFDM 系统中，信道估计器的设计主要有两个问题：一是导频信息的选择。由于无线信道常常是衰落信道，需要不断对信道进行跟踪，因此导频信息也必须不断传送。二是既有较低的复杂度又有良好的导频跟踪能力的信道估计器的设计。在实际设计中，导频信息选择和最佳估计器的设计通常又是相互关联的，因为估计器的性能与导频信息的传输方式有关。

3）信道编码和交织

为了提高数字通信系统性能，信道编码和交织是通常采用的方法。对于衰落信道中的随机错误，可以采用信道编码；对于衰落信道中的突发错误，可以采用交织。在实际应用中，通常同时采用信道编码和交织，进一步改善整个系统的性能。在 OFDM 系统中，如果信道衰落不是太深，均衡是无法再利用信道的分集特性来改善系统性能的，因为 OFDM 系统自身具有利用信道分集特性的能力，一般的信道特性信息已经被 OFDM 这种调制方式本身所利用了。但是，OFDM 系统的结构却为在子载波间进行编码提供了机会，形成 COFDM 方式。编码可以采用各种码，如分组码、卷积码等，卷积码的效果要比分组码好。

4）降低峰均功率比

当 OFDM 符号中 N 个信号恰好均以峰值相加时，OFDM 信号也将产生最大峰值，该峰值功率是平均功率的 N 倍。尽管峰值功率出现的概率较低，但为了不失真地传输这些高峰均功率比的 OFDM 信号，发送端对高功率放大器（HPA）的线性度要求很高且发送效率极低，接收端对前端放大器以及 A/D 变换器的线性度要求也很高。因此，高的 PAPR 使得 OFDM 系统的性能大大下降甚至直接影响实际应用。为了解决这一问题,人们提出了基于信号畸变技术、信号扰码技术和基于信号空间扩展等降低 OFDM 系统 PAPR 的方法。

5) 均衡

在一般的衰落环境下,OFDM 系统中均衡不是有效改善系统性能的方法。因为均衡的实质是补偿多径信道引起的码间干扰,而 OFDM 技术本身已经利用了多径信道的分集特性,因此在一般情况下,OFDM 系统就不必再做均衡了。在高度散射的信道中,信道记忆长度很长,循环前缀(CP)的长度必须很长,才能够使 ISI 尽量不出现。但是,CP 长度过长必然导致能量大量损失,尤其对子载波个数不是很大的系统。这时,可以考虑加均衡器以使 CP 的长度适当减小,即通过增加系统的复杂性换取系统频带利用率的提高。

4.5.4 OFDM 的应用

自 20 世纪 80 年代以来,OFDM 已经在数字音频广播(DAB)、数字视频广播(DVB)、基于 IEEE 802.11 标准的无线局域网(WLAN)以及有线电话网上基于现有铜双绞线的非对称高比特率数字用户线技术(如 ADSL)中得到了应用。其中,大都利用了 OFDM 可以有效地消除信号多径传播所造成的符号间干扰(ISI)这一特征。本节将重点介绍 OFDM 技术在无线通信中的应用。

1. OFDM 在 4G 移动通信系统中的应用

移动通信信道的突出特点之一就是信道存在多径时延扩展,它限制了数据速率的提高,因为如果数据速率高于信道的相干带宽,信号将产生严重失真,信号传输质量大幅度下降。而 OFDM 技术由于具备频谱利用率高,有较强的抗多径干扰、抗频率选择性衰落和频率扩散能力等特点,是对高速数据传输的一种有效解决方案,因此,OFDM 技术被认为是 4G 的核心技术之一。

2. OFDM 在 3.5G 宽带无线接入中的应用

3.5GHz 无线接入作为光纤接入的一种补充,能有效地解决部分中小用户对高速的数据传输的需求。3.5GHz 无线接入设备搬迁十分方便快捷,若加以有效的频率复用,能提供全面覆盖的接入服务。

当前,3.5G 地面固定无线接入技术在我国已经迅速铺开,中国电信、中国移动、中国联通等公司采用 3.5GHz 无线接入网为集团用户提供宽带业务,为用户提供更加丰富多彩的业务和服务。

OFDM 广泛应用于 3.5GHz 无线接入系统的设备中,大唐电信结合市场的需求,有针对性地推出了基于 IP 的 R2000 Access OFDM 宽带无线接入系统,为运营商提供了一种经济、高效、实用的 IP 业务接入解决方案。

3. OFDM 在 WiMAX 无线城域网中的应用

IEEE 802.16 标准是一种无线城域网络(WMAN)技术,利用该技术可以把无线热点连接起来,IEEE 将这个新标准编号为 802.16a,又称 WiMAX,即全球微波接入互操作性(Worldwide Interoperability for Microwave Access),它出现于 2001 年 12 月,在 2003 年 1 月正式获得批准,是一项无线城域网(WMAN)技术,是针对微波和毫米波频段提出的一种新的空中接口标准。802.16a 标准规范中明确定义了 OFDM 技术作为无线数据传输方式。

IEEE 802.16a 标准规定在特许频段,可以使用单载波调制或正交频分复用,对于非特许频段,必须使用正交频分复用调制方式。IEEE 802.16a 标准采用了 OFDM 技术,大大改进了非视距性,增加了传输距离,降低了运营成本。

4. OFDM 在无线局域网中的应用

1) OFDM 在 802.11a 和 802.11g 中的应用

802.11a 和 802.11g 使用了 OFDM,不同于 802.11b 使用的直接排序扩展频谱(DSSS)。在 802.11a 和 802.11g 标准中,OFDM 在 20MHz 频段能够提供高达 54Mbps 速率的原始数据传输。另外为了支持高水准的数据容量和抵御因受各种各样无线电波影响而产生的衰减现象,OFDM 能够非常有效地使用可以利用的频谱资源。

2) OFDM 在 802.11n 中的应用

802.11n 专注于高吞吐量的研究,计划将 WLAN 的传输速率从 802.11a 和 802.11g 的 54Mbps 增加至 108Mbps 以上,最高速率可达 320Mbps,甚至 500Mbps。这样高的速率当然要有技术支撑,而 OFDM 技术、MIMO(多入多出)技术等正是关键。

3) OFDM 在 HyperLAN2 中的应用

无线局域网系列标准 HiperLAN(高性能无线局域网)包括 HiperLAN1 和 HiperLAN2,是由欧洲的欧洲通信标准协会 ETSI 制定的,在欧洲设置 455MHz 的频宽使用。

HyperLAN2 的技术是采用在 5GHz 上传输,并可用不同速率进行,最快可达到 54Mbps,由于其是采用 OFDM 技术,所以不仅可以在室外传送,就连在室内有许多阻碍物亦可用多重路径的方式来传送,通常室内覆盖半径可达 30m,户外可达到 150m。

4) OFDM 在超宽带(UWB)无线通信技术中的应用

UWB 将会为无线局域网和个人区域网的接口卡和接入技术带来低功耗、高带宽并且相对简单的无线通信技术。UWB 尤其适用于室内等密集场所的高速无线接入和军事通信应用中。

UWB 的技术联盟提议将 UWB 频带分为最少三个频段,并采用 OFDM 方式将三个频段进一步分为大量的窄通道。这样做的好处是各频带可单独使用,方便从低速到高速的扩展,并保证升级后的后向兼容性;提高抗多径干扰的能力;有效地利用到 FCC 所规定的整个 7.5GHz 频宽,提高频谱利用率和能量捕获能力;提高与其他无线设备共同工作和抗外来干扰能力(即电磁兼容性)。

4.5.5　几种 5G 新型多载波传输技术原理

多载波传输技术是未来通信物理层的关键技术之一,其中基于循环前缀的正交多载波频分复用(CP-OFDM)技术以其传输效率高、易通过 FFT/IFFT 实现、易与 MIMO 结合等诸多优点被广泛用于 4G LTE-A 和 802.16 以及其他通信系统中。

第 5 代移动通信标准将更加多元、更加智能、综合程度更高,在时延、传输速率、频带利用率等各项性能指标上,都比 4G 有了更高的要求。传统的 CP-OFDM 存在带外泄露(Out of Band,OOB)高、同步要求严格、不够灵活等缺点,不能很好地应对未来的各种丰富的业务场景,所以必须研究开发出新的多载波传输技术,以适应 5G 新业务的要求。

5G 研究中的新型多载波技术可分为三类:基于子载波滤波的多载波技术、基于子带滤波的多载波技术以及它们的变体。基于子载波滤波的多载波技术典型代表为滤波器组多载波(Filter Bank Multicarrier, FBMC)和广义频分复用(Generalized Frequency Division Multiplexing, GFDM);基于子带滤波的多载波技术典型代表为通用滤波多载波(Universal Filtered Multicarrier, UFMC)。它们的共同特点是都使用了滤波器组技术。

1. 滤波器组多载波

滤波器组多载波系统的发送端通过综合滤波器组来实现调制,接收端通过分析滤波器组来实现解调。无论是分析滤波器组还是综合滤波器组,它们的核心结构都是原型滤波器,滤波器组中的其他滤波器都是基于原型滤波器频移而得到的,分析滤波器组和综合滤波器组的原型函数互为共轭和时间翻转。

FBMC 的系统模型如图 4-42 所示。与传统 FFT 滤波器组相比,FBMC-OQAM 系统在发送端 IFFT 之前增加了交错正交幅度调制(Offset Quadrature Amplitude Modulation, OQAM)预处理模块,将复数信号的实部和虚部分离;在 IFFT 之后增加结构多项滤波器组(Poly Phase Network, PPN)模块,实现了频域的扩展;接收端 FFT 之前增加了 PPN 模块,之后增加了 OQAM 解调模块。

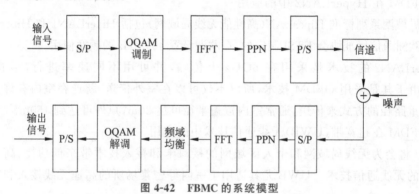

图 4-42   FBMC 的系统模型

FBMC 对每个子载波单独进行滤波,原型滤波器可根据需要进行设计,使得 FBMC 的带外泄露较 OFDM 有较大的改善;FBMC 能实现各子载波之间的带宽设置,灵活控制各子载波之间交叠程度,并且各子载波之间不需要同步,可保证异步传输高质量地进行;相比 OFDM,FBMC 各载波之间不再必须正交,也不需要插入循环前缀(CP),具有更高的效率。

在 4QAM 调制情况下,信噪比较低时,FBMC 系统的 BER 性能要优于 CP-OFDM 系统;在高信噪比时,CP-OFDM 系统的性能要优于 FBMC 系统。

FBMC 有很多优势,但是其在 OFDM 技术基础上所做出的修改使得其缺陷也不可忽视。由于子载波之间不是正交的,必然会导致较高的 ICI;其是对每一个子载波进行滤波,这导致 FBMC 的滤波器长度非常大;FBMC 在大数据场景是有应用价值的,但是在小包场景却存在一定的缺陷;此外,FBMC 的计算复杂度高于 OFDM,但由于信号处理和电子设备的显著进步,FBMC 实际应用是可行的。

2. 广义频分复用

广义频分复用是一个非正交的基于块传输的多载波技术。一个 GFDM 符号中包含有 $N \times M$ 个待传输数据,其中 N 为子载波个数,M 为一个 GFDM 块内包含的子符号个数。

GFDM 调制流程图如图 4-43 所示,GFDM 将待调制的 $N \times M$ 个符号通过一个特殊设计的循环脉冲成形滤波器进行循环脉冲成形,接着调制到 N 个子载波上。GFDM 通过在每个子载波上使用可调节的脉冲成形滤波器,使得传输信号展现出很强的频域聚焦特性,从而降低旁瓣。

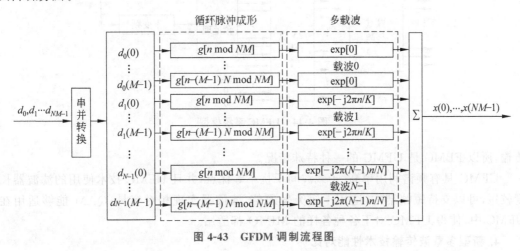

图 4-43　GFDM 调制流程图

与 OFDM 相同,为了抵抗多径信道的干扰,需要在 GFDM 中插入 CP。根据不同类型的业务和应用对空口的要求,GFDM 可以选择不同的脉冲成形滤波器和插入不同类型的 CP。CP 仅在两个 GFDM 符号块之间插入,降低了由 CP 带来的开销。

GFDM 基于独立的块调制,通过配置不同的子载波与子符号,使得其具有灵活的帧结构,可以适用于不同的业务类型,特别是适合低时延应用的传输场景。

与 FBMC 一样,GFDM 也是在每个子载波上进行滤波,因此滤波器长度较长。GFDM 信号在频域具有稀疏性,可设计较低复杂度的发射和接收算法。如果能够较好地处理 GFDM 中由于各载波之间不正交所带来的 ICI 干扰,实现低复杂度的接收机,那么 GFDM 将被看作是非常有潜力的多载波调制技术。

3. 通用滤波多载波

通用滤波多载波(UFMC)系统实现如图 4-44 所示。

发送端将各个子载波上的待传输信号分为若干不重叠的子带进行分别调制,对各子带进行 N 点 IDFT 变换,并经过子带滤波器进行子带滤波,各个子带中包含若干连续序号的子载波,最后将各子带调制后的数据叠加在一起发送至无线信道。

接收端接收到信号后,首先进行时域预处理操作,包括时域同步、频域同步、加窗处理和串并转换等,时域信号经过预处理后,对其进行补零操作,之后进行 $2N$ 点 FFT 变换,随后进行信道均衡以及子带滤波器系数均衡,从而恢复出原始的发送数据。

UFMC 不使用循环前缀,滤波器的长度取决于子带的宽度,根据实际的应用需求配置子载波的个数使得 UFMC 变得更加灵活。当每组中子载波数为 1 时 UFMC 就成为 FBMC

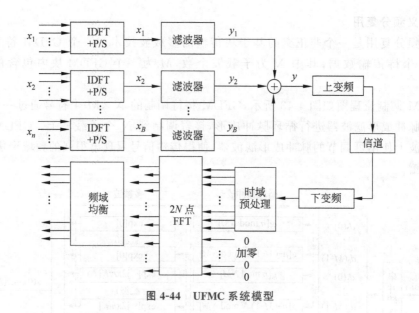

图 4-44　UFMC 系统模型

传输,所以 FBMC 是 UFMC 的一种特殊情况。

UFMC 具有频谱利用率高、子载波间干扰小等优点,并且 UFMC 技术使用的滤波器长度较短,可以支持短帧结构,适用于短突发通信,滤波器实现相对容易;QAM 能够适用在 UFMC 中,使得 UFMC 对于各种各样的 MIMO 都适用。

4. 新型多载波传输技术性能对比

针对 OFDM 带外功率泄露大、对时频同步要求严苛等问题,FBMC、GFDM 和 UFMC 通过使用滤波器组的方式进行改善。在带外泄露(OOB)方面,FBMC、GFDM 和 UFMC 都比 OFDM 具有更低的带外功率泄露,由于使用了长度更长的滤波器,FBMC 具有最低的带外功率泄露。

在峰值平均功率比(PAPR)方面,由于使用了滤波器,FBMC、GFDM 和 UFMC 都具有比 OFDM 稍大的峰均比特性。

在频谱效率方面,当帧长度较小时,OFDM、UFMC 比 GFDM 和 FBMC 具有更高的频谱效率,随着帧长度的增加,4 者具有相近的频谱效率。因此,GFDM 与 FBMC 更适合 5G 中的长帧业务传输,而 UFMC 则更适合 5G 中的短帧业务传输。

3 种新型多载波传输技术 FBMC、UFMC、GFDM 具有各自的特点,表 4-2 对 3 种多载波传输技术在各个指标下的性能特点进行了对比。

表 4-2　FBMC、UFMC、GFDM 性能对比

传 输 技 术	FBMC	UFMC	GFDM
峰均比	高	中等	低
带外泄露	低	低	非常低
频谱效率	高	高	中等
复杂度	高	高	中等

传 输 技 术	FBMC	UFMC	GFDM
CP	不需要	不需要	需要
正交性	是	是	否
ISI	高	高	中等
同步要求	低	低	中等
MIMO	是	是	中
时处	长	短	短
兼容性	兼容	兼容	兼容

4.6 扩频调制技术

传统的模拟无线通信一般采用 FM 和 AM 两种方式,不能适应高速数据通信的要求。进入 20 世纪 80 年代后,数字无线数据通信方式成为主流,其调制方式有 ASK、FSK 和 PSK,其优势是便于采用先进的数字信号处理技术,如均衡技术、编码技术等,提高了数据传输速率和传输的可靠性。但是这些系统也存在一些缺陷。一方面,由于无线通信信道的开放性,通信环境不可避免地存在各种各样的突发干扰,使得信号传输的可靠性降低,同时,信道的时域和频域选择性衰落,使得数据传输速率的提高受到限制;另一方面,随着无线业务的快速增长,要求无线网络具备相当的灵活性,以适应业务的发展变化。这些都是常规的无线数字通信难以解决的。这些因素促成了对采用新技术的需求,以提高数据传输速率并进一步提高传输的可靠性。无线扩频通信技术由此得到了关注和发展。

4.6.1 扩频调制的基本原理

1. 扩频的基本概念

扩展频谱(Spread Spectrum,SS)通信简称为扩频通信。扩频通信技术是一种信息传输技术,在发端采用扩频码调制,使信号所占的频带宽度远大于所传信息必需的带宽,在收端采用相同的扩频码进行相关解扩以恢复所传信息频谱。

扩频通信的可行性是从信息论和抗干扰理论的基本公式中引申而来的。信息论中香农公式(式(4-3))说明,在给定的传输速率不变的条件下,频带宽度和信噪比 S/N 可以互换,即增加信号带宽可以降低对信噪比的要求,当带宽增加到一定程度,允许信噪比进一步降低,有用信号功率接近噪声功率甚至淹没在噪声之下也是可能的。扩频通信就是用宽带传输技术来换取信噪比上的好处,这就是扩频通信的基本思想和理论依据。

2. 扩频通信系统模型

扩频通信的一般原理如图 4-45 所示,在发端输入的信息先经信息调制形成数字信号,然后由扩频码发生器产生的扩频码序列去调制数字信号以展宽信号的频谱。展宽后的信号再调制到射频发送出去。在接收端将收到的宽带射频信号变频至中频,然后由本地产生的与发端相同的扩频码序列去相关解扩,再经信息解调恢复成原始信息输出。由此可见,一般的扩频通信系统都要进行三次调制和相应的解调。一次调制为信息调制,二次调制为扩频调制,三次调制为射频调制,以及相应的信息解调、解扩和射频解调。与一般通信系统相比,扩频通信就是多了扩频调制和解扩部分。

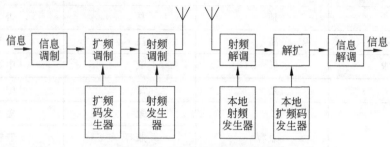

图 4-45　扩频通信的原理框图

3. 扩频通信的特点

扩频通信占用的信道频带要比其他通信方式宽得多。采用扩频通信是因为它具有以下特点。

（1）抑制干扰能力很强。

（2）信号的功率谱密度很低。

（3）信号便于隐蔽和保密。

（4）可用以实现具有随意选址能力的码分多址通信。

（5）用扩频信号通信的同时可进行高分辨率的测距。

4.6.2　扩频调制的分类

按照扩展频谱的方式不同,现有的扩频通信系统可分为直接序列扩频（Direct Sequence Spread Spectrum,DS-SS）、跳变频率扩频（Frequency Hopping Spread Spectrum,FH-SS）、跳变时间扩频（Time Hopping Spread Spectrum,TH-SS）、线性调频扩频（Chirp Spread Spectrum,Chirp-SS）和混合扩频。

1. 直接序列扩频

直接序列扩展频谱系统通常简称为直接序列系统或直扩系统,是用待传输的信息信号与高速率的伪随机码波形相乘后,去直接控制射频信号的某个参量,来扩展传输信号的带宽。用于频谱扩展的伪随机序列称为扩频码序列。

直接序列扩频通信系统的简化方框图参见图 4-46 所示。在直接序列扩频通信系统中,通常对载波进行相移键控（PSK）调制。为了节约发射功率和提高发射机的工作效率,扩频通信系统常采用平衡调制器。抑制载波的平衡调制对提高扩频信号的抗侦破能力也有利。

在发信机端,待传输的数据信号与伪随机码（扩频码）波形相乘（或与伪随机码序列模 2 加）,形成的复合码对载波进行调制,然后由天线发射出去。在收信机端,要产生一个和发信机中的伪随机码同步的本地参考伪随机码,对接收信号进行相关处理,这一过程通常称为解扩。解扩后的信号送到解调器解调,恢复出传送的信息。

2. 跳变频率扩频

跳变频率扩频是频率跳变扩展频谱通信系统的简称,确切地说应叫作"多频、选码和频

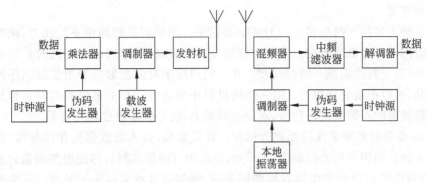

图 4-46 直接序列扩频通信系统的简化方框图

移键控通信系统"。它是用二进制伪随机码序列去离散地控制射频载波振荡器的输出频率，使发射信号的频率随伪随机码的变化而跳变。跳频扩频通信系统与常规通信系统相比较，最大的差别在于发射机的载波发生器和接收机中的本地振荡器。在常规通信系统中这二者输出信号的频率是固定不变的，然而在跳频扩频通信系统中这二者输出信号的频率是跳变的。在跳频扩频通信系统中发射机的载波发生器和接收机中的本地振荡器主要由伪随机码发生器和频率合成器两部分组成。快速响应的频率合成器是跳频通信系统的关键部件。

　　跳频扩频通信系统的简化方框图参见图 4-47。跳频扩频通信系统发信机的发射频率，在一个预定的频率集内由伪随机码序列控制频率合成器(伪)随机地由一个跳到另一个。收信机中的频率合成器也按照相同的顺序跳变，产生一个和接收信号频率只差一个中频频率的参考本振信号，经混频后得到一个频率固定的中频信号，这一过程称为对跳频信号的解跳。解跳后的中频信号经放大后送到解调器解调，恢复出传输的信息。

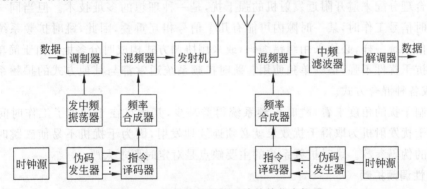

图 4-47 跳频扩频通信系统的简化方框图

　　在跳频扩频通信系统中，控制频率跳变的指令码(伪随机码)的速率，没有直接序列扩频通信系统中的伪随机码速率高，一般为几十比特每秒至几千比特每秒。由于跳频扩频通信系统中输出频率的改变，速率就是扩频伪随机码的速率，所以扩频伪随机码的速率也称为跳频速率。根据跳频速率的不同，可以将跳频系统分为频率慢跳变系统和频率快跳变系统两种。在频率慢跳变系统中，频率的跳变速度比数据调制器输出符号的变化速度慢。若在每个数据符号时宽内，射频输出信号的频率跳变多次，这样的频率跳变系统就叫作频率快跳变系统。

3. 跳时扩频

跳时扩频主要用于时分多址(TDMA)通信中。与跳频扩频通信系统相似,跳时是使发射信号在时间轴上离散地跳变。先把时间轴分成许多时隙,这些时隙在跳时扩频通信中通常称为时片,若干时片组成一跳时间帧。在一帧内哪个时隙发射信号由扩频码序列去进行控制。因此,可以把跳时理解为:用一伪随机码序列进行选择的多时隙的时移键控。由于采用了窄得很多的时隙去发送信号,对应在频域上,信号的频谱也就展宽了。

图 4-48 是跳时扩频系统的原理方框图。在发送端,输入的数据先存储起来,由扩频码发生器产生的扩频码序列去控制通-断开关,经二相或四相调制后再经射频调制后发射。在接收端,当接收机的伪码发生器与发端同步时,所需信号就能每次按时通过开关进入解调器。解调后的数据也经过一缓冲存储器,以便恢复原来的传输速率,不间断地传输数据,提供给用户均匀的数据流。只要收发两端在时间上严格同步进行,就能正确地恢复原始数据。

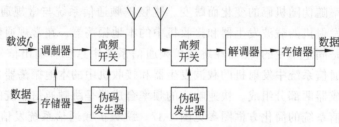

图 4-48　跳时扩频系统的原理方框图

跳时扩频系统也可以看成是一种时分系统,所不同的地方在于它不是在一帧中固定分配一定位置的时隙,而是由扩频码序列控制的按一定规律跳变位置的时隙。跳时系统能够用时间的合理分配来避开附近发射机的强干扰,是一种理想的多址技术。但当同一信道中有许多跳时信号工作时,某一时隙内可能有几个信号相互重叠,因此,跳时扩频系统也和跳时扩频通信系统一样,必须采用纠错编码,或采用协调方式构成时分多址。由于简单的跳时扩频系统抗干扰性不强,很少单独使用。跳时扩频系统通常都与其他方式的扩频系统结合使用,组成各种混合方式。

从抑制干扰的角度来看,跳时扩频系统得益甚少,其优点在于减少了工作时间的占空比。一个干扰发射机为取得干扰效果就必须连续地发射,因为干扰机不易侦破跳时扩频系统所使用的伪码参数。跳时扩频系统的主要缺点是对定时要求太严。

4. 线性调频扩频

线性调频扩频系统简称为线性调频扩频,它是指系统的载频在一给定的脉冲时间间隔内线性地扫过一个宽带范围,形成一带宽较宽的扫频信号,或者说载频在一给定的时间间隔内线性增大或减小,使得发射信号的频谱占据一个宽的范围。在语音频段,线性调频听起来类似于鸟的"啁啾"叫声,所以线性调频扩频也称为啁啾调制。

线性调频扩频是一种不需要用伪随机码序列调制的扩频调制技术,由于线性脉冲调频信号占用的频带宽度远远大于信息带宽,从而也可获得较好的抗干扰性能。线性调频在通信中应用较少,常作为雷达测距的一种工作方式,其基本原理如图 4-49 所示。发端有一锯齿波去调制压控振荡器,从而产生线性调频脉冲,它和扫频信号发生器产生的信号一样。在收端,线性调频脉冲由匹配滤波器对其进行压缩,把能量集中在一个很短的时间内输出,从而提高了信噪比,获得了处理增益。匹配滤波器可采用色散延迟线,它是一个存储和累加器件,其作用机理是对不同频率的延迟时间不一样。如果使脉冲前后两端的频率经不同的延迟后一同输出,则匹配滤波器起到了脉冲压缩和能量集中的作用。匹配滤波器输出信噪比的改善是脉冲宽度与调频频偏乘积的函数。

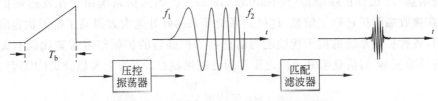

图 4-49　线性调频扩频雷达测距的原理框图

5. 混合扩频

以上几种基本的扩展频谱通信系统各有优缺点,单独使用其中一种系统时有时难以满足要求,将以上几种扩频方法结合起来就构成了混合扩频通信系统。例如 DS/FH、DS/TH、DS/FH/TH、DS/Chirp、FH/Chirp 等。

一般说来,采用混合方式看起来在技术上要复杂一些,实现起来也要困难一些。但是,不同方式结合起来的优点是有时能得到只用其中一种方式得不到的特性。例如 DS/FH 系统,就是一种中心频率在某一频带内跳变的直接序列扩频系统,一个 DS 扩频信号在一个更宽的频带范围内进行跳变。DS/FH 系统的处理增益为 DS 和 FH 处理增益之和,因此,采用 DS/FH 反而比单独采用 DS 或 FH 获得更宽的频谱扩展和更大的处理增益。而对于 DS/TH 方式,它相当于在 DS 扩频方式中加上时间复用,采用这种方式可以容纳更多的用户。在实现上,DS 本身已有严格的收发两端扩频码的同步,加上跳时,只不过增加了一个通断开关,并不增加太多技术上的复杂性。

因此,对于需要同时解决诸如抗干扰、多址组网、定时定位、抗多径和远近效应问题时,就不得不同时采用多种扩频的混合方式。

4.6.3　扩频码序列

扩频通信系统对于扩频码的选择要求比较苛刻。

(1) 要求扩频码满足正交性,但实际上通常是准正交性,即自相关性很强,而互相关性很弱。

(2) 出于码分多址系统容量的考虑,对于特定长度的地址码集,还要求其能够提供足够多的地址码。

(3) 在统计特性上,要求扩频码类似白噪声,以增强隐蔽性。

(4) 为了提高处理增益,应选择周期足够长的扩频码。

(5) 为了便于实现,应选择产生与捕获容易、同步建立时间较短的扩频码。

扩频码通常使用的是各种伪随机(PN)码,例如 m 序列、Gold 序列和 Walsh 序列等,其编译码原理、码序列的特性及 MATLAB 程序详见 3.5 节。

4.6.4 扩频调制的性能

1. 扩频通信的主要性能指标

处理增益和抗干扰容限是扩频通信系统的两个重要性能指标。

处理增益 G_P 也称扩频增益（Spreading Gain）。扩频通信系统由于在发送端扩展了信号频谱，在接收端解扩还原了信息，这样的系统带来的好处是大大提高了抗干扰容限。理论分析表明，各种扩频系统的抗干扰性能与信息频谱扩展后的扩频信号带宽比例有关。一般把扩频信号带宽 W 与信息带宽 ΔF 之比称为处理增益 G_P，工程上常以分贝（dB）表示，即

$$G_P = 10 \lg \frac{W}{\Delta F} \qquad (4-84)$$

它表明了扩频系统信噪比改善的程度。除此之外，扩频系统的其他一些性能也大都与 G_P 有关。因此，处理增益是扩频系统的一个重要性能指标。

扩频通信的另外一个重要指标是抗干扰容限，是指扩频通信系统能在多大干扰环境下正常工作的能力。定义为

$$M_J = G_P - \left[\left(\frac{S}{N} \right)_O + L_s \right] \qquad (4-85)$$

其中，M_J 为抗干扰容限，G_P 为处理增益，$\left(\dfrac{S}{N} \right)_O$ 为信息数据被正确解调而要求的最小输出信噪比，L_s 为接收系统的工作损耗。

例如，一个扩频系统的处理增益为 35dB。要求误码率小于 10^{-5} 的信息数据解调的最小的输出信噪比 $(S/N)_O = 10$dB，系统损耗 $L_s = 3$dB，则干扰容限 $M_J = 35$dB$-(10$dB$+3$dB$)=22$dB。这说明，该系统能在干扰输入功率比扩频信号功率高 22dB 的范围内正常工作，也就是该系统能够在接收输入信噪比大于或等于 -22dB 的环境下正常工作。

2. 扩频通信的抗干扰分析

扩频通信在空间传输时所占有的带宽相对较宽，而收端又采用相关检测的办法来解扩，使有用宽带信息信号恢复成窄带信号，而把非所需信号扩展成宽带信号。然后通过窄带滤波技术提取有用的信号。这样，对于各种干扰信号，因其在收端的非相关性，解扩后窄带信号中只有很微弱的干扰成分，信扰比值很高，因此抗干扰性强。

下面以直接序列扩频通信系统为例，对扩频通信系统的抗干扰性能进行定性分析。信道中的干扰包括窄带干扰、人为瞄准式干扰、单频干扰、多径干扰和码分多址干扰等，它们和有用信号同时进入接收机，如图 4-50(a)所示。图中，R_c 为伪噪声码速率，f_o 为载波频率，f_{IF} 为中频频率，R_b 二进制数字信号的码速率。

由于窄带噪声和多径干扰与本地参考扩频信号不相关，所以在进行解扩相关处理时被削弱，实际上干扰信号和本地参考扩频信号相关处理后，其频带被扩展，也就是干扰信号的能量被扩展到整个传输频带之内，降低了干扰信号的电平（单位频率内的能量或功率），如图 4-50(b)所示。由于有用信号和本地参考扩频信号有良好的相关性，在通过相关处理后被压缩到带宽为 $B_b = 2R_b$ 的频带内，因为相关器后的中频滤波器通频带很窄，通常为 $B_b = 2R_b$，所以中频滤波器只输出被基带信号调制的中频信号和落在滤波器通频带内的那部分干扰信号和噪声，而绝大部分的干扰信号和噪声的能量（功率）被中频滤波器滤除，这样就大

大地改善了系统的输出信噪比,如图 4-50(c)所示。

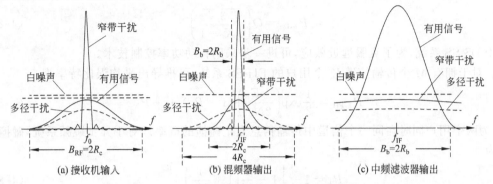

图 4-50　扩频接收机中各点信号的频谱特性

假设有用信号的功率为 $P_1 = P_0$,码分多址干扰信号的功率 $P_2 = P_0$,多径干扰信号的功率 $P_3 = P_0$,其他进入接收机的干扰和噪声信号功率 $N = P_0$。再假设所有信号的功率谱是均匀分布在 $B_{RF} = 2R_c$ 的带宽之内。解扩前的信号功率谱见图 4-51(a),图中各部分的面积均为 P_0。解扩后的信号功率谱见图 4-51(b),各部分的面积保持不变。通过相关解扩后,有用信号的频带被压缩在很窄的带宽内,能无失真地通过中频滤波器(滤波器的带宽为 $B_b = 2R_b$)。其他信号和本地参考扩频码无关,频带没有被压缩反而被展宽了,进入中频滤波器的能量很少,大部分能量落在中频滤波器的通频带之外,被中频滤波器滤除了。可以定性地看出,解扩前后的信噪比发生了显著的改变。由于扩频系统这一优良性能,其误码率很低,正常条件下可低到 10^{-10},恶劣信道条件下约为 10^{-6},完全能满足相关通信系统对通道传输质量的要求。

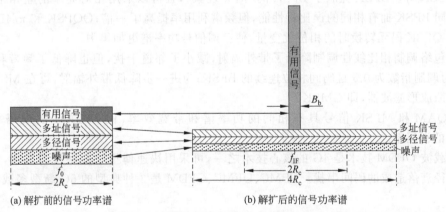

图 4-51　解扩前后信号功率谱密度示意图

对于 K 个用户的 DS-SS 系统,假定每个用户一个 PN 序列,每个符号包含 N 个码片,且仅考虑高斯白噪声和用户间干扰。可推导出单个用户的平均误比特率为

$$P_{b,DS} = Q\left(\frac{1}{\sqrt{\dfrac{K-1}{3N} + \dfrac{N_0}{2E_b}}}\right) \tag{4-86}$$

如果 E_b/N_0 趋近于∞,上式可近似为

$$P_{b,DS} = Q\left(\sqrt{\frac{3N}{K-1}}\right) \tag{4-87}$$

对于 DS-SS 系统,为了克服远近效应,可进一步采用自动功率控制技术。

对于拥有 M 个传输信道 K 个用户的 FH-SS 系统,可推导出平均误比特率为

$$P_{b,FH} = \frac{1}{2}\exp\left(\frac{-E_b}{2N_0}\right)(1-P_h) + \frac{1}{2}P_h \tag{4-88}$$

P_h 为两个用户同时在同一个信道中传输信息发生碰撞的概率。对于异步跳频系统,碰撞概率为

$$P_h = 1 - \left[1 - \frac{1}{M}\left(1+\frac{1}{N_b}\right)\right]^{K-1} \tag{4-89}$$

N_b 为每次跳频传输的数据数。如果 E_b/N_0 趋近于∞,式(4-88)可近似为

$$P_{b,FH} = \frac{1}{2}\left\{1 - \left[1 - \frac{1}{M}\left(1+\frac{1}{N_b}\right)\right]^{K-1}\right\} \tag{4-90}$$

为了进一步提高可靠性,扩频通信系统中还可采用信道编码技术。

4.7 本章小结

现代无线通信和移动通信系统追求更好的抗干扰性能、更高的频带利用率和更强的适应信道变化能力。调制解调在无线和移动通信系统中至关重要,为满足系统要求,其在功率有效性和带宽有效性之间实现有效折中。

无线通信系统中常采用的线性调制技术有 BPSK、DPSK、QPSK、OQPSK 和 π/4DQPSK 等。DPSK 克服了 BPSK 的"倒 π 现象",且可以采用相对简单的非相干解调; QPSK 同 BPSK 拥有相同的误比特性能,但频谱利用率提高了一倍;OQPSK 和 π/4DQPSK 降低了 QPSK 码元转换时的相位跳变量,使已调信号功率谱更加集中。

恒包络调制相比线性调制降低了带外辐射,减小了邻道干扰,但也降低了频带利用率。MSK 为调制指数为 0.5 且码间相位连续的 BFSK;为进一步降低带外辐射,可在 MSK 前端加上高斯成形滤波器,即 GMSK。

MQAM 和 MPSK 信号具有相同的功率谱和带宽效率,但 MQAM 的误码率小于 MPSK 的误码率。

多载波 OFDM 技术是 4G 的核心技术之一,可采用快速傅里叶变换技术实现,能有效抵抗多径衰落造成的码间串扰。FBMC、UFMC、GFDM 是 3 种典型的 5G 新型多载波传输技术。

扩频通信实现了频带宽度和信噪比 S/N 的互换,抗干扰能力强,具体可分为 DS-SS、FH-SS、TH-SS、Chirp-SS 和它们的混合方式。常采用的扩频码序列包括 m 序列、Gold 序列和 Walsh 序列等。

4.8 为进一步深入学习推荐的参考书目

为了进一步深入学习本章有关内容,向读者推荐以下参考书目。

[1] Theodore S. Rappaport. 无线通信原理与应用[M]. 周文安,付秀花,王志辉,译. 2 版. 北京:电子工业出

版社,2006.

[2] 李建东,郭梯云,邬国扬. 移动通信[M]. 4 版. 西安:西安电子科技大学出版社,2006.

[3] Proakis J G. 数字通信[M]. 张力军,张宗橙,宋荣方,等译. 5 版. 北京:电子工业出版社,2011.

[4] 李仲令,李少谦,唐友喜. 现代无线与移动通信技术[M]. 北京:科学出版社,2006.

[5] 章坚武. 移动通信[M]. 6 版. 西安:西安电子科技大学出版社,2020.

[6] 曾兴雯,刘乃安,孙献璞. 扩展频谱通信及其多址技术[M]. 西安:西安电子科技大学出版社,2004.

[7] 魏崇毓. 无线通信基础及应用[M]. 2 版. 西安:西安电子科技大学出版社,2015.

[8] 蔡跃明,吴启晖,田华. 现代移动通信[M]. 4 版. 北京:机械工业出版社,2017.

[9] Goldsmith A. 无线通信[M]. 杨鸿文,译. 北京:人民邮电出版社,2007.

[10] 啜钢,王文博,常永宇,等. 移动通信原理与系统[M]. 北京:北京邮电大学出版社,2005.

[11] 吴伟陵. 移动通信原理[M]. 2 版. 北京:电子工业出版社,2009.

[12] 王华奎,李艳萍,张立毅. 移动通信原理与技术[M]. 北京:清华大学出版社,2009.

[13] Cox C. LTE 完全指南——LTE、LTE-Advanced、SAE、VoLTE 和 4G 移动通信[M]. 严炜烨,田军,译. 2 版. 北京:机械工业出版社,2017.

[14] 张传福,赵立英,张宇,等. 5G 移动通信系统及关键技术[M]. 北京:电子工业出版社,2018.

[15] 邓宏贵. 5G 通信发展历程及关键技术[M]. 北京:电子工业出版社,2020.

[16] Zaidi A. 5G NR 物理层技术详解原理、模型和组件[M]. 刘阳,译. 北京:机械工业出版社,2018.

[17] 罗发龙. 5G 权威指南:信号处理算法及实现[M]. 陈鹏,译. 北京:机械工业出版社,2020.

[18] 王光宇. 新型多载波调制系统及原理[M]. 北京:科学出版社,2018.

[19] 路娟. 面向 5G 的通用滤波多载波传输技术研究[D]. 南京:东南大学,2018.

[20] 李宁. 面向 5G 的新型多载波传输技术比较. 通信技术[J]. 2016,49(5):519-523.

4.9 习　题

(1) 调制的作用有哪些?

(2) 数字调制的性能指标有哪些? 在星座图中怎样体现?

(3) 移动通信对调制解调有哪些要求?

(4) DPSK 相比 BPSK 有哪些优缺点?

(5) QPSK、OQPSK、π/4 DQPSK 的相位变化各限制在什么范围?

(6) 试对比分析 BPSK 和 QPSK 的有效性和可靠性。

(7) 简述 FSK 和 MSK 的区别和联系。

(8) 与 MSK 相比,GMSK 有何改善?

(9) 试从星座图的角度对比分析方形 16QAM 和 16PSK 的抗噪声性能。

(10) 试述 OFDM 消除码间串扰的原理。

(11) 如何保证 OFDM 各子载波信号之间的正交性?

(12) OFDM 的优缺点有哪些?

(13) OFDM 的关键技术有哪些?

(14) 试从香农信道容量公式的角度简述扩频调制的理论依据。

(15) 简述扩频通信系统分类。

(16) 扩频通信对扩频码序列有哪些要求? 常用到的码序列有哪些?

第 5 章 组网技术

教学提示：移动通信网是指承接移动通信业务的网络，主要完成移动用户之间、移动用户与固定用户之间的信息交换。移动通信组网涉及的技术很多，本章主要讨论其中的网络结构、多址技术、越区切换技术、网络安全技术等内容。

教学要求：通过本章学习，学生应建立一个移动通信网的系统级概念，了解移动通信蜂窝组网的原理和移动通信网络结构。应重点掌握蜂窝组网技术、多址接入技术、越区切换准则与控制策略、网络鉴权与加密等。

5.1 移动通信网概述

5.1.1 移动通信网的基本概念

移动通信网是指承接移动通信业务的网络，主要用来完成移动用户之间以及移动用户与固定用户之间的信息交换，包括收发双方的通话业务、数据业务、传真业务、图像传输和视频通信等业务。要完成覆盖区域内的良好通信，离不开移动通信网的有力支撑。

按照其是否对公众开放，移动通信网可分为公用移动通信网和专用网。其中，公用移动通信网直接向社会公众提供移动通信业务，与公共交换电话网（PSTN）联系紧密，经专门的线路与 PSTN 连接。而专用网不进入 PSTN，或很少与其联系，如公安指挥、交通管理、海关缉私等部门使用的通信网，属于专用移动通信网范畴。

5.1.2 移动通信组网的技术问题

移动通信在追求最大容量的同时，还要追求最大的覆盖，未来的目标是实现全球无缝覆盖，就是说无论用户移动到任何地方，移动通信系统都可以覆盖到。为了实现移动用户在大范围内有序的通信，使网络正常运行，移动通信组网过程中必须解决如下技术问题。

（1）频谱资源有限，如何实现共享的问题。

（2）蜂窝网中同频复用与同道干扰问题。

（3）多址接入问题。

（4）移动用户的越区切换和管理问题。

（5）网络互联和网络结构问题。

（6）信息安全问题。

5.1.3 移动通信网的组成

移动通信网一般由空中网络和地面网络两部分组成。

空中网络是移动通信网的主要组成部分，主要负责以下工作。

（1）多址接入：在频率资源有限条件下，采用不同的多址接入方式会获得不同的系统容量。

（2）频率复用和蜂窝小区：频率复用和蜂窝小区可以解决资源频率受限的问题，采用蜂窝组网的方式，能够大幅度增加系统容量。

（3）切换和位置更新：为了保证通话的连续性，当正在通话的移动台进入相邻无线小区时，移动通信系统必须具备越区切换功能。不同多址接入方式采用的切换技术也不尽相同。另外，由于移动用户要在移动网络中任意移动，网络为了有效管理用户需要在任意时刻联系到用户。

地面网络部分主要包括如下内容。

（1）服务区内各基站的相互连接。

（2）基站与固定网络（PSTN、ISDN、数据网等）的连接。

图 5-1 描述了移动通信系统的基本网络组成。其中包括 MS（移动台子系统）、BSS（基站子系统）、NSS（网络子系统）、OSS（操作支持子系统）等，各子系统的功能将在 5.2 节中进行详细介绍。

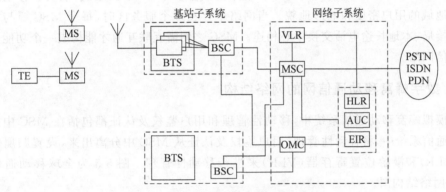

图 5-1　移动通信系统的基本网络组成

5.2　网络结构

5.2.1　基本网络结构

移动通信的基本网络结构如图 5-2 所示。基站通过传输链路与交换机相连，交换机再与固定电信网络或其他通信网相连，所以移动通信有以下 2 种通信链路。

（1）移动用户←→基站←→交换机←→其他网络←→其他用户。

（2）移动用户←→基站←→交换机←→基站←→移动用户。

基站与交换机之间、交换机与网络之间传输的数字信号形式通常为 PCM 多路时分复用信号。可以通过有线链路（如光纤、同轴电缆、双绞线等）或无线链路（如微波链路等）传输信号。

通常每个基站能够同时支持 50 路语音呼叫，每个交换机可支持近 100 个基站，交换机到固定网络之间需要 5000 个话路的传输容量。

移动通信网中的交换机称为移动交换中心（MSC）。MSC 除了要完成常规交换机的所有功能外，还要负责移动性管理和无线资源管理（包括越区切换、漫游、用户位置登记管理等）。

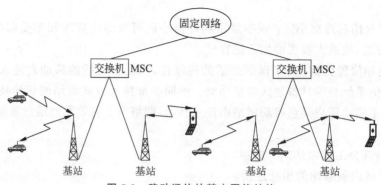

图 5-2　移动通信的基本网络结构

为便于网络组织和管理,蜂窝移动通信网中通常将一个移动通信网分为若干服务区,每个服务区继续划分为若干 MSC 区,每个 MSC 区又分为若干位置区,每个位置区由若干基站小区组成。一个移动通信网由多少个服务区或多少个 MSC 区组成,取决于移动通信网所覆盖地域的用户密度和地形地貌。当网络中存在多个服务区时,每个 MSC 要与本地的市话汇接局、本地长途电话交换中心相连。MSC 之间需互联互通才能构成一个功能完善的移动通信网络。

5.2.2　数字蜂窝移动通信网的网络结构

在模拟蜂窝移动通信系统中,移动性管理和用户鉴权及认证都包括在 MSC 中。在数字移动通信系统中,将移动性管理、用户鉴权及认证从 MSC 中分离出来,设置归属位置寄存器(HLR)和漫游位置寄存器(VLR)来进行移动性管理。图 5-3 为全球移动通信系统(GSM)网络结构图。

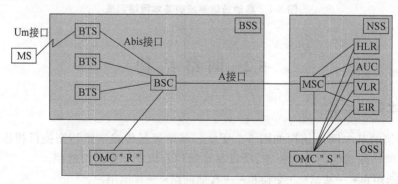

图 5-3　全球移动通信系统网络结构图

图中各子系统及主要模块功能和作用如下。

(1) 移动台子系统(MS):MS 是移动系统的用户设备,由移动终端和客户识别卡(SIM)两部分组成。由移动终端完成话音编/解码、信道编/解码、信息加密/解密、信息的调制/解调、信息发射/接收等功能。SIM 卡用于保存认证客户身份所需的所有信息,并执行一些与安全保密相关的功能,以防止非法客户入侵网络。SIM 卡还存储与网络和客户有关的管理数据,只有插入 SIM 卡后移动终端才能够接入网络。

（2）基站子系统（BSS）：基站子系统提供公用陆地移动网（PLMN）的有线核心网和无线接入网之间的中继连接。可分为两部分：一是通过无线接口与移动台通信的基站收发信台（BTS），它完全由 BSC 控制，主要负责无线传输，完成无线与有线的转换、无线分集、无线信道加密、跳频等功能。二是与移动交换中心相连的基站控制器（BSC），它具有对一个或多个 BTS 进行控制的功能，主要负责无线网络资源的管理、小区配置数据管理、功率控制、定位和切换等，属于强业务控制点。

（3）网络子系统（NSS）：包括移动交换中心（MSC）、漫游位置寄存器（VLR）、归属位置寄存器（HLR）、鉴权中心（AUC）、设备标识寄存器（EIR）、短消息中心（SC）。

其中，MSC 为移动交换中心，是无线电系统与公众电话交换网之间的接口设备，为了建立与移动台的往来呼叫，它需要完成全部必需的信令功能。MSC 主要负责路由选择、计费和费率管理、业务量管理以及向 HLR 发送有关业务量信息和计费信息。

HLR 为归属位置寄存器，负责移动台数据库管理。主要负责计费管理、已登记的移动台中所有用户参数的管理和修改、对 VLR 的更新。

VLR 为漫游位置寄存器，是动态数据库。主要负责移动台漫游号管理；临时移动台标识管理；访问的移动台用户管理；HLR 的更新；MSC 区、位置区及基站区的管理；无线信道（如信道分配表、动态信道分配管理、信道阻塞状态）的管理。

AUC 为鉴权中心，用于产生为确定移动客户的身份和对呼叫保密所需鉴权及加密的三元组（随机号码 RAND，符合响应 SRES，密钥 Kc）。

EIR 为设备标识寄存器，也是一个数据库，存储有关移动台设备参数。主要完成对移动设备的识别监视、闭锁等功能，可以防止非法移动台的使用。

（4）操作支持子系统 OSS：操作支持子系统对 BSS 和 NSS 进行操作与维护管理，主要设备是操作与维护中心（OMC）。OSS 的功能实体有网络管理中心（NMC）、安全性管理中心（SEMC）、用于用户识别卡管理的个人化中心（PCS）、用于集中计费管理的数据后处理系统（DPPS）、管理无线设备的 OMC-R、管理交换设备的 OMC-S 等。

移动通信网络接口及用途见表 5-1。包括以下几种。

表 5-1　移动通信网络接口及用途

接口名	定　位	用　途	接口名	定　位	用　途
Um	MS-BTS	无线接口	E	MSC-SM-GMSC	短消息传输
Abis	BTS-BSC	多种		MSC-MSC	切换
A	BSC-MSC	多种	G	VLR-HLR	用户信息管理
C	GMSC-HLR	主叫 HLR 寻址	F	MSC-EIR	手机身份验证
	SM-GMSC-HLR	主叫短消息寻址	B	MSC-VLR	多种
D	VLR-HLR	本地和用户信息管理	H	HLR-AUC	鉴权数据交换

（1）移动通信系统的外部接口：包括用户侧的接口、移动通信系统与其他电信网间的接口以及移动通信系统与运营者的接口。

（2）移动交换子系统 MSS 内部接口：包括用于连接移动交换子系统中各功能模块的 B、C、D、E、F、G 接口。具体连接及用途见表 5-1。

（3）移动接入子系统内部接口：移动台与基站之间的接口（Um 接口）是移动台与基站收发信机之间的无线接口，是移动通信网的主要接口；基站控制器（BSC）与基站收发信台（BTS）之间的接口（Abis 接口）；基站与移动交换中心之间的 A 接口。A 接口是网络中的重要接口，传递基站管理、呼叫处理与移动特性管理等信息，连接系统的基站和移动交换中心。

5.2.3　第三代移动通信网的网络结构

早期的移动通信系统主要以提供语音业务为主，仅能提供 $100\sim200$kbps 的数据业务，GSM 最高速率可达 384kbps。随着移动通信的日益普及，人们不仅需要话音业务，还需要数据、图像和视频业务。应此要求发展起来的第三代移动通信的业务能力比第二代有明显的改进，它能支持话音分组数据及多媒体业务，将无线通信与 Internet 等多媒体通信结合。能够处理图像、音乐、视频流等多种媒体形式，提供包括网页浏览、电话会议、电子商务等多种信息服务。为了提供这种服务，无线网络必须能够支持不同的数据传输速率，在室内、室外和行车的环境中能够分别支持至少 2Mbps、384kbps 以及 144kbps 的传输速率。第三代移动通信标准 IMT-2000 给出的网络结构图如图 5-4 所示，它主要由四个功能子系统构成，即由核心网（CN）、无线接入网（RAN）、移动台（MT）和用户识别模块（UIM）组成。分别对应于 GSM 系统的交换子系统（SSS）、基站子系统（BSS）、移动台（MS）和 SIM 卡。

图 5-4　IMT-2000 给出的网络结构图

在标准 IMT-2000 中，ITU 定义了 4 个标准接口。

（1）网络与网络接口（NNI）：由于 ITU 在网络部分采用了"家族概念"，因而此接口是指不同家族成员之间的标准接口，是保证互通和漫游的关键接口。

（2）无线接入网与核心网之间的接口（RAN-CN），对应于 GSM 系统的 A 接口。

（3）无线接口（UNI）。

（4）用户识别模块和移动台之间的接口（UIM-MT）。

为了更好地管理各个用户的业务，第三代移动通信系统的结构分为物理层、链路层和高层。各层的主要功能描述如下。

物理层由一系列下行物理信道和上行物理信道组成。

链路层由媒体接入控制（MAC）子层和链路接入控制（LAC）子层组成；其中，MAC 子层根据 LAC 子层不同业务实体的要求来管理与控制物理层资源，并负责提供 LAC 子层业务实体所需的 QoS（服务质量）级别。LAC 子层负责提供 MAC 子层所不能提供的更高级别的 QoS 控制，这种控制可以通过 ARQ 等方式来实现，以满足来自更高层业务实体的传输可靠性。

高层集 OSI 模型中的网络层、传输层、会话层、表示层和应用层为一体。高层实体主要负责各种业务的呼叫信令处理、语音业务和数据业务的控制与处理。

5.2.4　4G 移动通信网的网络结构

4G 是第四代移动通信技术,相较于 3G 通信技术来说,它将 WLAN 技术和 3G 通信技术进行了很好的结合,能够快速传输数据、图像、高质量的音视频等。4G 通信技术让用户的上网速度可高达 100Mbps 以上,几乎能够满足所有用户对于无线服务的要求。

4G LTE 的网络架构分为 EPC 和 E-UTRAN 两部分,其网络结构如图 5-5 所示。

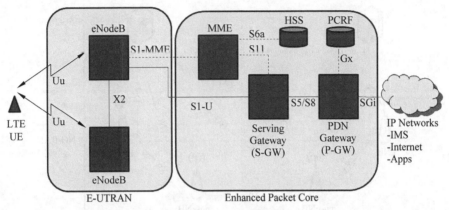

图 5-5　4G LTE 网络架构

EPC 定义了一个分组核心网,主要包括 MME、SGW、PGW、PCRF 和 HSS 等网元。其中,移动管理模块(MME)用于实现用户移动性管理、会话管理、接入鉴权等功能;服务网关(SGW)位于用户面,服务于接入 LTE 的用户终端(UE),完成用户和承载的计费;分组数据网关(PGW)位于用户面,主要负责连接外网,起到网关的作用;策略与计费控制单元(PCRF)完成对用户请求的业务授权,获取计费系统信息,反馈网络堵塞的情况等;归属用户服务器(HSS),用于存储用户识别标识、相关编号和路由信息,存储用户当前的位置信息,存储用户鉴权和授权的网络接入控制信息等。

E-UTRAN 是无线接入网部分。在 4G LTE 中 E-UTRAN 的实体就是 eNodeB,它不仅具有基站的功能,还有无线网络控制器的部分功能,使得 4G 网络更加简化,减少了通信协议的层次。

4G LTE 网络具有以下特点。

(1) 从网络结构上看,4G 网络更扁平化,将控制功能与承载相分离。

(2) 4G 网络采用全 IP 的网络结构,可实现固网和移动网融合。

(3) 4G 无线接入网中的 eNodeB 和网关兼具无线网络控制器(RNC)的功能,无线网络中直接用 eNodeB 接入 EPC,使得整体结构更简化,并能降低时延。

(4) 网元接口方面,合理采用 S1-Flex 和 X2 接口,实现多对多的连接方式。S1-Flex 是从 eNodeB 到 EPC 的动态接口,用于实现负载均衡、提高网络冗余性;X2 主要用于用户移动性管理,负责连接相邻的多个 eNodeB。

(5) 传输速率方面,4G 较 3G 网速大幅提升,能达到 100Mbps 的下行速度。

5.2.5　5G 移动通信网的网络结构

5G 有两种组网模式：SA 和 NSA。SA 组网模式即独立组网，需要新建全套 5G 基础设施，NSA 组网模式即非独立组网，会利用部分 4G 基础设施。

5G 网络架构与 4G 类似，分为接入网和核心网，5G 网络架构如图 5-6 所示。

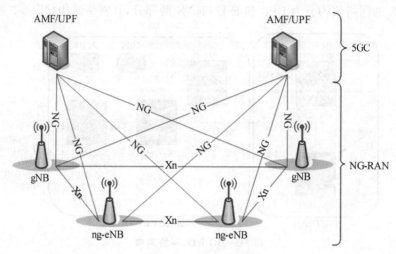

图 5-6　5G 网络架构图

5G 核心网（5GC）由接入和移动管理功能（AMF）、用户面管理功能（UPF）和会话管理功能（SMF）组成。其中，AMF 负责提供用户设备接入身份验证、授权、移动管理控制及 SMF 的选择；UPF 负责提供基于用户面的业务处理功能，如数据分组路由、转发、监测等；SMF 主要负责会话管理的相关工作，如 IP 地址分配、选择和控制用户界面、配置 UPF 的 QoS 策略等。

5G 核心网是在 4G 核心网 EPC 的基础上建立的，它主要有 3 方面的改进。

（1）基于服务的架构。

（2）支持网络切片。

（3）控制面和用户面分离。

5G 接入网称为 NG-RAN（NR），由 gNB（5G 基站）和 ng-eNB（下一代 4G 基站）组成，支持 5G 和 4G 之间的无线网络紧密互通。gNB/ng-eNB 主要功能包括小区间无线资源管理、无线承载控制、无线接入控制、测量配置与实现、动态资源分配等。

5.3　蜂窝技术

蜂窝是解决频率资源不足和用户容量不断增加问题的一项重大技术。它不需要做技术上的重大修改，就能在有限的频谱上为更多的用户服务。它是一个系统级的概念，其基本思想是用许多小功率的发射机来代替单个的大功率发射机，每一个小的覆盖区只提供服务范围内的一小部分覆盖。具体做法是将可用信道分组，分别分配给相邻的不同基站，所有的可用信道被分配给相对较小数目的相邻基站。相邻的基站要分配不同的信道组,以保证基站之间及在它们控制之下的用户之间的干扰最小。只要基站之间的同频干扰足够低,就可以尽可能地进行频率复用,使可用信道可以在整个系统的地理区域内分配。随着服务需求的增长,可以通过增加基站的数目来提供额外的容量,而不会增加额外的频率。

5.3.1 蜂窝小区的概念

一般来说,移动通信网的区域覆盖方式可以分为两类:一是小容量的大区制;二是大容量的小区制。大区制主要用于专网或用户较少的地域。具有天线架设高、发射机输出功率大、服务区内所有频道都不能重复、覆盖半径为 30~50km 的特点。其优点是组成简单、投资少、见效快;缺点是其服务区内的所有频道(一个频道包含收、发一对频率)的频率都不能重复,频率利用率和通信容量都受到了限制。小区制则是利用频率复用的概念把整个服务区域划分为若干无线小区,每个小区分别设置一个基站。覆盖半径为 2~20km,发射机输出功率在 5~20W 即可。其优点是频率利用率高、组网灵活;缺点是网络构成复杂。

小区制中按服务区形状不同可以分为条状服务区、面状服务区。条状服务区主要用于覆盖公路、铁路、沿海水域等条状区域,如图 5-7 所示。

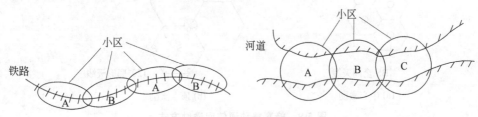

图 5-7　条状服务区

面状服务区中,通过各小区的交叠组合可以实现一个平面的覆盖。按交叠区的中心线所围成的面积形状不同可分为正三角形、正方形和正六角形三种,分别称为正三角形区域、正四边形区域和正六边形区域。可以证明,只有这 3 种正多边形可以无空隙、无重叠地覆盖一个平面区域,如图 5-8 所示。

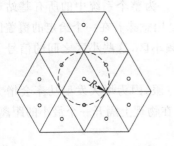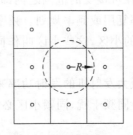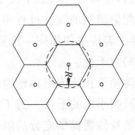

图 5-8　面状服务区

通过表 5-2 对这 3 种图形进行比较可知,正六边形小区具有中心距离最大、覆盖面积最大、重叠区面积最小的特点。也就是说,对于同样大小的服务区域,采用正六边形构成小区所需的小区数最少,因此所需的频率组数也最少,所以用正六边形组网是最经济的方式。

表 5-2　三种形状服务区的比较

单个区域形状	相邻区域中心距离	单个区域面积	交叠部分面积	交叠区宽度
正三角形	R	$\dfrac{3\sqrt{3}}{4}R$	$\left(2\pi - \dfrac{3\sqrt{3}}{2}\right)R^2$	R
正四边形	$\sqrt{2}R$	$2R^2$	$(2\pi - 4)R^2$	$(2-\sqrt{2})R$
正六边形	$\sqrt{3}R$	$\dfrac{3\sqrt{3}}{2}R^2$	$(2\pi - 3\sqrt{3})R^2$	$(2-\sqrt{3})R$

这种规则的小区图形仅具有理论分析和设计意义,实际中的基站天线覆盖区不可能是规则的正六边形。由许多正六边形小区作为几何图形覆盖整个服务区所构成的形状类似蜂窝的移动通信网称为小区制蜂窝移动通信网或蜂窝网。

在蜂窝移动通信网中,基站对小区的覆盖方式可以采用中心激励方式或顶点激励方式,如图 5-9 所示。中心激励方式中基地站在小区的中心,由全向天线覆盖无线小区。顶点激励方式中在每个正六边形不相邻的三个顶点上设置基地站,并采用定向天线形成覆盖区。

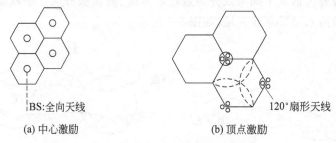

(a) 中心激励　　　　　　　　　(b) 顶点激励

图 5-9　蜂窝移动通信网激励方式

5.3.2　频率复用

蜂窝移动通信系统依赖于整个覆盖区域内信道的智能分配和复用。通过将覆盖范围限制在小区边界范围内,相同的信道组就可以覆盖不同的小区,只要这些小区两两相隔的距离足够远,使得相互间的干扰水平在可接受的范围之内即可。为整个系统中的所有基站选择和分配信道组的设计过程叫频率复用或频率规划。频率复用意味着在一个给定的覆盖区域内,存在着许多使用同一组频率的小区,这些小区叫作同频小区,这些小区之间的信号干扰叫作同频干扰。

同频干扰不能简单地通过增大发射机的发射功率来克服,因为增大发射功率会增大对相邻同频小区的干扰。为了减小同频干扰,同频小区必须在物理上隔开一个最小的距离,为同频信号传播提供充分的隔离。

为避免相互干扰,相邻小区显然不能使用相同的信道。同时,为了保证同信道小区之间有足够的距离,附近的若干小区都不能用相同的信道。这些不同信道的小区组成一个区群,只有不同区群的小区才能进行信道再用。也就是说,共同使用全部可用频率的 N 个小区叫作一个区群(簇)。

区群组成要求:无空隙地覆盖全部服务区;相邻同信道小区距离相等,则同道再用距离最大。

可以证明,满足以上 2 条要求的区群大小 N 的表达式为

$$N = i^2 + ij + j^2 \tag{5-1}$$

式(5-1)中,i、j 为正整数,由此可算出 N 的可能取值。典型值有 3、4、7、9、12…… 相应的区群形状如图 5-10 所示。

确定同频小区位置时,只需沿着任意一条六边形边的垂线方向移动 j 个小区,并逆时针方向旋转 $60°$,再移动 i 个小区,图 5-11 为 $N = 19(j=3,i=2)$ 的同频小区示意图。

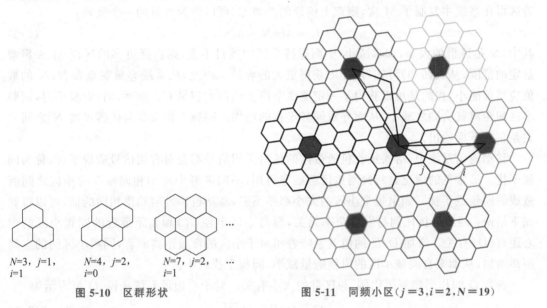

$N=3$, $j=1$,
$i=1$

$N=4$, $j=2$,
$i=0$

$N=7$, $j=2$,
$i=1$

图 5-10 区群形状

图 5-11 同频小区($j=3$,$i=2$,$N=19$)

【例 5-1】 画一个 $N=4$ 的蜂窝系统结构,要求至少包括 3 个区群,将区群中小区所用频率组用 A、B、C、D 标识。

解:

(1) $N=4$ 对应的二维坐标:$j=2$,$i=0$。

(2) $N=4$ 的基本区群形状如图 5-12(a)所示。

(3) 确定相邻区群。

所求蜂窝系统结构如图 5-12 所示。

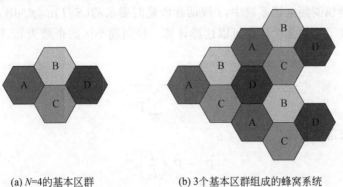

(a) $N=4$的基本区群

(b) 3个基本区群组成的蜂窝系统

图 5-12 例 5-1 用图

5.3.3 信道容量和同频干扰

现假设一个共有 S 个可用的双向信道的蜂窝系统,若每个小区都分配 k 个信道($k<S$),并且 S 个信道在 N 个小区中分为互不相同的、各自独立的信道组,而且每个信道组有相同的信道数目,那么可用无线信道的总数为

$$S = kN \tag{5-2}$$

若区群在系统中复制了 M 次,则双上信道的总数 C,可以作为容量的一个度量:

$$C = MkN = MS \tag{5-3}$$

其中,N 是区群的大小,如果减小 N 而保持小区的数目不变,则需要更多的区群 M 来覆盖给定的范围,从式(5-3)可知,这样可获得更大的容量。因此,从系统容量观点来看,N 的取值应尽可能小,目的是可以获得某一定覆盖范围上的最大容量 C。然而,当 N 减小时,同频小区的距离就会随之减小,从而导致同频干扰的增加。同频干扰及其与区群尺度 N 之间的关系将在下面给出。

移动通信系统中,落入接收机通带内的任何无用信号都会对有用信号造成干扰,称为同频干扰。最常见的情况是蜂窝网按区群频率再用,不同区群中使用相同频率的小区之间所造成的同频道干扰。如果每个小区的大小都差不多,基站也都发射功率相同的话,可以得到如下结论:同频干扰比例与发射功率无关,而与小区半径(R)和相距最近的同频小区的中心距离(D)有关。增加 D/R 的值就意味着相对于小区的覆盖距离而言,同频小区间的空间距离增加,从而来自同频小区的射频能量减小,同频干扰减小。

参数 Q 叫作同频复用比例,与区群的大小有关。对于六边形系统来说,Q 可表示为

$$Q = D/R = \sqrt{3N} \tag{5-4}$$

式中,Q 值越小,则同频干扰越大,而此时小区系统容量越大。相反,Q 值越大则同频干扰减小,但区系统容量也随之减小。因此,不难看出减小同频干扰是以减小容量为代价的。在实际的蜂窝系统中,选择小的 Q 值,可获得大系统容量;选择大的 Q 值可以通过减小同频干扰来提高传播质量,需要对这两个目标进行协调和折中。

同频干扰对接收的有用信号造成干扰,使接收机输出信噪比恶化,话音质量等级下降。为保证一定的话音质量等级,必须使接收机输入射频有用信号功率 S 与干扰信号功率 I 之比(信干比 S/I)大于门限信干比 $(S/I)s$。同频干扰的影响及 $(S/I)s$ 的值与系统采用的调制制度有关。例如调频电话系统中,3 级话音质量时要求的 $(S/I)s$ 为 8dB。

信号与同频干扰的强度比值可以这样计算。设同频小区的个数为 i_0,BS 给用户的信号强度为 S,则有

$$S/I = \frac{S}{\sum_{i}^{i_0} I_i} \tag{5-5}$$

应用信号衰落的公式

$$P_r = P_0 \left(\frac{d}{d_0}\right)^{-n} \tag{5-6}$$

其中,P_0 是距离信号源为 d_0 点测量出的功率值,P_r 是距离信号源为 d 点的功率预测值。

这里假设所有路径的同频干扰的 BS 发射功率相同,且路径损耗相同,则式(5-5)可

写为

$$S/I = \frac{R^{-n}}{\sum\limits_{i}^{i_0} (D_i)^{-n}} \tag{5-7}$$

在单层干扰和所有同频小区具有相同的距离的条件下,信干比可由区群尺度表示:

$$S/I = \frac{(\sqrt{3N})^n}{i_0} \tag{5-8}$$

式(5-8)表示了信干比 S/I 与区群大小 N 之间的关系。

【例 5-2】 设某蜂窝移动通信系统,假设路径传输损耗因子 n 为 4,并且只考虑第一层同频干扰,不考虑最坏情况,$i_0 = 6$,要使信干比 S/I 大于 13dB,请问区群大小 N 为多少时,才能满足系统的信干比要求?

解:$13\text{dB} \rightarrow \dfrac{S}{I} = 10^{\frac{13}{10}} = 19.95$

$$\frac{S}{I} = \frac{(\sqrt{3N})^n}{L} = \frac{(\sqrt{3N})^4}{6} > 19.95 \Rightarrow N > 3.65$$

同时 N 应满足区群构成条件,即 N 可为 $4, 7, 9, \cdots$,所以区群大小 N 至少为 4 时,才能满足系统的信干比要求。

5.4 多址技术

蜂窝系统是以信道来区分对象的,一个信道只能容纳一个用户进行通话,许多同时通话的用户互相以信道来区分,这就是多址。移动通信具有广播和大面积覆盖的特点,是一个多信道同时工作的系统。在电波覆盖区内,如何建立用户之间的无线信道的连接是多址方式的问题。多址方式属于移动通信网络的体制范畴,关系到系统容量、小区构成、频谱和信道利用效率以及系统复杂性。解决多址接入问题的方法即为多址技术。

5.4.1 多路复用与多址接入

多路复用与多址接入是既有区别又有联系的两个概念。

多路复用是指将不同信息源的各路信息,按某种方式合并成一个多路信号,通过同一个信道进行传送。接收端将多路信号按相应方式分解,分离出各路信号分送给不同的用户。通过复用,可以把多路低速信号合并为一路高速信号进行传输,提高信道利用率。为了在接收端能够分离出不同路的信号,必须使不同路的信号具有不同的特征,常见的多路复用方式有频分复用(FDM)、时分复用(TDM)、码分复用(CDM)、波分复用(WDM)。包含多路复用和分离的通信系统框图如图 5-13 所示。

多址技术是指多个用户终端的射频信号在射频信道上的复用,以实现各个用户终端之间的通信。多址技术的目的是多个用户共享信道和动态分配网络资源。常见的多址技术有频分多址(FDMA)、时分多址(TDMA)、码分多址(CDMA)、空分多址(SDMA)。

多路复用和多址技术的相同点在于二者都是为了共享通信资源;且理论基础都是信号的正交分割原理。区别在于多路复用一般在中频或基带实现,多址技术通常在射频实现。

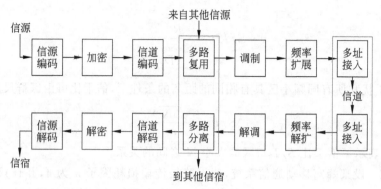

图 5-13　多路复用通信系统框图

且多路复用中,通信资源是预先分配给各用户;而多址接入中通信资源通常是动态分配的,由用户在远端提出共享要求,在系统控制器的控制下,按照用户对通信资源的需求,随时动态地改变通信资源的分配。

本节主要讨论多址技术。多址接入技术利用正交的信号纬度划分信道,使不同用户发射的信号相互正交,没有冲突。现代移动通信系统一般联合采用多种多址方式。不同多址接入技术的特点如下。

(1) 频分多址(FDMA):按频道不同划分信道,每个信道的频带独享,但时隙、空间、码字共享。

(2) 时分多址(TDMA):按时隙不同划分信道,每个信道的时隙独享,但频率、空间、码字共享。

(3) 码分多址(CDMA):按码型不同划分信道,每个信道的码字独享,但时隙、频率、空间共享。

(4) 空分多址(SDMA):按空间角度不同划分信道,信道的频率、时隙、码字共享。

空分多址(SDMA)通过标记不同方位的同频天线光束实现频率的复用。它利用空间分割来构成不同的信道。例如,卫星上使用多天线,各天线的波束射向地球表面的不同区域。这样不同地区的地球站,可以在同一时间使用相同频率工作,也不会互相干扰。当前应用SDMA的难点,是作为SDMA实现关键的智能天线技术。对于移动用户而言,无线信道的复杂性使得智能天线中关于多用户信号的动态捕获、识别与跟踪以及信道的辨识等算法较为复杂。

SDMA系统通过重复使用频率、充分利用频率资源,可以使系统容量成倍增加。它可以和其他多址方式相互兼容,从而实现组合的多址技术。我国提出的移动通信标准 TD-SCDMA 中就应用了 SDMA 技术。

其他多址技术将在下面进行详细的介绍和分析。

5.4.2　频分多址

频分多址(FDMA)是将给定的频谱资源划分为若干等间隔的频道,这些频道在频域上互不重叠,每个频道就是一个通信信道,供给一个用户使用。在模拟移动通信系统中,信道带宽通常等于传输一路模拟话音所需的带宽,如 25kHz 或 30kHz。

单纯的 FDMA 系统中,通常采用频分双工(FDD)的方式来实现双工通信,即接收频率和发送频率是不同的。图 5-14 为 FDMA/FDD 系统的频道划分示意图。

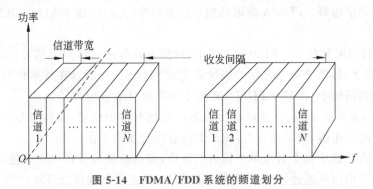

图 5-14　FDMA/FDD 系统的频道划分

在 FDMA/FDD 系统中,分配给每个用户一对频谱,分别用于基站到移动台的前向信道和移动台到基站的反向信道。因此,通信过程中必须同时占用 2 个信道才能实现双工通信,基站必须同时发射和接收多个不同频率的信号,且任意两个移动用户之间进行通信都必须经过基站的中转。

为避免因系统的频率漂移造成频道间重叠,需要在前向信道与反向信道之间设有保护频带。如图 5-15 所示,收发要有一定的间隔作为保护频带,此间隔要求大于一定的数值,以防止发送强信号对接收弱信号的影响。例如,在 800MHz 和 900MHz 频段,收发频率间隔通常为 45MHz。在信道分配时,通常较高的频谱用作前向信道,较低的频谱用作反向信道。

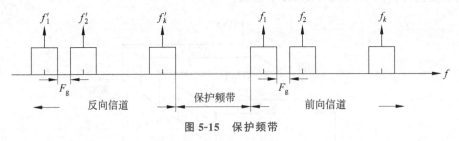

图 5-15　保护频带

FDMA 系统的主要干扰如下。

(1) 系统内非线性器件产生的各种组合频率成分落入本频道接收机通带内所产生的互调干扰。

(2) 相邻信道信号中存在的寄生辐射落入本频道接收机带内所产生的邻道干扰。

(3) 相邻区群中同信道小区的信号造成的同频干扰。

克服互调干扰的办法是减少产生互调干扰的条件,也就是尽可能提高系统的线性程度,减少发射机互调和接收机互调。需选用无互调的频率集,这是 FDMA 蜂窝系统的频率规划问题。克服邻道干扰的方法是:严格规定收发信机的技术指标,即规定发射机寄生辐射和接收机中频选择性。需要加大频道间的隔离度,这也涉及 FDMA 系统的频率规划问题。为了减少同频道干扰,需要合理地选定蜂窝结构与频率规划,即系统设计中合理选择同频道干扰因子。

FDMA 系统的主要特点如下。

（1）每信道占用一个载频，信道的相对带宽较窄。为了在有限的频谱中增加信道数量，系统希望间隔越窄越好。FDMA 信道的相对带宽较窄（25kHz 或 30kHz），通常在窄带系统中实现。

（2）码元持续时间较长。FDMA 方式中，每信道只传送一路数字信号，信号速率低，一般在 25kbps 以下，远低于多径时延扩展所限定的 100kbps。所以在数字信号传输中，由码间干扰引起的误码极小，在窄带 FDMA 系统中不需要自适应均衡。

（3）基站复杂庞大，重复设置收发信设备。基站有多少信道，就需要多少部收发信机，同时需要用天线共用器，功率损耗大，易产生信道间的互调干扰。

（4）FDMA 系统中每个载波单个信道的设计，使得在接收设备中必须使用带通滤波器允许指定信道里的信号通过，滤除其他频率的信号，从而限制临近信道间的相互干扰。

（5）越区切换较为复杂和困难。因在 FDMA 系统中，分配好信道后，基站和移动台之间是连续传输的，因此在越区切换时，必须瞬时中断传输数十至数百毫秒，用于切换通信频率。对于语音，瞬时中断问题不大，对于数据传输则将带来数据的丢失。

移动通信中，典型的频分多址方式有北美 800MHz 的 AMPS 体制，欧洲与中国 900MHz 的 TACS 体制。

5.4.3 时分多址

时分多址（TDMA）是指把时间分割成周期性的帧，每一帧再分割成若干时隙。每个时隙就是一个通信信道，分配给一个用户。基站按时隙排列顺序收发信号，各移动台在指定的时隙内收发信号。图 5-16 为 TDMA 示意图。

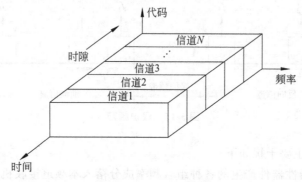

图 5-16　TDMA 示意图

在频分双工（FDD）方式中，上行链路和下行链路的帧分别在不同的频率上。在时分双工（TDD）方式中，上下行帧都在相同的频率上。

不同通信系统的帧长度和帧结构也不同。典型的帧长在几毫秒到几十毫秒。例如，GSM 系统的帧长为 4.6ms（每帧 8 个时隙），DECT 系统的帧长为 10ms（每帧 24 个时隙），PACS 系统的帧长为 2.5ms（每帧 8 个时隙）。TDMA 系统既可以采用频分双工（FDD）方式，也可以采用时分双工（TDD）方式。在 FDD 方式中，上行链路和下行链路的帧结构既可以相同，也可以不同。在 TDD 方式中，通常将在某频率上一帧中一半的时隙用于移动台发，另一半的时隙用于移动台接收，收发工作在相同频率上。

GSM 的 TDMA 帧结构时隙如图 5-17 所示。

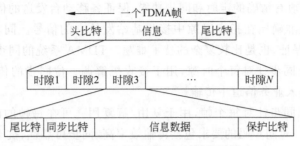

图 5-17 GSM 的 TDMA 帧结构时隙

各个移动台在上行帧内只能按指定的时隙向基站发送信号。为了保证在不同传播时延情况下，各移动台到达基站处的信号不会重叠，通常上行时隙内必须有保护间隔，在该间隔内不传送信号。基站按顺序安排在预定的时隙中向各移动台发送信息。图 5-18 为 TDMA/TDD 方式的时隙结构示意图，其上行时隙内留有保护间隔。

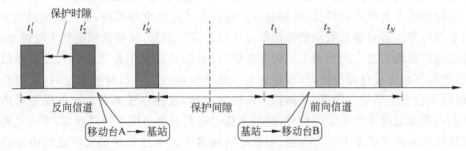

图 5-18 TDMA/TDD 方式的时隙结构

图 5-19 为 TDMA/FDD GSM 系统时隙结构示意图，系统上行传输所用的帧号和下行传输所用的帧号相同，但上行帧相对于下行帧来说，在时间上推后 3 个时隙，用于移动台进

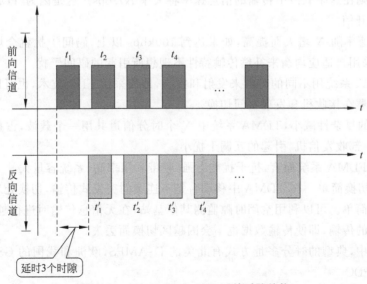

图 5-19 TDMA/FDD GSM 系统时隙结构

行帧调整以及对收发信机的调谐和转换。

TDMA 系统必须有精确的定时和同步功能,保证各移动台发送的信号不会在基站发生重叠或混淆,并且能准确地在指定时隙中接收基站发给它的信号。同步技术是 TDMA 系统正常工作的重要保证,也是比较复杂的技术难题。TDMA 系统的同步与定时如下。

(1) 位同步:位同步针对每个时隙,用于接收机解调。位同步的传输可以采用专门的信道传输,也可以插入业务信道中传输。

(2) 帧同步:帧同步针对每个帧,用于复用/解复用。可在每帧的前面设置同步码,用于提取帧同步信息。对同步码的要求包括传输效率高、同步可靠性、抗干扰强、建立时间短、错误捕获概率小、同步保持时间长、失步概率小等。

(3) 网同步:网同步是指全网中有统一的时间基准,用于能保证整个系统有条不紊地进行信息的传输、处理和交换,协调一致地对全网设备进行管理、控制和操作,可以保证各基站和移动台迅速地进入同步状态,不会因为定时误差随时间积累而引起失步。

系统定时是 TDMA 移动通信系统中的关键问题,可以采用不同方法。在移动通信系统中常用的是主从同步法,即系统所有设备的时钟均直接或间接地从属于某一个主时钟的信息。主时钟通常有很高的精度,其信息以广播的方式送给全网设备,或者以分层的方式逐层送给全网设备。各设备从收到的时钟信号中提取定时信息,或者说锁定到主时钟上。

移动通信系统中也会用到独立时钟同步法,其办法是在网中各设备内均设置高精度的时钟,在通信开始或进行过程中,只要根据某一标准时钟进行一次时差校正后,在很长的时间内,时钟不会发生明显的漂移,从而得到准确的定时,这种办法通常要求各设备采用稳定度很高的石英振荡器来产生定时信号,这对于移动台尤其是小型手持机而言,无论从价格方面还是从体积方面考虑都不一定合适,但在通信网络中的基站和其他大型设施中采用这种办法还是可以的。

TDMA 系统的特点如下。

(1) 突发传输速率高,远大于语音编码速率,设每路语音信号的编码速率为 R bps,共设有 N 个时隙,则在这个载波上传输的信息速率将大于 NR bps。这是因为 TDMA 系统中需要一定的同步开销。

(2) 信息速率随 N 增大而提高,如果达到 100kbps 以上,码间干扰就会增加到比较大的程度,必须采用自适应均衡来补偿传输特性不理想所引起的码间干扰。

(3) TDMA 系统用不同的时隙来发射和接收,即使采用 FDD 技术,也可以应用用户单元内部的切换器在接收机和发射机间切换。

(4) 基站的复杂性减小,TDMA 系统中 N 个时分信道共用一个载波,占据相同带宽范围,故只需要一部收发信机,引起的互调干扰小。

(5) 相对 FDMA 系统而言,抗干扰能力强,频带利用率高,系统容量大。

(6) 越区切换简单。在 TDMA 中移动台是不连续的突发式传输,切换处理对一个用户单元来说比较简单。可以利用空闲时隙监测其他基站,在无信息传输时进行越区切换,没有必要中断信息的传输,即使传输数据也不会因越区切换而丢失。

移动通信中,典型的时分多址方式有北美的 D-AMPS,欧洲和我国的 GSM-900、DSC-1800,日本的 PDC。

5.4.4　码分多址

码分多址(CDMA)是基于码型分割信道的。在 CDMA 方式中,不同用户传输信息所用的信号是用各不相同的编码序列来区分,而不是根据频率或时隙的不同来区分。如果从频域或时域来观察,多个 CDMA 信号是互相重叠的。接收机用相关器可以在多个 CDMA 信号中选出其中使用预定码型的信号,而其他使用不同码型的信号不能被解调。它们的存在类似于在信道中引入了噪声和干扰(称为多址干扰),各码型之间的互相关性越小,多址干扰就越小。

CDMA 技术的原理是基于扩频技术,即将需传送的具有一定信号带宽的信息数据,用一个带宽远大于信号带宽的高速伪随机码进行调制,使原数据信号的带宽被扩展,再经载波调制并发送出去。接收端使用完全相同的伪随机码,对接收的宽带信号进行相关处理,把宽带信号换成原信息数据的窄带信号,即解扩,以实现信息通信。CDMA 的系统框图如图 5-20 所示。

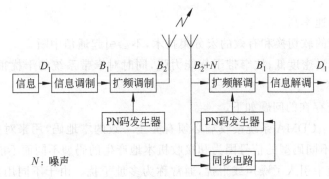

图 5-20　CDMA 的系统框图

移动通信中,常用的扩频信号有两类:直接序列扩频(DS)和跳变频率扩频(FH)。对应的多址方式为直扩码分多址和跳频码分多址。在 DS-CDMA 系统中,所有用户工作在相同的中心频率上,输入数据序列与 PN 序列相乘得到宽带信号。不同用户使用不同的 PN 序列,这些 PN 序列相互正交,从而可像 FDMA 和 TDMA 系统中利用频率和时隙区分不同用户一样,利用 PN 序列来区分不同的用户。

在 FH-CDMA 系统中,每个用户根据各自的伪随机(PN)序列,动态改变其已调信号的中心频率。各用户的中心频率可在给定的系统带宽内随机改变,该系统带宽通常要比各用户已调信号的带宽宽得多。FH-CDMA 类似于 FDMA,但使用的频道是动态变化的。FH-CDMA 中各用户使用的频率序列要求相互正交或准正交,即在一个 PN 序列周期对应的时间区间内,各用户使用的频率,在任一时刻都不相同(或相同的概率非常小)。图 5-21 为 CDMA 系统信道分配示意图。

码分多址系统的优点如下。

(1) 多用户共享同一频率。

(2) 通信容量大。

(3) 容量有软容量,多增加一个用户只会使通信质量略有下降,不会出现硬阻塞现象。

(4) 采用扩频和 Rake 接收,信号被扩展在一较宽频谱上,可以减小多径衰落。

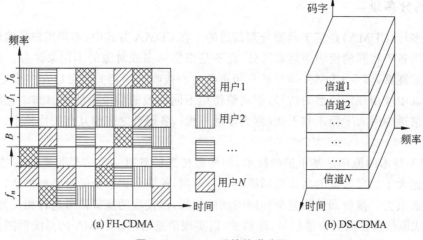

(a) FH-CDMA   (b) DS-CDMA

图 5-21　CDMA 系统信道分配

（5）信道数据速率高。

（6）采用平滑的软切换和有效的宏分集技术，不会引起通信中断。

（7）信号功率谱密度低，抗窄带干扰能力强，同时对窄带系统的干扰很小，可以与其他系统共用频段频率。

码分多址系统存在的问题如下。

（1）多址干扰：CDMA 系统接收端必须有完全一致的本地码，用来对接收信号进行相关检测，其他使用不同码型的信号因为和接收机本地产生的码型不同而不能被解调，它们的存在类似于在信道中引入了噪声或干扰，通常称为多址干扰。由于不同用户的扩频序列不完全正交，扩频码集的非零互相关系数会引起用户间的相互干扰。异步传输信道以及多径传播环境中多址干扰将更严重。

（2）"远近"效应：假定所有的用户发送功率相同，来自不同地址的码型噪声由于传输距离不同就会有很大的差别，会出现近距离用户的强信号抑制远距离用户弱信号的现象。这就是 CDMA 系统的远近效应。用户所在位置的变化以及深衰落的存在，会使基站接收到的各用户信号功率相差很大，强信号对弱信号有着明显的抑制作用。解决方法是使用功率控制。

码分多址系统的典型应用：第二代移动通信中的 IS-95，第三代移动通信中的 CDMA 2000、WCDMA 和 TD-SCDMA。

5.4.5　不同多址接入系统的系统容量

通信系统的通信容量可以用不同的表征方法进行度量。对于点对点的通信系统而言，系统的通信容量可以用信道效率，即对给定的可用频率中所能提供的最大信道数目进行度量。

一般来说，在有限的频段中，信道数目越多，系统的通信容量也越大。

对于蜂窝网而言，由于信道在小区中的分配，涉及频率再用和由此产生的同频干扰问题，因而系统的通信容量用每个小区的可用信道数进行度量比较适宜，具体可用以下方式来度量。

（1）每小区可用信道数（信道/小区）：它表征每小区允许同时工作的用户数。

（2）每小区每兆赫兹可用信道数（信道/小区/兆赫兹）：它表征每小区单位带宽允许同时工作的用户数。

（3）每小区爱尔兰数（爱尔兰/小区）：它表征每小区允许的话务量。

以上方式从不同的角度对系统的容量进行衡量，它们之间是有联系的，在一定的条件下可以互相转换。

下面用每小区可用信道来度量 3 种多址接入系统的容量。蜂窝系统的无线容量可定义为

$$m = \frac{B_t}{B_c N}（信道/小区）\tag{5-9}$$

其中，m 表示无线容量大小，B_t 表示分配给系统的总的频谱，B_c 表示信道带宽，N 表示频率复用的小区数。

1. 模拟 FDMA 系统

对于模拟 FDMA 系统来说，系统容量的计算比较简单。

频率复用的小区数 N 由所需的载干比决定，小区数须满足

$$N \geqslant \sqrt{\frac{2}{3}\left(\frac{C}{I}\right)_s}\tag{5-10}$$

将 N 代入式(5-9)可得模拟 FDMA 系统的无线容量。

2. 数字 TDMA 系统

数字信道所要求的载干比可以比模拟制的小 4～5dB（因数字系统有纠错措施），因而频率复用距离可以再近一些。

则 TDMA 的无线容量

$$m = \frac{B_t}{B_c' N} = \frac{B_t M}{B_c N} 信道 / 小区\tag{5-11}$$

式(5-11)中，M 为时隙数。

设载波间隔为 B_c，每载波共有 M 个时隙，则等效带宽

$$B_c' = \frac{B_c}{M}$$

【例 5-3】 系统总频带宽度为 $B_t = 25\text{MHz}$，分别计算下列 FDMA、TDMA 蜂窝系统的无线容量。求：

（1）采用模拟 TACS 系统，所需载干比 $[C/I] = 18\text{dB}$。（TACS 系统 $B_c = 25\text{kHz}$）

（2）采用数字时分 GSM 系统，所需载干比门限 $[C/I] = 12\text{dB}$。（GSM 系统 $B_c = 200\text{kHz}$，每载波有 8 个时隙）

解：

（1）$N \geqslant \sqrt{\frac{2}{3} \times 10^{\frac{18}{10}}} \approx 6.5$，因此取 $N = 7$ 小区/簇；

$$m = \frac{25 \times 10^6}{25 \times 10^3 \times 7} = 142（信道/小区）$$

（2）$N \geqslant \sqrt{\frac{2}{3} \times 10^{\frac{12}{10}}} \approx 3.25$，因此取 $N = 4$ 小区/簇；

$$m = \frac{25 \times 10^6}{200 \times 10^3 \times 4} \times 8 = 250 \text{(信道/小区)}$$

3. CDMA 系统

CDMA 系统容量的计算要复杂一些,决定系统容量的主要参数包括处理增益、E_b/N_1、语音负载周期、频率再用效率以及基站天线扇区数等。

CDMA 系统的容量公式

$$m = \left\{ 1 + \left[\left(\frac{W}{R_b} \right) \Big/ \left(\frac{E_b}{N_1} \right) \right] \cdot \frac{1}{d} \right\} \cdot G \cdot F \text{(信道/小区)} \tag{5-12}$$

其中,E_b 为信息的比特能量;R_b 为信息的比特速率;N_1 为噪声和干扰的功率谱密度;W 为信号所占的频谱宽度;E_b/N_1 为信噪比,其取值决定于系统对误比特率或语音质量的要求,并与系统的调制方式和编码方案有关;W/R_b 为系统的处理增益;d 为语音的激活期(占空比)通常小于 35%;G 为扇形分区系数,一般取 $G = 2.55$;F 为信道复用效率。

【例 5-4】 CDMA 蜂窝系统所占的频率带宽 $W = 1.25\text{MHz}$,信息数据速率 $R_b = 9.6\text{kbps}$,语音占空比 $d = 0.35$,扇区系数 $G = 2.55$,信道复用效率 $F = 0.6$,比特能量与干扰密度比 $E_b/N_1 = 5.012(7\text{dB})$。试计算蜂窝系统容量。

解: $m = \left\{ 1 + \left[\left(\frac{1.25 \times 10^3}{9.6} \right) \Big/ (10^{0.7}) \right] \times \frac{1}{0.35} \right\} \times 2.55 \times 0.6 = 115 \text{(信道/小区)}$

理论上,在总频带宽度为 1.25MHz 时,三种体制的系统容量的比较结果为

$$m_{\text{CDMA}} \approx 16 m_{\text{TACS}} \approx 9 m_{\text{GSM}} \tag{5-13}$$

实际的 CDMA 系统的容量比理论值有所下降,其下降程度随其功率控制精度和某些参数的选取而变化。当前比较普遍的看法是 CDMA 数字蜂窝移动通信系统的容量是模拟 FDMA 系统的 8~10 倍。

5.4.6 新型多址技术简介

新型多址技术利用信号在空/时/频/码域的叠加传输,来保证系统的频谱效率和接入能力。还可以有效简化信令流程、缩短时延、节省功耗。

5G 采用了以叠加传输为特征的新型非正交多址技术。针对 5G 发展,业界学者提出很多新型非正交多址技术方案,主要包括非正交多址接入(NOMA)技术、稀疏码分多址接入(SCMA)技术、图样分割多址接入(PDMA)技术、多用户共享接入(MUSA)技术等。其中,NOMA 是最基本的基于功率域叠加的非正交多址技术;SCMA、MUSA 属于基于码域叠加的非正交多址技术;PDMA 则是在功率域、空域和码域进行联合优化的非正交多址技术。

(1) 非正交多址接入技术在发送端使用功率域来区分用户,在接收端使用串行干扰消除接收机来进行多用户的检测。采用 NOMA 可以节省调度请求过程,从而节省信令开销和能源消耗,减少延迟,提高系统容量。NOMA 可以在功率域引入,也可以在码域和功率域混合引入。

(2) 稀疏码分多址接入是 5G 网络的多址接入方案之一,它引入了稀疏编码对照簿。通过发端的调制波形和稀疏码本设计、收端的最优用户检测接收机设计,来实现多用户在码域的非正交多址接入,提高无线频谱利用率和增加系统容量。该技术由华为公司提出。

(3) 图样分割多址接入技术的原理是通过在多用户间引入合理不等分集度来提升容

量。它通过为不同用户设计不等分集的 PDMA 图样矩阵来实现空域、码域和功率域等多维度的非正交信号叠加传输，从而获得更高的多用户复用和分集增益。该技术由大唐电信提出。

（4）多用户共享接入技术是基于码域叠加的多址接入技术。不同用户的已调符号经特定扩展序列扩展后在相同资源上发送，收端利用串行干扰消除接收机来进行译码。基于复数域多元码的叠加支持免调度接入，简化了同步和功率控制过程，简化了终端实现、降低了终端功耗。该技术由中兴提出。

5.5 越区切换技术

越区切换是指将当前正在进行的移动台与基站之间的通信链路从当前基站转移到另一个基站的过程，该过程也称为自动链路转移。越区切换通常发生在移动台从一个基站覆盖的小区进入到另一个基站覆盖的小区的情况下，为了保持通信连续性，需要将移动台与当前基站之间的链路转移到移动台与新基站之间的链路。

在蜂窝移动通信网中，越区切换技术可以保证移动用户在移动状态下实现不间断通信，也可以保证移动台与网络之间保持必要的通信质量，是适应移动衰落信道特性的必不可少的措施。越区切换技术是移动通信网络提供移动服务所必需的技术，它使移动终端可以在任何时候、任何地方都能得到在线连接和服务，是实现无缝漫游的重要机制。越区切换是移动通信网络动态支持终端漫游的基本能力。切换管理就是要确保移动终端从一个基站覆盖区域移动到另一个基站覆盖区域时无缝且无损连接。

越区切换分为硬切换、软切换。硬切换是指在新的连接建立以前，先中断旧的连接。移动台在同一时刻只占用一个无线信道，移动台必须在一个指定时间内，先中断与原基站的联系，调谐到新的频率上，再与新基站取得联系，在切换过程中可能会发生通信短时中断。硬切换的一个主要优点是在同一时刻，移动台只占用一个无线信道。缺点是通信过程会出现短时的传输中断，如在 GSM 中有 200ms 左右的中断时间。因此，硬切换在一定程度上会影响通话质量。

软切换是指既维持旧的连接，又同时建立新的连接，并利用新旧链路的分集合并来改善通信质量，当与新基站建立可靠连接之后再中断旧链路。软切换由于采用了"先切换，后断开"的方法，移动台只有在取得了与新基站的连接之后，才会中断与原基站的联系。因此，在切换过程中通信没有中断，不会影响通话质量。软切换在频率相同的基站间进行，在两基站覆盖区的交界处，移动台同时与多个基站通信，可减少切换造成的掉话。软切换的缺点在于需要占用的信道资源较多、信令复杂。模拟系统、TDMA 系统不具有这种功能，软切换主要用于 CDMA 系统中。软切换与硬切换示意图如图 5-22 所示。

越区切换算法所关心的主要性能指标包括越区切换的失败概率、因越区失败而使通信中断的概率、越区切换的速率、越区切换引起的通信中断的时间间隔，以及越区切换发生的时延等。

越区切换技术需要解决三方面的问题：越区切换的准则，也就是何时需要进行越区切换；越区切换如何控制；越区切换时的信道分配。下面将予以简单介绍。

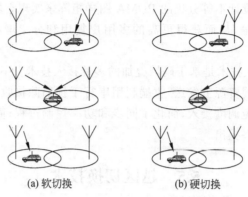

(a) 软切换　　　　　　　　(b) 硬切换

图 5-22　软切换与硬切换示意图

5.5.1 越区切换的准则

何时需要进行越区切换,通常是根据移动台处接收的平均信号强度来确定的,也可以根据移动台处的信号干扰比、误比特率等参数来确定。常用准则有以下 4 种。

(1) 相对信号强度准则:在任何时间都选择具有最强接收信号的基站。移动台连续监测各个小区的信号强度,当某个相邻小区基站的信号强度超过当前基站时,就发起切换。图 5-23 中的 A 处将要发生越区切换。该方式的缺点是当前基站还能提供所要求的业务质量时进行了许多不必要的切换。

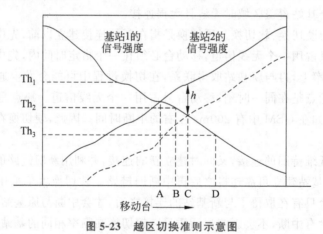

图 5-23　越区切换准则示意图

(2) 具有门限规定的相对信号强度准则:移动台连续监测各个小区的信号强度,当某个相邻小区基站的信号强度超过当前小区基站,并且当前小区基站的信号强度低于某一门限时,发起切换。如图 5-23 所示,当门限设为 Th_2 时,在 B 点将会发生越区切换。在此方法中需要恰当地选择门限值。如果门限太高,取为 Th_1,则该准则与准则 1 相同。如果门限太低,取为 Th_3,则会引起较大的越区时延,此时可能会因链路质量较差而导致通信中断。

(3) 具有滞后余量的相对信号强度准则:移动台同样连续监测各个小区的信号强度,当某相邻小区基站的信号强度大于当前小区基站信号强度超过一个滞后余量时,就发起切换,即仅允许移动用户在新基站的信号强度比原基站信号强度强很多(即大于滞后余量)的情况下进行越区切换。如图 5-23 中的 C 点。该技术可防止由于信号波动引起的移动台在两个基站之间的来回重复切换。但是当服务基站的信号强度足够强时,它也会产生不必要的切换。

(4) 具有滞后余量和门限规定的相对信号强度准则:仅允许移动用户在当前基站的信号电平低于规定门限并且新基站的信号强度高于当前基站一个给定滞后余量时进行越区切换。如图 5-23 中的 D 点附近。在当前基站的信号强度能够提供所需的质量要求时,使用此方式可以进一步降低不必要的切换。

5.5.2 越区切换的控制策略和信道分配

越区切换的控制策略是指越区切换的参数控制和过程控制。在移动通信系统中,过程控制的方式主要有 3 种:移动台控制的越区切换、网络控制的越区切换和移动台辅助的越区切换。

移动台控制的越区切换:移动台连续监测当前基站和几个越区时的候选基站的信号强度和质量,当满足某种切换准则后,移动台选择具有可用业务信道的最佳候选基站,并发送越区切换请求。PACS 和 DECT 系统采用了移动台控制的越区切换。

网络控制的越区切换:基站检测来自移动台的信号强度和质量,当信号低于某个门限时,网络开始安排向另一个基站的越区切换。网络要求移动台周围的所有基站都监测该移动台的信号,并把测量结果报告给网络,网络从这些基站中选择一个基站作为越区切换的新基站,把结果通过基站通知移动台,并通知新基站。TACS、AMPS 等第一代模拟蜂窝系统大多采用这种策略。

移动台辅助的越区切换:网络要求移动台测量其周围基站的信号质量,并把结果报告给旧基站,网络根据测试结果决定何时进行越区切换以及切换到哪一个基站。IS-95 和 GSM 系统采用了移动台辅助的越区切换。

越区切换时的信道分配是解决当呼叫要转换到新小区时,为保证越区失败概率尽量小,新小区要如何分配信道的问题。常用的做法是在每个小区中预留出部分信道专门用于越区切换。这种做法的特点是:占用一定信道资源,导致可用信道数减少,会增加呼损率,但可以减少通话被中断的概率,从而符合人们的使用习惯。

5.5.3 位置管理

移动通信系统中,用户可以在系统覆盖范围内随意移动。为了能把一个呼叫传送到随机移动的用户,必须有一个高效的位置管理系统来跟踪用户的位置变化。

位置管理涉及网络处理能力和网络通信能力。网络处理能力涉及数据库的大小、查询的频度和响应速度等;网络通信能力则涉及传输位置更新、查询信息所增加的业务量和时延等。

位置管理的目标是以尽可能小的处理能力和附加的业务量,最快地确定用户的位置,从而容纳尽可能多的用户。

位置管理的任务包括位置登记和呼叫传递两部分。其中,位置登记是指在移动台实时位置信息已经确知的条件下,更新位置数据库(HLR 和 VLR)和认证移动台的过程。呼叫传递则是指在有呼叫给移动台的情况下,根据位置数据库中可用的位置信息来定位移动台的过程。

与位置管理紧密相关的两个问题是位置更新和寻呼。其中,位置更新解决的问题是移动台如何发现位置变化及何时报告它的当前位置。寻呼解决的问题是如何有效地确定移动台当前处于哪一个小区。

5.6　网络安全技术

移动通信系统从最初的模拟系统发展到现在的 5G 移动通信系统,一直以来都受到安全问题的困扰。随着移动网络逐步深入到人们的生活,用户对安全的需求也日益严格,其中主要包括用户身份的匿名性、双向认证、机密性、完整性、新鲜性、不可抵赖性等。

由于无线信道开放不稳定的物理特性和移动安全协议本身存在的诸多漏洞,使得移动通信系统相对有线通信系统而言更容易受到攻击。模拟通信体制中,由于不具有鉴别手机和用户身份的有效手段,无法满足用户的安全需求。数字通信体制中,可以通过鉴权与加密技术来提高通信的安全性和保密性。数字化加密技术可以为特殊业务提供有效的保密措施,也可以为特殊用户按需求提供个人隐私权的有效保障。近年来,数据业务迅速发展,数据业务比语音业务更容易受到安全威胁。为了降低移动通信中的安全威胁,给用户提供更良好的个人通信环境,需要移动通信系统提供更为先进和完善的安全机制。同时,数据业务的快速普及对网络安全技术的发展起到了很好的促进作用。

5.6.1　移动通信面临的攻击

移动通信所面临的攻击多种多样,其分类方法也是各有不同,按照攻击的位置分类可以分为对无线链路的攻击、对服务网络的攻击和对移动终端的攻击;按照攻击的类型分类可以分为拦截侦听、伪装、资源篡改、流量分析、拒绝服务、非授权访问服务、DoS 和中断;根据攻击方法可以分为消息损害、数据损害和服务逻辑的损害。

1. 按攻击位置分类

首先,移动通信网络是一个无线网络,故不可避免地要遭受所有无线网络可能受到的攻击。无线链路所遭受的攻击一方面是本身在有线系统就存在的安全攻击,另一方面是因为无线通信以空气作为传输介质,是一个开放的媒介,能够轻易被接入。

移动通信网络的构建,是在物理基础设施之上构造的重叠网络,涉及服务提供商的利益,对服务网络的攻击就是通过多种形式获取重叠网的信息,以合法的身份加入重叠网,然后大规模免费使用重叠网络资源。

对移动终端的攻击,包括盗取移动终端中的系统密钥以及银行账号和密码等。

2. 按攻击类型分类

(1) 拦截侦听:入侵者被动地拦截信息,但是不对信息进行修改、删除等操作,所造成的结果不会影响信息的接收与发送,仅仅造成信息泄露。

(2) 伪装:入侵者伪装成网络单元,获取用户数据、信令数据及控制数据,欺骗网络获取服务。

(3) 资源篡改:入侵者修改、插入、删除用户数据或信令数据,破坏数据的完整性。

(4) 流量分析:入侵者主动或者被动地监测流量,并分析其内容,获取其中的重要信息。

（5）拒绝服务：入侵者在物理上或者协议上，干扰用户数据、信令数据以及控制数据在无线链路上的正确传输，实现拒绝服务的目的。

（6）非授权访问服务：入侵者对非授权服务的访问。

（7）DoS：入侵者利用网络存储和计算能力有限的条件，使网络超过其工作负荷导致系统瘫痪。

（8）中断：入侵者通过破坏网络资源达到中断信息传输或中断服务的目的。

3. 按攻击方法分类

消息损害是通过对信令的损害达到攻击目的；数据损害是通过损害存储在系统中的数据达到攻击的目的；服务逻辑损害是通过损害运行在网络上的服务逻辑，即改变服务方式进行攻击。

5.6.2 保密通信系统简介

信息传输的目的是将收方不知道的信息及时、准确、可靠、完整、安全而经济地传送给指定的接收方。为保证传送给指定收方的信息安全、隐私、完整。必须对信源编码的码流进行加密，在接收方进行认证，以防止信息被干扰或被攻击。

在保密通信系统中，发方需要将信息加密再发给收方。原来的信息叫作明文，加密后称为密文。收方收到密文后，要对密文解密，恢复成明文。加密和解密方法只有收发双方知道。在非法用户截取到密文之后，要致力于攻击密文，希望能破译出一些明文来，更高的目标是希望能破译出解密和加密方式。如果破译出加密方式，就可以制造假信息，加密后传给收方，达到欺骗的目的。如果破译出解密方式，就可以源源不断地破译合法用户的密文。

1. 加密和解密技术简介

将明文加密需要做两件事情。

（1）设计加密方式，这叫密码体制。

（2）密码体制的使用和密钥更换。

一种密码体制通常要使用一段时间，但在使用中可以改变其中某些控制参数，这些参数叫作密钥。密钥由收发双方事先约定，并且需要经常更换。一个系统的保密性和安全性，完全依赖于加密算法、解密算法和密钥。

加密算法又称为加密编码，是加密者对明文进行加密所采用的一组法则；解密算法是利用密钥将密文进行解密所采用的一组法则；加密算法通常在一组密钥的控制下进行，这组密钥称加密密钥；解密算法也在一组密钥的控制下进行，这组密钥称为解密密钥。

在单钥密码体制中，加密和解密使用相同密钥，或从一个很易得出另一个。单钥密码体制也称私钥密码体制；双钥密码体制中，加密和解密使用不同密钥，而且从一个难以得出另一个，它使加密能力和解密能力分开。一般而言，双钥体制（但不是所有双钥体制）又称公开密钥密码体制，它是现代密码学的核心，在认证系统中得到广泛应用。

单钥密码体制分为两类：一是每次只对明文中的一个单比特运算，称为序列算法，相似的密码为序列密码或流密码。典型算法有 RC 算法和给予 m 序列的非线性前馈加密算法。二是对明文的一组比特同时运算，这些比特组为一个分组，相应算法为分组算法，密码为分组密码。典型算法有 DES、Kasumi、AES 算法等。

在单钥体制中，收发端使用同一密钥，安全性完全决定于密钥，因此严格保密。在现代通信十分发达条件下,密钥的管理、分配和传输异常复杂。

在公钥体制中,加密密钥是公开的,而解密密钥是保密的,而且很难由加密密钥和密码算法推导出。因此,密钥的产生、管理、分配和传输十分方便,公钥体制更适合通信系统。RSA 密码体制是一种典型的公钥体制。

RSA 密码体制的实现步骤:首先选取两个很大的素数 p 和 q,令模数 $n = p \times q$;然后求 n 的欧拉函数 $\Phi(n) = (p-1) \times (q-1)$;并从 2 至 $[\Phi(n)-1]$ 中任选一个数作为加密指数 e;解同余方程 $(e \times d) \bmod \Phi(n) = 1$,求得解密指数 d;当数值较大时,仅由 n 和 e 通过计算获得 d 是不可行的;则 (e, n) 即为公开密钥,(d, n) 即为秘密密钥。加密方程为 $y = x^e \bmod n$;解密方程为 $y^d \bmod n$。

【例 5-5】 设明文字符集 A 为 26 个英文字母,一个固定的代换字母表为 A′,它就是密钥。

A:A B C D E F G H I J K L M N O P Q R S T U V W X Y Z
A′:X G U A C D T B P H S R L M V Q Y W I Z E J O K N F

若明文为 $M = \text{THISISABOOK}$,给出密文 C。

解:密文为 $C = E(M) = \text{ZBPIPIXGVVS}$。

【例 5-6】 在 RSA 体制中,令 $p = 3$,$q = 17$,取 $e = 5$,试计算解密密钥 d 并加密 $M = 2$。

解:$n = p \times q = 51$

$\Phi(n) = (p-1) \times (q-1) = 32$

$(5 \times d) \bmod 32 = 1$,可解得 $d = 13$

加密 $y = x^e \bmod n = 32 \bmod 51 = 32$

解密 $y^d \bmod n = 32^{13} \bmod 51 = 2 = x$

若需发送的报文内容是用英文或其他文字表示的,则可先将文字转换成等效的数字,再进行加密运算。

2. 认证技术简介

加密的目的是防止非法用户破译系统中的机密信息,保证信息的机密性。信息安全的另一个重要方面是保持信息的完整性,即防止非法用户对系统进行主动攻击,如伪造、篡改、删除等。认证是防止主动攻击的重要技术,对于移动通信开放环境中各种信息的安全有重要作用。在移动通信中认证技术又称为鉴权技术。

认证的主要目的有两个:一是验证消息收发双方身份的真伪;二是验证消息的完整性,即验证消息在传送或存储过程中是否被篡改等。移动通信中的认证主要包括身份认证和数据完整性保护。

保密和认证是信息安全的两个重要方面,它们是两个不同属性的问题,一般而言,认证不能自动地提供保密,保密不能自然地提供认证功能。

通信网中,信源若将消息传送给信宿,信宿首先要确定收到的消息是否真正来自信源,其次还要验证来自信源的消息是否被别人修改过,有时信源也需要知道发出的消息是否被正确地送到目的地,这些都需要消息认证技术来解决。一个消息认证系统由一个明文空间 M、密钥空间 K、密文空间 C、一个认证函数 $f(m, k)$ 与认证码集合 $A(m, k)$ 共同组成,即 $S = \{M, K, C, f(m, k), A(m, k)\}$。移动通信系统中对合法用户的鉴权都属于身份认证。GSM 系统中用户识别码 IMSI 存储在 SIM 卡与 AUC 中。

在 3G 以后的通信系统中,数据完整性得到了更多重视。在发送端,使用加密算法得到要发送消息的摘要,与原数据一起发送;到达接收端后,重新计算消息摘要,并与收到的摘要比较,由此判断原数据的内容是否属实。这种方案源于单向散列函数(Hash)的思想,也称作消息摘要函数。

MD5 算法是目前广泛采用的消息摘要算法。该算法中输入消息长度任意,输出摘要长度固定为 128 比特。它用一种重复复杂的方式打乱各比特,使每个输出位都受每个输入位的影响,从而保证了以下 3 点要求。

(1) 给定消息时,容易计算其摘要。

(2) 如果只给定摘要,几乎无法找出消息。

(3) 无法生成两条具有同样消息摘要的消息,即不可伪造摘要。

5.6.3　GSM 系统的鉴权与加密

GSM 系统在安全性方面采取了许多保护手段:接入网方面采用了对客户鉴权;无线路径上采用对通信信息加密;对移动设备采用设备识别;对客户识别码用临时识别码保护;SIM 卡用 PIN 码保护。

GSM 中每个用户由国际移动用户身份号(IMSI)识别,同时用户还有一个自己的认证密码。GSM 的认证和加密设计是高度机密信息,不在射频信道传输。

GSM 安全机制的实施包含 3 部分:用户识别单元(SIM)、GSM 手机或者 MS、GSM 网络。SIM 中包含 IMSI、用户私有认证密钥(Ki)、密钥产生算法(A8)、认证算法(A3)、加密算法(A5)以及私人识别号(PIN);GSM 手机中包含加密算法(A5);A3、A5、A8 加密算法也用于 GSM 网络。

以下讨论 GSM 系统加密和鉴权过程的实现。

1. 鉴权中心提供鉴权三元组

客户的鉴权与加密是通过系统提供的客户三元组来完成的。三元组在 GSM 系统的鉴权中心(AUC)产生。

(1) 客户在注册登记时,被分配一个客户号码(客户电话号码)和客户识别码(IMSI)。IMSI 通过 SIM 写卡机写入客户 SIM 卡中;同时,在写卡机中产生一个与此 IMSI 对应的唯一客户鉴权码密钥 Ki,它被存储在客户 SIM 卡和 AUC 中。

(2) AUC 产生三元组:AUC 中的伪随机码发生器,产生一个不可预测的伪随机数(RAND);RAND 和 Ki 经 AUC 中的 A8 算法产生一个 Kc(密钥);经 A3 算法产生一个符号响应(SRES)。RAND、Kc 和 SRES 一起组成该客户的一个三元组,传送给 HLR,存储在该客户的客户资料库中。

(3) 一般情况下,AUC 一次产生 5 个三元组,传送给 HLR 自动存储。HLR 可存储 1~10 个该用户的三元组,当 MSC/VLR 向 HLR 请求传送三元组时,HLR 一次性地向 MS/VLR 传送 5 个三元组。MSC/VLR 一组一组地用,用到剩 2 组时,再向 HLR 请求传送三元组。

2. 鉴权

鉴权的作用是保护网络,防止非法盗用;通过拒绝假冒合法客户的"入侵"而保护客户。鉴权的程序如下。

（1）当移动客户开机请求接入网络时，MSC/VLR 通过控制信道将三元组的 RAND 传送给客户，SIM 卡收到 RAND 后，用此 RAND 与 SIM 卡存储的客户密钥 Ki，经同样的 A3 算法得出一个符号响应 SRES，并将其传送回 MSC/VLR。

（2）MSC/VLR 将收到的 SRES 与三元组中的 SRES 进行比较。同一 RAND，同样的 Ki 和 A3 算法，应产生相同的 SRES。MSC/VLR 比较结果相同就认定为合法客户，允许该用户接入，否则为非法客户。

每次登记、呼叫建立尝试、位置更新等业务之前都需要鉴权。

3. 加密

GSM 系统中的加密指无线通信路径上的加密，是为了保证 BTS 和 MS 之间交换客户信息和参数时不会被非法用户所盗取或监听，加密程序如下。

（1）在鉴权过程中，当移动台客户侧计算出 SRES 时，也用 A8 算法计算出密钥 Kc。

（2）根据 MSC/VLR 发送出的加密命令，BTS 侧和 MS 侧均开始使用密钥 Kc。在 MS 侧，由 Kc、TDMA 帧号和加密命令 M 一起经 A5 算法，对客户信息数据流进行加密后，在无线路径上传送。在 BTS 侧，把从无线信道上收到的加密信息数据流、TDMA 帧号和 Kc，经过 A5 算法解密后，传送给 BSC 和 MSC。

所有的语音和数据均需加密，所有客户参数也均需加密。

4. 设备识别

每个移动台设备均有设备识别码，移动台设备要进入运营网，必须经过认可。设备识别的作用是确保系统中使用的移动台设备不是盗用的或非法的。设备的识别在设备识别寄存器 EIR 中完成。EIR 中存有三种名单：白名单、黑名单和灰名单。其中，白名单中包括已分配给可参与运营的 GSM 各国的所有设备识别序列号码；黑名单中包括所有应被禁用的设备识别码；灰名单中包括有故障的及未经型号认证的移动台设备，由网络运营者决定。

设备识别时，MSC/VLR 向 MS 请求设备识别码，并将其发送给 EIR，EIR 将收到的设备识别码与存有的白、黑、灰名单的三种表进行比较，把结果发送给 MSC/VLR，用于决定是否允许该移动台设备进入网络。何时需要设备识别取决于网络运营者。我国大部分省市的 GSM 网络均未配置 EIR，所以此保护措施也未被采用。

5. 临时识别码（TMSI）

临时识别码的设置是为了防止非法个人或团体通过监听无线路径上的信令交换而窃得移动客户真实的客户识别码（IMSI）或跟踪移动客户的位置。

客户临时识别码由 MSC/VLR 分配，并不断进行更换，更换周期由网络运营者设置。更换的频次越快，起到的保密性越好，但对客户的 SIM 卡寿命有影响。

客户识别码保密过程如下：每当 MS 用 IMSI 向系统请求位置更新、呼叫尝试或业务激活时，MSC/VLR 对它进行鉴权。允许接入网络后，MSC/VLR 产生一个新的 TMSI 传送给移动台，写入客户 SIM 卡。此后，MSC/VLR 和 MS 之间的命令交换就使用 TMSI，客户真实的 IMSI 便不再在无线路径上传送。

6. PIN 码

在 GSM 系统中，客户签约等信息均被记录在一个客户识别模块（SIM）中，此模块称作客户卡。

客户卡插到某个 GSM 终端设备中，便视作自己的电话机，通话的计费账单便记录在此客户卡户名下。为防止账单上产生错误计费,保证入局呼叫被正确传送,在 SIM 卡上设置了 PIN 码操作。PIN 码由 4～8 位数字组成,其位数由客户自己决定。如果客户输入了一个错误的 PIN 码,它会给客户一个提示,重新输入,若连续 3 次输入错误,SIM 卡就被闭锁,即使将 SIM 卡拔出或关掉手机电源也无法解锁。闭锁后,还有"个人解锁码",由 8 位数字组成,若连续 10 次输入错误,SIM 卡将再一次闭锁,这时只有到 SIM 卡管理中心,由 SIM 卡业务激活器予以解决。

GSM 中仍然存在一些安全问题,例如,GSM 实现的单方面认证,只有网络对用户的认证,没有用户对网络的认证;A3/A8 算法破解;A5 算法有漏洞;其数据传输加密的范围只限在无线,在网内和网间传输链路信息未加密;无法避免 DoS 攻击;不能保证消息的完整性;重放攻击的漏洞等。

5.6.4　3G 系统的信息安全

3G 系统的安全体系目标为:确保用户信息不被窃听或盗用;确保网络提供的资源信息不被滥用或盗用;确保安全特征标准化,且至少一种加密算法全球标准化;安全特征标准化,以确保全球范围内不同服务网之间的相互操作和漫游;安全等级高于之前的移动网或固定网;安全特征具有可扩展性。

3G 安全体系要求能兼容 GSM 的主要安全措施,并添加功能来弥补已发现的安全漏洞。以下说明 3G 系统安全性时,以通用移动通信系统(Universal Mobile Telecommunication System,UMTS)为代表。与 GSM 鉴权相比,UMTS 鉴权不但有网络鉴权用户的功能,还增加了用户鉴权网络的功能和完整性保护功能。另外,UMTS 鉴权增加了密钥的长度,并使用更加安全的加密算法和完整性算法。

在 3G 系统中,SGSN/VLR 接收到来自 MS 的 RES 后,将 RES 与认证向量 AV 中的 XRES 进行比较,相同则认证成功,否则认证失败。图 5-24 为 UMTS 鉴权流程图,UMTS 系统中的鉴权包括下面几个步骤。

(1) 生成鉴权五元组。MS 向 SGSN/VLR 发出接入请求。从 VLR/SGSN 收到鉴权数据请求后,HLR/AUC 生成鉴权向量,每个向量由下列 5 个元素组成:随机数字 RAND、期望响应 XRES、密钥 CK、完整性密钥 IK 和鉴权令牌 AUTN。

(2) 将鉴权五元组发送到请求的 VLR/SGSN。

(3) 从得到的多个五元组中选择一个,发送 RAND(i)和 AUTN(i)到用户。

(4) USIM 卡检查 AUTN(i)可否接受、是否由有效的鉴权令牌组成。

(5) MS 接收到认证请求后,首先计算消息认证码 XMAC,并与认证令牌 AUTN 中的消息认证码 MAC 比较,如果不同,则向 SGSN/VLR 发出拒证消息,并放弃认证过程。同时 MS 验证接收到的序列号 SQN 是否在有效的范围内,若不在有效的范围内,MS 则向 SGSN/VLR 发送同步失败消息,放弃认证过程。

(6) 当以上验证通过以后,才产生响应 RES,然后送回 VLR/SGSN,由 VLR/SGSN 比较 RES(i)和 XRES(i)。USIM 卡同时计算 CK 和 IK,用于空中接口加密和完整性保护。

UMTS 认证和密钥协商协议(AKA)用来保证最大兼容,并且最易于从 GSM 向 UMTS 演进。GSM 与 3G 系统的认证过程由 MS、SGSN/VLR 和 HLR/AUC 三方共同完成,认证方为 AUC 和用户的 SIM 卡。GSM 和 3G 系统的认证与密钥协商过程分别是基于 MS 和

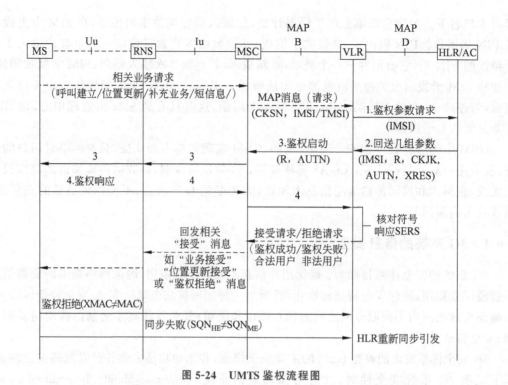

图 5-24　UMTS 鉴权流程图

HLR/AUC 之间的共享密钥,认证过程均由 SGSN/VLR 发起,相对于 GSM 协议,增强了以下几方面：HLR 对用户的鉴权；用户和 VLR/SGSN 之间的 IK 协定；用户和 VLR/SGSN 之间保证最新的 CK 和 IK。

使用 UMTS 系统进行用户鉴权时,主要进行以下两方面的处理：在 HLR/AUC 上计算鉴权五元组和在 USIM 卡上进行鉴权处理。

UMTS 的接入安全机要远好于 GSM,提供了网络和用户之间的双向认证,消除了伪基站的安全威胁。系统采用的算法集合性能也优于 GSM 系统采用的 A3/A8 算法。系统中采用的加密算法性能优于 GSM 系统中的 A5 算法,3GPP 定义的核心算法是 Kasumi 算法,它同时适用于加密和完整性保护的 f8 和 f9 算法。Kasumi 算法自提出以来,一直被认定为非常安全的算法。另外,数据完整性保护是 UMTS 新引入的安全技术,独立于加密保护,应用于不允许加密或无法加密的场合,可用于防止非法用户的窃听或攻击。

5.6.5　4G 系统的信息安全

LTE 系统作为普及应用的第四代的移动通信网络系统,相对于 2G/3G 移动通信网络系统而言,在安全性方面有一定的提高。由于 LTE 系统向下兼容,支持 3G 和 2G 系统的接入网直接连接到其核心网上,各种类型的接入网安全性能不尽相同,为了避免不法分子从安全性比较低的接入网入手攻击核心网络,LTE 系统安全架构把核心网和接入网分离,各自有单独的密钥,针对各自的安全需求采取不同的安全措施进行防护。

3GPP 组织定义了 LTE 系统的安全架构,如图 5-25 所示。

LTE 系统的安全架构包括 5 部分。

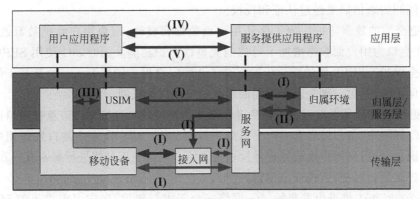

图 5-25　LTE 系统安全架构

（1）接入域安全（I）：保证用户设备可靠认证到 LTE 系统中，特别专注于防范来自空口的信息监听或者篡改。

（2）网络系统安全（II）：保护整个网络内的设备可以安全传递各种信令消息或者敏感数据、用户身份信息等，特别针对有线网络的攻击进行防范。

（3）用户身份安全（III）：保护用户设备为可信任的使用者。

（4）应用服务安全（IV）：保护使用者可以安全可靠地使用网络内的应用服务。

（5）安全防护的透明化及可定制（V）：使用者能够知道相关安全防护机制的启用情况，并且可以自定义相应的安全防护措施。

LTE 安全机制包括以下 3 点。

（1）使用临时身份标识：为了保障无线接入网络中用户身份信息的安全，避免移动用户身份信息在通信过程中被窃取，系统采用了临时身份标识的机制。在用户每次接入网络后，系统为用户分配一个临时身份码来作为用户身份标识的凭证。通过减少临时身份标识的有效时间来减少系统遭受威胁的时间。

（2）鉴权认证与密钥协商协议：鉴权认证与密钥协商（AKA）是 LTE 系统安全机制中的重要组成部分。AKA 通过挑战应答，保证了接入阶段用户和核心网之间的相互鉴权，从而保证合法用户接入到合法网络。与此同时，AKA 还推演用户通信过程中使用的加密密钥和完整性保护密钥，进一步保证系统安全性。

（3）安全性激活过程：安全性激活过程负责协商每次通信所采用的加密算法。由于存在多种加密和完整性保护算法，这些算法开始运转前，需要通信双方进行协商。安全性激活过程除了协商加密算法，还负责配置一些系统参数，激活加密和完整性保护机制。由于系统非接入层和接入层的安全机制互不相关，其安全性激活过程也是如此。系统首先执行非接入层安全性激活过程，然后进行接入层的安全激活过程。

5.6.6　5G 系统的信息安全

5G 标准提出了更安全的网络设计，在网络自身安全性方面进行了增强，包括以下 3 点。

（1）采用更完善的认证措施。为了避免拜访地运营商产生虚假认证向量欺骗归属地运营商，5G 网络采用 5G-AKA 认证体系，该体系中拜访地无法获知完整认证向量，因此无法欺骗归属地，从而增强了归属地对用户认证的控制能力。另外，5G 网络引入服务化架构，网络功能实体间的通信需要经过认证和授权。

（2）更全面的数据防护。为了保证用户面数据完整性，避免用户数据被篡改或攻击，5G 网络在空口为用户面数据增加了可选的完整性保护功能。同时，5G 使用 SEPP 设备进行网间安全保护。SEPP 间的安全传输定义了 2 种安全保护的机制：一种是基于传输层协议的安全保护机制；另一种是基于应用层协议的安全保护机制。

（3）更严密的隐私保护。为了避免基于明文传输的用户身份标记信息被空口监听等方式获取，5G 网络中，由归属运营商产生至少一对公私钥。用户向空中接口发送用户身份信息时用公钥加密，得到用户隐藏标识并发送给网络。网络利用私钥进行解密获得真实信息，并将结果告知拜访网络，实现安全传输。

IMT-2020(5G) 推进组发布的《5G 网络安全需求与架构》白皮书中提出的 5G 网络安全架构如图 5-26 所示。

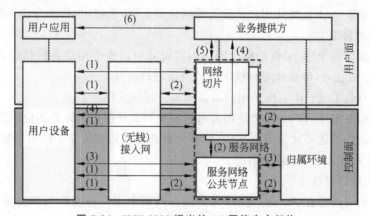

图 5-26　IMT-2020 提出的 5G 网络安全架构

IMT-2020 将 5G 网络安全架构分为以下 8 个安全域。

（1）网络接入安全：保障用户接入网络的数据安全，包括控制面用户设备与网络之间信令的机密性和完整性保护，以及用户设备和网络之间用户数据的机密性、完整性保护。

（2）网络域安全：保障网元之间信令和用户数据的安全交换。

（3）首次认证和密钥管理：包括认证和密钥管理的各种机制，体现统一的认证框架。

（4）二次认证和密钥管理：用户设备与外部数据网络之间的业务认证以及相关密钥管理。体现 5G 网络在部分业务接入时对于业务的授权。

（5）安全能力开放：包括开放的身份管理与认证能力，体现 5G 网元与外部业务提供方的安全能力开放。

（6）应用安全：保证业务提供方和用户之间的安全通信。

（7）切片安全：包括用户设备接入切片的授权安全、切片隔离安全等，体现切片的安全保护。

（8）安全可视化和可配置：用户可以了解安全特性的执行情况及安全特性可否保障业务的安全使用。

5.7 本 章 小 结

本章介绍了移动通信的组网技术。

首先,介绍了移动通信组网时必须解决的技术问题;讨论了移动通信网的组成和 GSM、3G、4G、5G 的基本网络结构。

其次,介绍了蜂窝技术。蜂窝是解决频率资源不足和用户容量不断增加问题的一项重大技术,无须做技术上的重大修改,就能在有限的频谱上为更多的用户服务。蜂窝无线系统依赖于整个覆盖区域内信道的智能分配和复用。在一个给定的覆盖区域内,存在着许多使用同一组频率的小区,这些同频小区之间存在同频干扰,为了减小同频干扰,同频小区必须在物理上隔开一个最小的距离,为同频电波传播提供充分的隔离。

蜂窝系统是以信道来区分对象的,许多同时通话的用户互相以信道来区分,这就是多址。移动通信是一个多信道同时工作的系统,需要应用多址技术来建立用户之间的无线信道的连接。多址方式是移动通信网体制范畴,关系到系统容量、小区构成、频谱和信道利用效率以及系统复杂性。本章较详细地介绍了三种常用多址方式的实现方式、特点、应用及系统容量,并简单介绍了几种新型多址技术。

切换技术是移动通信网络提供移动服务所必需的技术,它使移动终端可以在任何时候、任何地方都能得到在线连接和服务,是实现无缝漫游的重要机制。越区切换是移动通信网络动态支持终端漫游的基本能力。本章简单介绍了越区切换的准则、控制策略和信道分配等。

由于无线信道开放和不稳定的物理特性,以及移动安全协议本身存在的诸多漏洞,使得移动通信系统更容易受到攻击。必须通过鉴权与加密技术来提高通信的安全性和保密性。本章介绍了移动通信面临的攻击、保密通信基本知识,以及 GSM、3G、4G、5G 系统的安全架构。

5.8 为进一步深入学习推荐的参考书目

为了进一步深入学习本章有关内容,向读者推荐以下参考书目。

[1] 章坚武,姚英彪,骆懿. 移动通信实验与实训[M]. 2 版. 西安:西安电子科技大学出版社,2017.

[2] 章坚武. 移动通信[M]. 6 版. 西安:西安电子科技大学出版社,2020.

[3] 王华奎,李艳萍,张立毅,等. 移动通信原理与技术[M]. 北京:清华大学出版社,2009.

[4] 魏崇毓. 无线通信基础及应用[M]. 2 版. 西安:西安电子科技大学出版社,2015.

[5] 杨家玮,张文柱,李钊. 移动通信基础[M]. 2 版. 北京:电子工业出版社,2010.

[6] 曹雪虹,张宗橙. 信息论与编码[M]. 3 版. 北京:清华大学出版社,2016.

[7] 吴伟陵. 移动通信原理[M]. 2 版. 北京:电子工业出版社,2009.

[8] 韦惠民,李白萍. 蜂窝移动通信技术[M]. 西安:西安电子科技大学出版社,2002.

[9] 啜钢,王文博,常永宇,等. 移动通信原理与系统[M]. 4 版. 北京:北京邮电大学出版社,2019.

[10] 曹达仲,侯春萍,曲磊,等. 移动通信原理、系统及技术[M]. 2 版. 北京:清华大学出版社,2011.

[11] 李立华. 移动通信中的先进数字信号处理技术[M]. 北京:北京邮电大学出版社,2005.

[12] Rappaport T S. 无线通信原理与应用[M]. 周文安,付秀花,王志辉,译. 2 版. 北京:电子工业出版

社,2006.

[13] Stuber G L. 移动通信原理[M]. 裴昌幸,王宏刚,吴广恩,译. 3 版. 北京:机械工业出版社,2014.

[14] 杨丰瑞,文凯,吴翠先. LTE/LTE-Advanced 系统架构和关键技术[M]. 北京:人民邮电出版社, 2015.

[15] 钱巍巍. TD-LTE 关键技术及系统结构研究[D]. 南京:南京邮电大学,2011.

[16] Zhang M. Security analysis and enhancements of 3GPP authentication and key agreement protocol. IEEE Transactions on Wireless Communications,2005,4(2):734-742.

[17] Third Generation Partnership Project (3GPP). 3GPP TS 33.821. Rationale and track of security decisions in Long Term Evolution(LTE) RAN/3GPP System Architecture Evolution(SAE)(Release 8). http://www.3gpp.org/ftp/ Specs/ archive/.

[18] Third Generation Partnership Project (3GPP). 3GPP. TS. 33. 401. V. 12. 9. 0-2013. 3GPP System Architecture Evolution(SAE): Security Architecture(Release 12). http://www.3gpp.org/.

[19] Third Generation Partnership Project(3GPP). Security architecture and procedures for 5G system: 3GPP R15TS 33.501. http://www.3gpp.org/.

[20] IMT-2020(5G)推进组. 5G 网络安全需求和架构. http://www.imt-2020.cn/.

5.9 习　　题

(1) 移动通信组网技术包括哪些主要问题?

(2) GSM 系统的网络结构由哪几部分组成? 主要功能是什么?

(3) 移动通信网按区域覆盖方式可以分为哪两类? 各有什么特点?

(4) 为什么说最佳的小区形状是六边形?

(5) 什么是同频干扰? 如何减少同频干扰?

(6) 什么是多址技术? 常见的多址技术有哪几类? 新型多址技术有哪些?

(7) TDMA 系统的特点是什么?

(8) CDMA 系统的优点是什么? 存在什么问题?

(9) 在总频带宽度给定条件下,FDMA、TDMA 和 CDMA 体制的系统容量如何?

(10) 什么是越区切换? 切换准则有哪几种?

(11) 移动通信面临的攻击有哪些?

(12) 什么是单密钥密码体制? 什么是双密钥密码体制? DES 和 RSA 算法分别属于哪种密码体制?

(13) 3G、4G、5G 系统在信息安全方面分别有哪些特点和增强措施?

第6章 移动通信系统与标准

教学提示：移动通信系统与标准是不断发展和完善的。本章介绍移动通信系统的发展进程，重点讲述移动通信系统的网络结构、技术演进及相关标准，简述移动通信系统的发展趋势，对宽带无线接入技术和移动自组织网络做了详细的讲述，为学生更好地理解和掌握移动通信技术及应用提供帮助。

教学要求：通过本章学习，要求了解移动通信系统的发展；重点掌握移动通信系统的网络结构、关键技术及相关标准，掌握宽带无线接入的网络结构和移动自组织网络的体系结构；了解移动通信系统的未来和可能的技术。

6.1 第一代移动通信

随着 5G 移动通信系统的规模商用，第一代移动通信技术已经慢慢在人们脑海里淡忘。但是我们应该知道，没有第一代移动通信技术做基础，5G 不可能发展至今天。因此，我们有必要了解第一代移动通信技术的相关知识。

第一代是模拟蜂窝移动通信网，时间是 20 世纪 70 年代中期至 80 年代中期。1978 年，美国贝尔实验室研制成功先进移动电话系统(AMPS)，建成了蜂窝状移动通信系统。而其他工业化国家也相继开发出蜂窝式移动通信网。这一阶段相对于以前的移动通信系统，最重要的突破是贝尔实验室提出的蜂窝网的概念。蜂窝网，即小区制，由于实现了频率复用，大大提高了系统容量。

第一代移动通信系统的典型代表是美国的 AMPS 系统和后来的改进型系统 TACS(总接入通信系统)，以及 NMT 和 NTT 等。AMPS 使用模拟蜂窝传输的 800MHz 频带，在北美、南美和部分环太平洋国家广泛使用；TACS 使用 900MHz 频带，分 ETACS(欧洲)和 NTACS(日本)两种版本，英国、日本和部分亚洲国家广泛使用 NTACS 标准，我国主要采用的是 TACS。

第一代移动通信主要采用的是模拟技术和频分多址(FDMA)技术。由于受到传输带宽的限制，不能进行移动通信的长途漫游，只能是区域性的移动通信系统。

第一代移动通信有很多不足之处，如频谱利用率低、容量有限、制式太多、互不兼容、保密性差、通话质量不高、体积大、质量大，以及不能提供数据业务和自动漫游等。

2001 年 12 月 31 日，我国关闭了模拟移动网络。

6.2 第二代移动通信——GSM 和 IS-95

为了解决第一代模拟移动通信系统中存在的根本性技术缺陷，数字移动通信技术应运而生，这就是以 GSM 和 IS-95 为代表的第二代移动通信系统，时间是从 20 世纪 80 年代中期开始。第二代移动通信系统以数字语音传输技术为核心，开发目的是让全球各地可以共同使用一个移动电话网络标准,让用户使用一部手机就能行遍全球。

欧洲首先推出了泛欧数字移动通信网(GSM)的体系。随后,美国和日本也制定了各自的数字移动通信体制。数字移动通信相对于模拟移动通信,提高了频谱利用率,支持多种业务服务,并与 ISDN 等兼容。第二代移动通信系统以传输话音和低速数据业务为目的,因此又称为窄带数字通信系统。通用分组无线业务(General Packet Radio Service,GPRS)是 GSM 向第三代移动通信系统演进的重要一步,又称为 2.5G。

IS-95 系统是由美国 Qualcomm 公司开发的码分多址(CDMA)无线通信系统,于 1993 年成为美国通信工业协会(TIA)接受的一个 CDMA 标准,它定义了空中接口各功能实体间的接口规范。IS-95 系统由于采用了码分多址 CDMA 接入方式,大大增强了抗干扰能力,具有保密性好、功率谱密度低、容量大等优点。

6.2.1 GSM

全球移动通信系统(Global System for Mobile Communications,GSM)是由欧洲电信标准组织(European Telecommunications Standards Institute,ETSI)制定的一个数字移动通信标准,它是作为全球数字蜂窝通信的 DMA 标准而设计的,支持 64kbps 的数据速率,可与 ISDN 互连。GSM 使用 900MHz 频带的称为 GSM900,使用 1800MHz 频带的称为 DCS1800。GSM 采用频分双工(FDD)和时分多址(TDMA)方式,每载频支持 8 个信道,信号带宽 200kHz。GSM 标准体制较为完善,技术相对成熟,不足之处是相对于模拟系统容量增加不多,仅为模拟系统的 2 倍左右,并且无法和模拟系统兼容。

GSM 的网络结构和主要网络接口参见 5.2.2 小节。GSM 主要技术特点如下。

(1) 频谱效率高。由于采用了高效调制器、信道编码、交织、均衡和语音编码技术,使系统具有高频谱效率。

(2) 容量较高。由于每个信道传输带宽增加,使同频复用载干比要求降低至 9dB,故 GSM 系统的同频复用模式可以缩小到 4/12 或 3/9 甚至更小(模拟系统为 7/21);加上半速率话音编码的引入和自动话务分配以减少越区切换的次数,使 GSM 系统的容量效率(每兆赫每小区的信道数)比 TACS 系统高 3～5 倍。

(3) 语音质量高。鉴于数字传输技术的特点以及 GSM 规范中有关空中接口和语音编码的定义,在门限值以上时,语音质量总是达到相同的水平而与无线传输质量无关。

(4) 开放的接口。GSM 标准所提供的开放性接口,不仅限于空中接口,而且包括网络之间以及网络中各设备实体之间,例如 A 接口和 Abis 接口。

(5) 安全性。通过鉴权、加密和 TMSI 号码的使用,达到安全的目的。鉴权用来验证用户的入网权利。加密用于空中接口,由 SIM 卡和网络 AUC 的密钥决定。TMSI 可防止有人跟踪而泄露其地理位置。

(6) 与 ISDN、PSTN 等的互连。GSM 与其他网络的互连通常利用现有的接口,如 ISUP 或 TUP 等。

(7) 在 SIM 卡基础上实现漫游。漫游是移动通信的重要特征,它标志着用户可以从一个网络自动进入另一个网络。GSM 系统可以提供全球漫游,当然也需要网络运营者之间的某些协议,例如计费。

我国应用的第二代蜂窝系统为欧洲的 GSM 系统以及北美的窄带 CDMA 系统。

6.2.2 IS-95

IS-95 也叫 TIA-EIA-95,它是一个使用 CDMA 的 2G 移动通信标准,IS-95 是美国通信工业协会(Telecommunications Industry Association,TIA)为主要基于 CDMA 技术 2G 移动通信的空中接口标准分配的编号,IS 全称为 Interim Standard,即暂时标准。它也常作为整系列名称使用。IS-95 及其相关标准是最早商用的基于 CDMA 技术的移动通信标准,它和它的后继 CDMA 2000 也经常简称为 CDMA。

1. IS-95 数字蜂窝移动通信系统的组成

IS-95 数字蜂窝移动通信系统的组成与 GSM 数字蜂窝移动通信系统相类似,主要由网络交换子系统(NSS)、基站子系统(BSS)和移动台(MS)组成,如图 6-1 所示。

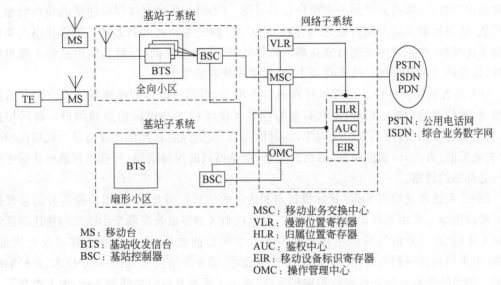

图 6-1　IS-95 数字蜂窝移动通信系统的组成

IS-95 规定的双模式移动台,必须与原有的模拟蜂窝系统(AMPS)兼容,以便使 CDMA 系统的移动台也能用于所有原蜂窝系统的覆盖区。双模移动台与原模拟蜂窝系统之间的差别是数字信号处理部分。

IS-95 数字蜂窝移动通信系统的特点如下。

(1)同一频率可以在所有小区重复使用,大大提高了频谱利用率。CDMA 蜂窝通信系统的所有用户可共享一个无线信道,用户信号的区分只是所用的码型不同。从理论上来说,频率再用系数为 1,考虑到邻近小区干扰后,实际的频率再用系数为 0.65。而 GSM 蜂窝通信系统频率再用系数最大是 1/3(即一个区群包含 3 个小区的情况),模拟蜂窝通信系统的再用系数最大是 1/7。

(2)抗干扰能力强、误码率低。由于 CDMA 系统采用扩频技术,在空间传输时所占有的带宽相对较宽,而接收端通过解扩,使有用带宽信息信号恢复成窄带信号,而把非所需信号扩展成宽带信号,然后通过窄带滤波技术提取有用的信号。

(3)抗多径干扰性能好。由于扩频后的信号是宽带的,能起到频率分解分集的作用,它比窄带信号具有更强的抗频率选择性衰落的能力。由于扩频信号在设计时往往使不同路径的传播时延差超过伪码的码片宽度,从而能把不同传播路径的多径信号区分开来,并且通过路径分集,变害为利,达到信噪比的改善。

(4) 具有保密性。由于码分多址的码采用伪随机码,这样就给信号加上了伪装,如果对方不知道所用的码,是很难破译的。即便知道码,窃听者也必须非常靠近移动台才能收到信号。CDMA 信号的扰码方式提供了高度的保密性,要窃听通话,必须要找到码址。但 CDMA 码址是个伪随机码,而且共有 44 000 亿种可能的排列,因此,要破解密码或窃听通话内容实在是太困难了。

(5) 系统容量大,且具有软容量特性。由于 CDMA 采用码分多址方式,在相同的频率资源下,CDMA 蜂窝移动网容量是 GSM 蜂窝移动网容量的 4~5 倍,是 FDMA 系统的 20 倍。CDMA 系统的软容量特性是独有的。在 TDMA 或 FDMA 系统中,当全部频道或时隙被占满以后,哪怕只增加一个用户也不可能。CDMA 系统允许同时通话的用户数超过信道数,使系统的容量与用户数之间存在一种“软”的关系。此外,CDMA 充分利用人类对话的不连续性,在系统中采用可变速率语音编码器,当速率降低时,对其他用户的干扰也将降低,这意味着对其他用户的干扰减小,从而使系统容量增大。

(6) 具有软切换特性。在其他蜂窝通信系统中,当用户越区切换而找不到空闲频道或时隙时,通信必然中断。CDMA 软容量特性使系统可以支持越区切换的用户。越区切换时,只需要改变码型,用不着切换频率,相对而言,切换的控制和操作比较简单。在切换中采用“先通后断”方式,即切换初期,移动台与新、老基站同时保持链路,只有当切换成功后才断开与老基站的链路。

IS-95 系统通过使用 Rake 接收机技术和改进的信号处理技术,利用多径信号的合并提高了通信质量。采用的软切换技术消除了用户在小区边界以及在两个小区之间快速越区切换时发生的“乒乓效应”,降低了切换噪声和发生掉话的概率,大大改善了移动业务质量。IS-95 中采用的开环和闭环相结合的功率控制技术、话音激活技术、扇区划分技术、卷积编码技术使得系统能够克服远近效应和瑞利衰落,减小了系统及用户之间的干扰,大大提高了系统容量。

与第一代模拟蜂窝移动通信相比,第二代移动通信技术系统采用了数字化技术,具有保密性强、频谱利用率高、能提供丰富的业务、标准化程度高等特点,使得移动通信得到了空前的发展,从过去的补充地位跃居通信的主导地位。

在第二代数字移动通信系统中,通信标准的无序性所产生的百花齐放局面,虽然极大地促进了移动通信前期局部性的高速发展,但也较强地制约了移动通信后期全球性的进一步开拓,即包括不同频带利用在内的多种通信标准并存局面,使得“全球通”漫游业务很难真正实现,同时现有带宽也无法满足信息内容和数据类型日益增长的需要。第二代移动通信所投入的巨额软硬件资源和已经占有的庞大市场份额决定了第三代移动通信只能与第二代移动通信在系统方面兼容地平滑过渡,同时也就使得第三代移动通信标准的制定复杂多变,难以确定。

6.3 第三代移动通信——WCDMA、CDMA 2000、TD-SCDMA 和 WiMAX

第三代移动通信技术，简称 3G（3rd Generation），最早于 1985 年由国际电信联盟（International Telecommunication Union，ITU）提出，当时称为未来公众陆地移动通信系统（FPLMTS），1996 年更名为国际移动通信-2000（International Mobile Telecom System-2000，IMT-2000），意即该系统工作在 2000MHz 频段，最高业务速率可达 2000kbps。

第三代移动通信系统是在第二代移动通信技术基础上进一步演进，以宽带 CDMA 技术为主，并能同时提供语音和数据业务的移动通信系统，亦即第三代移动通信系统是一代有能力彻底解决第一、二代移动通信系统主要弊端的最先进的移动通信系统。第三代移动通信系统一个突出特色是：要实现个人终端用户能够在全球范围内的任何时间、任何地点、与任何人、用任意方式高质量地完成任何信息之间的移动通信与传输。可见，第三代移动通信十分重视个人在通信系统中的自主因素，突出了个人在通信系统中的主要地位，所以第三代通信系统又称为未来个人通信系统。第三代通信系统与前两代的主要区别是在传输声音和数据的速度上的提升，它能够在全球范围内更好地实现无缝漫游，并处理图像、音乐、视频流等多种媒体形式，提供包括网页浏览、电话会议、电子商务等多种信息服务，同时也要考虑与第二代系统的良好兼容。

6.3.1 IMT-2000 简介

国际电信联盟（ITU）原意是要把世界上的所有无线移动通信标准在 2000 年左右统一为全球统一的技术格式。

1. IMT-2000 的无线传输技术要求

移动通信从第二代过渡到第三代的主要特征是网络必须有足够的频率，不仅能提供语音、低速率数据等业务，而且具有提供宽带数据业务的能力。

（1）高速传输以支持多媒体业务。

① 室内环境至少 2Mbps。

② 室外步行环境至少 384kbps。

③ 室外车辆运动中至少 144kbps。

（2）传输速率能够按需分配。

（3）上下行链路能适应不对称需求。

2. IMT-2000 提供的业务

根据 ITU 的建议，IMT-2000 提供的业务分为 6 种类型。

（1）语音业务：上下行链路的信息速率都是 16kbps，属电路交换，对称型业务。

（2）简单消息：对应于短信息 SMS 的业务，它的数据速率为 14kbps，属于分组交换。

（3）交换数据：属于电路交换业务，上下行数据速率都是 64kbps。

（4）非对称的多媒体业务：包括中速多媒体业务，其下行数据速率为 384kbps，上行数据速率为 64kbps。

（5）高速多媒体业务：其下行数据速率为 2000kbps，上行数据速率为 128kbps。

（6）交互式多媒体业务：该业务为电路交换，是一种对称的多媒体业务，应用于高保真音响、可视会议、双向图像传输等。

3G 的目标是支持尽可能广泛的业务，理论上，3G 可为移动的终端提供 384kbps 或更高的速率，为静止的终端提供 2.048Mbps 的速率。这种宽带容量能够提供 2G 网络不能实现的新型业务。

3. IMT-2000 系统的组成

IMT-2000 系统的组成框图如图 6-2 所示，它主要由 4 个功能子系统构成，即由核心网（CN）、无线接入网（RAN）、移动台（MT）和用户识别模块（UIM）组成。分别对应于 GSM 系统的交换子系统（NSS）、基站子系统（BSS）、移动台（MS）和 SIM 卡。

图 6-2　IMT-2000 系统的组成框图

从图 6-3 中可以看出，ITU 定义了 4 个标准接口。

（1）网络与网络接口（NNI），由于 ITU 在网络部分采用了"家族概念"，因而此接口是指不同家族成员之间的标准接口，是保证互通和漫游的关键接口。

（2）无线接入网与核心网之间的接口（RAN-CN），对应于 GSM 系统的 A 接口。

（3）无线接口（UNI）。

（4）用户识别模块和移动台之间的接口（UIM-MT）。

与第二代移动通信系统相似，第三代移动通信系统的分层方法也可用 3 层结构描述，但第三代系统需要同时支持电路型业务和分组型业务，并允许支持不同质量、不同速率业务，因而其具体协议组成较第二代系统要复杂。

6.3.2　第三代移动通信系统的标准和网络结构

在标准征集的过程中，世界各国的电信制造商都积极准备，投入了大量的人力和物力进行开发和研究，我国也积极探索提出第三代移动通信系统标准提案。经过一段时间的筛选，在技术上，由于各个标准草案都是理论上的系统，没有哪个系统占有绝对的优势，各个国家和地区竞争互不相让，各公司之间的竞争到了白热化的阶段。

1. 第三代移动通信系统的标准

1999 年 11 月，在芬兰赫尔辛基举行的国际电信联盟（ITU）大会上，欧洲制定的WCDMA、美国制定的 CDMA 2000 和中国制定的 TD-SCDMA 被采纳作为第三代移动通信（IMT-2000）的正式国际标准。

WCDMA 和 CDMA 2000 采用频分双工（FDD）方式；WCDMA 的基站间是否同步是可选的，而 CDMA 2000 的基站间同步是必需的，因此需要全球定位系统（GPS）是 WCDMA和 CDMA 2000 的最主要区别，其他的关键技术，例如功率控制、软切换、扩频码以及所采用分集技术二者等基本相同。

TD-SCDMA 采用时分双工（TDD）、TDMA/CDMA 多址方式工作，其基站间必须同步,同时采用智能天线、联合检测、上行同步及动态信道分配、接力切换等技术,具有频谱使用灵活、频谱利用率高等特点,适合非对称数据业务。

2. 第三代移动通信系统的网络结构

IMT-2000 采用标准化组织第三代合作伙伴计划（Third Generation Partnership Project,3GPP)制定的全球移动通信系统(UMTS)的网络结构。UMTS 系统的结构组成可以分别从物理特征和功能特征的角度进行建模。物理特征建立在"域"的概念上,功能特征建立在"层"的概念上。

一般情况下,UMTS 的物理结构主要由两个域组成。

(1) 基础设施域。

(2) 用户设备域。

基础设施域由核心网域(Core Network,CN) 和 UMTS 陆地无线接入网域(UMTS Terrestrial Access Network,UTRAN)两个子模块组成;核心网域包括多个物理实体,其功能是对网络特性进行检测,同时支持各种通信业务。接入网域是与用户设备直接相连的,完成接入网的资源管理,为用户提供接入核心网的机制。用户设备域由移动设备域(Mobile Equipment, ME)和用户业务识别单元域(User Services Identity Module,USIM)两个子模块组成。

UMTS 的功能结构包括 4 层。

(1) 传输层:支持从其他各层传输的用户数据和网络控制信令,位于服务核心网域(SN)和移动终端(MT)之间的接入层属于传输层的一部分,是 UMTS 所特有,包括移动终端与接入网互联协议和接入网与服务网互联协议。

(2) 服务层:包括路由和数据传输协议。

(3) 归属层:包括预约数据和归属网络特定业务的操作与存储协议。

(4) 应用层:代表提供给终端用户的应用过程,包括端到端的协议,支持归属层、服务层、传输层以及基础设施提供的业务。

6.3.3 CDMA 2000

CDMA 2000(Code Division Multiple Access 2000)是由美国高通(Qualcomm)公司提出的。它采用多载波方式,载波带宽为 1.25MHz。CDMA 2000 共分为两个阶段:第一阶段将提供 144kbps 的数据传送率,而当数据速度加快到 2Mbps 传送时,便是第二阶段,是 CDMA 发展 3G 的最终目标。CDMA 2000 起源于 CDMA(IS-95)系统技术,对该系统完全兼容,为技术的延续性带来了明显的好处,其成熟性和可靠性比较有保障,同时也使 CDMA 2000 成为从第二代向第三代移动通信过渡最平滑的选择。

1. CDMA 2000 的体系结构

CDMA 2000 的简化体系结构如图 6-3 所示。

由图 6-3 中可以看到,CDMA 2000 系统包括移动台、无线接入网、电路域核心网和分组域核心网 4 块功能实体及空中接口和 A 接口。

1) 移动台(MS)

MS 是为用户提供服务的设备,通过空中接口(Um)给用户提供接入移动网络的物理能力,来实现具体的服务。移动台由移动设备(ME)和用户识别模块(UIM)两部分组成。移动设备用于完成语音或数据信号在空中的接收和发送;用户识别模块记录与用户业务有关

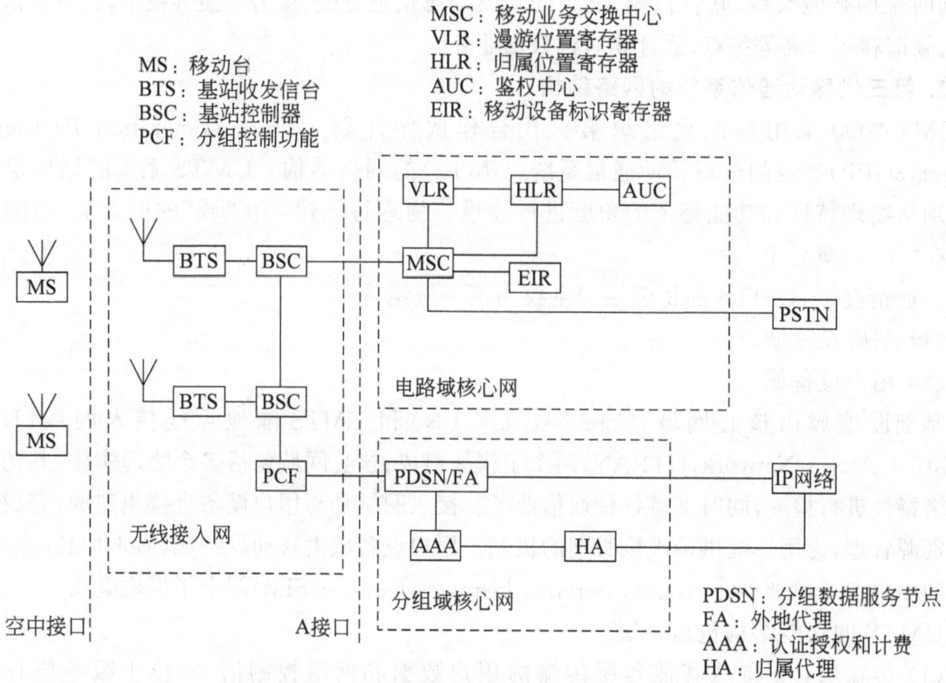

MS：移动台
BTS：基站收发信台
BSC：基站控制器
PCF：分组控制功能

MSC：移动业务交换中心
VLR：漫游位置寄存器
HLR：归属位置寄存器
AUC：鉴权中心
EIR：移动设备标识寄存器

PDSN：分组数据服务节点
FA：外地代理
AAA：认证授权和计费
HA：归属代理

图 6-3　CDMA 2000 的简化体系结构

的数据,用于识别唯一的移动台使用者。

2) 无线接入网

CDMA 2000 的无线接入网主要包括如下。

(1) 基站收发信台(Base Station Transceiver,BST),负责收发空中接口的无线信号。

(2) 基站控制器(Base Station Controller,BSC),负责对其所管辖的多个 BST 进行管理,将语音和数据分别转发给移动业务交换中心(MSC)和分组控制功能(PCF),也接收分别来自移动业务交换中心(MSC)和分组控制功能(PCF)的语音和数据。

(3) 分组控制功能(Packet Control Function,PCF),负责与分组数据有关的无线资源控制,它是 CDMA 2000 中为了支持分组数据而新增加的部分。

3) 电路域核心网

电路域核心网主要承载语音业务,包括移动业务交换中心(MSC)、漫游位置寄存器(VLR)、归属位置寄存器(HLR)、移动设备标识寄存器(EIR)以及鉴权中心(AUC),它与CDMA IS-95 基本相同。

4) 分组域核心网

CDMA 2000 系统的分组数据网是建立在 IP 基础上的。CDMA 2000 系统本着"尽可能地利用通信领域已经取得的成果"的原则,大量地利用 IP 技术,构造自己的分组数据网,并逐渐向全 IP 的核心网过渡。

按照采用的协议不同,分组网的网络结构可以分为 2 种。

(1) 简单 IP。

(2) 移动 IP。

简单 IP 的特点是 IP 地址由漫游地的接入服务器分配,所以,使用简单 IP 的移动台只能在当前接入服务器的服务范围内连续获得服务;当用户漫游到另外一个接入服务器的服务范围时必须重新发起呼叫,以便获得新的 IP 地址。

与简单 IP 相对应的是移动 IP,使用移动 IP 技术时,移动台的 IP 地址由归属地负责分配,这样,无论用户漫游到什么地方,都可以保持数据业务的连续性;如果归属地采用固定 IP 地址,还可以实现由网络发起的业务。

CDMA 2000 分组域核心网包括如下。

(1) 分组数据服务节点(PDSN),为移动用户提供分组数据业务的管理与控制功能,它至少要连接到一个基站系统,同时连接到外部公共数据网络。

(2) 归属代理(HA),主要用于为移动用户提供分组数据业务的移动性管理和安全认证。

(3) AAA 服务器,它是鉴权、授权与计费服务器的简称,负责管理用户,包括用户的权限、开通的业务等信息,并提供用户身份与服务资格的认证和授权,以及计费等服务。

2. CDMA 2000 的接口

1)空中接口

CDMA 2000 的空中接口基于宽带 CDMA 技术,同时保持与 IS-95 后向兼容。CDMA 2000 的空中接口标准最初由 TIA 制定,称为 IS-2000,对应标准化组织第三代合作伙伴计划 2(3GPP2)中的 Release 0 版本。CDMA 2000 的空中接口发展演进过程如图 6-4 所示。

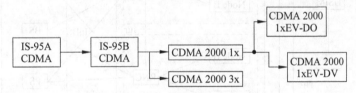

图 6-4 CDMA 2000 的空中接口发展演进过程

按照使用带宽划分,CDMA 2000 有多种工作方式,其中独立使用一个 1.25MHz 载波的方式叫作 CDMA 2000 1x,将 3 个 1.25MHz 载波捆绑在一起使用的方式叫作 CDMA 2000 3x。

2)A 接口

CDMA 2000 中,A 接口是无线接入网和核心网间的接口,包括 4 部分。

(1) A1/A2/A5,这是 BSC 和 MSC 间的接口,其中 A1 是控制信令部分,A2 是语音部分,A5 是电路型数据。

(2) A3/A7,是两个 BSC 间的接口,以支持两个 BSC 间的切换。其中,A3 接口传递业务信息,A7 接口传递控制信令信息。

(3) A8/A9,是 BSC 和 PCF 间的接口。

(4) A10/A11,是 PCF 和 PDSN 间的接口。实际上,这个接口是 CDMA 2000 系统中无线部分和分组部分的连接点,所以这个接口也称为 R-P 接口。其中 A10 负责传递业务,A11 负责传递信令。

技术标准演进方面,3GPP2 负责 CDMA 和 CDMA 2000 所有标准的制定工作,CDMA 发展组织(CDMA,Development Group,CDG)也在这方面开展工作;IOS4 系列标准支持 CDMA 2000 1x 无线接口,其中的 IOS4.0 和 IOS4.1 分别对应 3GPP2 的 A.S001 和

A.S001A,IOS4.2 对应于 A.S0011~A.S0017;IOS5 系列支持 1x EV-DV 无线接口,对应 3GPP2 的 A.S0011A~A.S0017A。1x EV-DO 系统的 A 接口有 3GPP2 的 A.S007 支持。

6.3.4 WCDMA

宽带码分多址(WideBand Code Division Multiple Access,WCDMA)也称为直接扩频宽带码分多址,源于欧洲和日本几种技术的融合。WCDMA 采用直扩模式,载波带宽为 5MHz,数据传送可达到 2Mbps(室内)及 384kbps(移动空间)。它采用频分双工-多载波(MC FDD)模式,与 GSM 网络有良好的兼容性和互操作性,因此,备受各大厂商的青睐。WCDMA 采用最新的异步传输模式(ATM)微信元传输协议,能够允许在一条线路上传送更多的语音呼叫,呼叫数可提高到 300 个,在人口密集的地区线路将不再容易堵塞。另外,WCDMA 还采用了自适应天线和微小区技术,大大地提高了系统的容量。

1. WCDMA 系统的网络结构

WCDMA 系统的组成模块分为 3 部分:用户设备(UE)、无线接入网(UTRAN)和核心网(CN),如图 6-5 所示。

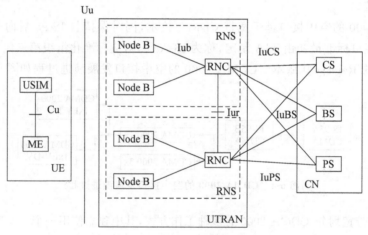

图 6-5　WCDMA 系统的网络结构

用户设备(User Equipment,UE)一般是一个多媒体的用户终端,对应于第二代移动通信中的移动台。包括移动设备(Mobile Equipment,ME)和用户识别模块(User Subscriber Identity Module,USIM)。

无线接入网(UMTS Terrestrial Radio Access Network,UTRAN)包含一个或几个无线网络子系统 RNS(Radio Network SubSystem),而一个 RNS 则由一个无线网络控制器 RNC(Radio Network Controller)和一个或几个节点 B(Node B)组成。与第二代移动通信系统的对应关系为:Node B 对应于基站收发信机(Base Transceiver Station,BTS),RNC 对应于基站控制器(Base Station Controller,BSC),RNS 对应于基站子系统(Base Station Subsystem,BSS)。

核心网(Core Network,CN)包括电路交换(CS)、分组交换(PS)和广播(BS)。

2. WCDMA 系统接口

3G WCDMA 系统与 2G GSM 网络相比,CN 部分接口变化不大。UTRAN 部分主要接口如下。

(1) Cu 接口：是 ME 和 USIM 之间的电气接口。

(2) Uu 接口：UE 通过 Uu 接口接入到 UMTS 系统的固定网络部分，是 UMTS 系统中最重要的无线接口。

(3) Iur 接口：是 RNC 之间的接口，是 UMTS 系统特有的接口，用于对 UTRAN 中移动台的移动管理。

(4) Iub 接口：是 Node B 和 RNC 的接口。

(5) Iu 接口：是 UTRAN 和 CN 的接口。

3. WCDMA 系统的主要技术

WCDMA 系统支持宽带业务，可有效支持电路交换业务（如 PSTN、ISDN 等）、分组交换业务（如 IP 网）。灵活的无线协议可在一个载波内对同一用户同时支持语音、数据和多媒体业务。通过透明或非透明传输块来支持实时或非实时业务。WCDMA 采用 DS-CDMA 多址方式，码片速率 3.84Mcps，载波宽度为 5MHz，不同基站可选择同步或不同步两种方式，可以不受 GPS 系统的限制。WCDMA 有两种模式，FDD 和 TDD，分别运行在对称的频带和非对称的频带上，FDD 适用于大面积室外高速移动覆盖，TDD 适用于室内慢速移动覆盖。WCDMA 还采用一些先进技术，如自适应天线、多用户监测、分集接收（正交收集、时间收集）、分层式小区结构等，以提高整个系统的性能。

6.3.5 TD-SCDMA

时分同步码分多址（Time-Division Synchronous Code Division Multiple Access，TD-SCDMA），是由我国电信科学技术研究院提出，与德国西门子公司联合开发的一种复用技术，是一种基于 CDMA，结合智能天线、软件无线电、高质量语音压缩编码等先进技术的优秀方案。它采用时分双工（Time Division Duplexing，TDD）双工模式，载波带宽为 1.6MHz。TDD 是一种优越的双工模式，因为在第三代移动通信中，需要大约 400MHz 的频谱资源，在 3GHz 以下是很难实现的。而 TDD 则能使用各种频率资源，不需要成对的频率，能节省未来紧张的频率资源，而且设备成本相对比较低（比 FDD 系统低 20%～50%），特别对上下行不对称，不同传输速率的数据业务来说，TDD 更能显示出其优越性。也许这也是它能成为 3 种标准之一的重要原因。另外，TD-SCDMA 独特的智能天线技术，能大大提高系统的容量，特别对 CDMA 系统的容量能增加 50%，而且降低了基站的发射功率，减少了干扰。TD-SCDMA 软件无线电技术能利用软件修改硬件，在设计、测试方面非常方便；不同系统间的兼容性也易于实现。

TD-SCDMA 技术的一大特点就是引入了业务管理接入点（Service Management Access Point，SMAP）同步接入信令，在运用 CDMA 技术后可减少许多干扰，并使用了智能天线技术。另一大特点就是在蜂窝系统应用时的越区切换采用了指定切换的方法，每个基站都具有对移动台的定位功能，从而得知本小区各个移动台的准确位置，做到随时认定同步基站。TD-SCDMA 技术的提出，对于中国能够在第三代移动通信标准制定方面占有一席之地起到了关键作用。当然，TD-SCDMA 也存在一些缺陷，它在技术的成熟性方面比另外两种技术要欠缺一些。因此，信息产业部也广纳合作伙伴一起完善它。另外，它在抗快衰落和终端用户的移动速度方面也有一定缺陷。

1. TD-SCDMA 系统的组成模块

TD-SCDMA 系统的设计集 FDMA、TDMA、CDMA 和 SDMA 技术为一体，并考虑由 GSM 平滑过渡到 3G 系统。TD-SCDMA 系统支持对称和不对称业务，包括语音、数据、各类 IP 业务、移动 Internet 业务、多媒体业务等。具有系统容量大、频谱利用率高、抗干扰能力强、设备成本低等优点。TD-SCDMA 系统的功能模块如图 6-6 所示。主要包括用户终端设备(UE)、基站收发信台(BTS)、基站控制器(BSC)和核心网。在建网初期，系统的 IP 业务通过 GPRS 网关支持节点(GGSN)接入到 X.25 分组交换机，语音和 ISDN 业务仍使用原来的 GSM 移动交换机，待基于 IP 的 3G 核心网建成后，将过渡到完全的 TD-SCDMA 第三代移动通信系统。

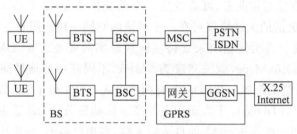

图 6-6　TD-SCDMA 系统的组成模块

2. TD-SCDMA 的主要技术

1）智能天线技术

智能天线技术是中国标准 TD-SDMA 中的重要技术之一，是基于自适应天线原理的一种适合于第三代移动通信系统的技术。它结合了自适应天线技术的优点，利用天线阵列的波束赋形和指向，产生多个独立的波束，可以自适应地调整其方向图以跟踪信号的变化；同时可对干扰方向调零以减少甚至抵消干扰信号，增加系统的容量和频谱效率。智能天线的特点是能够以较低的代价换得天线覆盖范围、系统容量、业务质量、抗阻塞和抗掉话等性能的提高。智能天线在干扰和噪声环境下，通过其自身的反馈控制系统改变辐射单元的辐射方向图、频率响应及其他参数，使接收机输出端有最大的信噪比。

2）同步 CDMA

同步 CDMA 是指在上行链路各终端发出的信号在基站解调器处完全同步，相互间不会产生多址干扰，可以简化基站硬件，降低无线基站成本，提高 TD-SCDMA 的系统容量和频谱利用率。

3）软件无线电

在不同工作频率、不同调制方式、不同多址方式等多种标准共存的第三代移动通信系统中，软件无线电技术是一种最有希望解决这些问题的技术之一。软件无线电技术可将模拟信号的数字化过程尽可能地接近天线，即将 AD 转换器尽量靠近 RF 射频前端，利用 DSP 的强大处理能力和软件的灵活性实现信道分离、调制解调、信道编码译码等工作，从而可为第二代移动通信系统向第三代移动通信系统的平滑过渡提供一个良好的无缝解决方案。

第三代移动通信系统需要很多关键性技术，软件无线电技术基于同一硬件平台，通过加载不同的软件，就可以获得不同的业务特性，这对于系统升级、网络平滑过渡、多频多模的运行情况来讲，相对简单容易、成本低廉，因此对于第三代移动通信系统的多模式、多频段、多速率、多业务、多环境的特殊要求特别重要。甚至在未来移动通信应用中,软件无线电也有着广泛的应用意义,不仅可改变传统观念,还将为移动通信的软件化、智能化、通用化、个人化和兼容性带来深远影响。

4)多用户检测

多用户检测主要是指利用多个用户码元、时间、信号幅度以及相位等信息来联合检测单个用户的信号,以达到较好的接收效果。最佳多用户检测的目标就是要找到输出序列中最大的输入序列。对同步系统,就是要找出函数最大的输入序列,从而使联合检测的频谱利用率提高,并使基站和用户终端的功率控制部分更简单。

5)动态信道分配

TD-SCDMA 系统采用 RNC 集中控制的动态信道(DCA)技术,在一定区域内,将几个小区的可用信道资源集中起来,由 RNC 统一管理,按小区呼叫阻塞率、候选信道使用频率、信道再用距离等诸多因素,将信道动态分配给呼叫用户,以提高系统容量,减小干扰,更有效地利用信道资源。

6)Turbo 编/译码

Turbo 编/译码主要是由于 Turbo 码译码采用软输出迭代译码算法,充分利用了译码输出的软信息。另外,Turbo 码还采用了伪随机交织器分隔的递归系统卷积码(RSC)作为分量码。交织码除了抗信道突发错误外,还改变码的重量分布,控制编码序列的距离特性,使重量谱窄带化,从而使 Turbo 码的整体纠错性能得以提高。随着 Turbo 码关键技术研究的突破和硬件计算速度及工艺水平的提高,Turbo 码成为第三代移动通信系统中高业务质量和高速率数据传输业务的高效信道编码方案。

7)接力切换

接力切换是基于同步码分多址技术和智能天线结合的技术。TD-SCDMA 系统利用天线阵列和同步码分多址技术中码片周期的周密测定,可大致定位用户的方位和距离,根据得到的这些信息,进一步判断用户现在是否移动到应该切换的另一基站的临近区域。如果进入切换区,便可通过无线网络控制器通知另一基站做好切换准备,达到接力切换的目的。接力切换具有较高的准确度和较短的切换时间,避免了软切换中宏分集所占用的大量无线资源及频繁切换,大大提高了系统容量和效率。

表 6-1 列出了 CDMA 2000、WCDMA 和 TD-SCDMA 标准的主要物理层参数。

表 6-1　CDMA 2000、WCDMA 和 TD-SCDMA 标准的主要物理层参数比较

参　　数	CDMA 2000	WCDMA	TD-SCDMA
多址接入	DS-CDMA/MC-CDMA	DS-CDMA	TDMA/DS-CDMA
信道编码	卷积码或 Turbo 码	卷积码、RS 码或 Turbo 码	卷积码或 Turbo 码
可变扩频因子	4~256	4~256	1~16
闭环功率控制频率/Hz	800	1600	200
扩频码	下行：Walsh,上行：M-ary Walsh	OVSF	OVSF
功率控制步长/dB	0.25、1.5	0.25、0.5、1.0	1、2、3
载波频率/GHz	2	2	2

参　数	CDMA 2000	WCDMA	TD-SCDMA
调制方式	下行：QPSK，上行：BPSK	下行：QPSK，上行：BPSK	QPSK，8PSK(2Mbps)
带宽/MHz	1.25×2/3.75×2	5×2	1.6
上行-下行频谱	成对	成对	不成对
码片速率/(Mc/s)	1.2288/3.6864	3.84	1.28
帧长/ms	20、5	10	10
交织长度/ms	5/20/40/80	10/20/40/80	10/20/40/80
最高数据速率(Mbps)	2.4	2(低移动性)	2
导频结构	下行：CCMP，上行：DTMP	下行：CCMP，上行：DTMP	CCMP
检测	PSBC	PCBC	PSBC
基站间同步	同步	异步/同步	同步

CCMP：公共信道复用导频。

DTMP：专用时间复用导频。

PSBC：基于导频符号的相关检测。

PCBC：基于导频信道的相关检测。

6.3.6　WiMAX

WiMAX(World Interoperability for Microwave Access)，即全球微波互联接入。Wimax 也叫 802.16 无线城域网或 802.16。WiMAX 是一项宽带无线接入技术，以 IEEE 802.16 的系列宽频无线标准为基础，能提供面向互联网的高速连接，数据传输距离最远可达 50km。WiMAX 还具有服务质量(Quality of Service，QoS)保障、传输速率高、业务丰富多样等优点。WiMAX 的技术起点较高，采用了正交频分复用(OFDM)/正交频分多址(OFDMA)、自适应天线系统(Adaptive Antenna System，AAS)、多输入多输出(Multiple-Input Multiple-Out-put，MIMO)等先进技术，2007 年 10 月，ITU 批准 WiMAX 以 OFDMA WMAN TDD 的名义成为继 WCDMA、CDMA 2000、TD-SCDMA 后的第 4 个 3G 标准。

1. WiMAX 网络体系

WiMAX 网络体系包括核心网(Core Network，CN)、用户基站(Subscriber Station，SS)、基站(Base Station，BS)、中继站(Relay Station，RS)、用户终端设备(Terminal Equipment，TE)和网络管理系统(Network Management System，NMS)，如图 6-7 所示。

WiMAX 网络可以使用在各种不同的应用场景环境中，并基于全 IP 的网络架构，归纳起来，WiMAX 网络可分为不支持漫游的和支持漫游的网络结构，如图 6-8 和图 6-9 所示。支持漫游的网络架构中增加了 CSN 之间的 R5 参考点。其功能逻辑组包括移动用户台(Mobile Subscriber Station，MSS)、接入网络(Access Service Network，ASN)、连接服务网络(Connectivity Service Network，CSN)和应用服务提供商(Application Service Provider，ASP)网络。

接入网络(ASN)由 BS 和接入网关(ASN GW)组成，可以连接到多个 CSN，为不同 NSP 的 CSN 提供无线接入服务，其中 BS 用于处理 IEEE 802.16 空中接口，包括 BS 和 SS

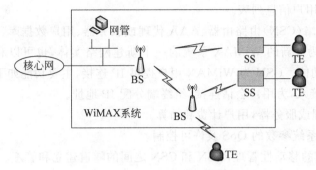

图 6-7 WiMAX 网络体系结构

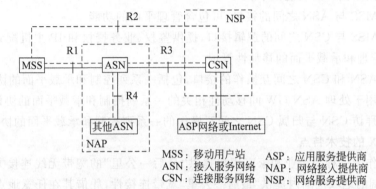

MSS：移动用户站　　ASP：应用服务提供商
ASN：接入服务网络　NAP：网络接入提供商
CSN：连接服务网络　NSP：网络服务提供商

图 6-8 不支持漫游的 WiMAX 网络架构

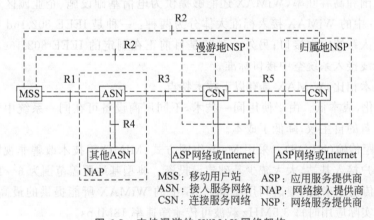

MSS：移动用户站　　ASP：应用服务提供商
ASN：接入服务网络　NAP：网络接入提供商
CSN：连接服务网络　NSP：网络服务提供商

图 6-9 支持漫游的 WiMAX 网络架构

两种；ASN GW 主要处理到 CSN 的接口功能和 ASN 的管理。ASN 管理 IEEE 802.16 空中接口，为 WiMAX 用户提供无线接入，主要功能如下。

（1）发现网络。

（2）在 BS 和 MSS 之间建立两层连接，协助高层与 MSS 建立三层连接。

（3）ASN 内寻呼和管理。

（4）ASN 和 CSN 之间隧道建立和管理。

（5）无线资源管理。

（6）存储临时用户信息列表。

连接服务器网络（CSN）由路由器、AAA 代理或服务器、用户数据库、Internet 网关设备等组成，CSN 可作为全新的 WiMAX 系统的一个新建网络实体，也可以利用部分现有的网络设备实现 CSN 功能。CSN 为 WiMAX 用户提供 IP 连接，主要功能如下。

（1）Internet 接入，为用户会话连接，给终端分配 IP 地址。

（2）AAA 代理或服务器，用户计费和结算。

（3）基于用户系统参数的 QoS 及许可控制。

（4）ANS 之间的移动性管理，ASN 和 CSN 之间的隧道建立和管理。

（5）WiMAX 服务，如基于位置的服务、组播服务等。

WiMAX 网络接口的功能如下。

（1）R1：MSS 与 ASN 之间的接口，可包含管理平面的功能。

（2）R2：MSS 与 CSN 之间的逻辑接口，提供鉴权、业务授权和 IP 主机配置等服务；此外，还可包含管理和承载平面的移动性管理。

（3）R3：ASN 和 CSN 之间互操作的接口，包括一系列控制和承载平面的协议。

（4）R4：用于处理 ASN GW 间移动性相关的一系列控制和承载平面的协议。

（5）R5：拜访 CSN 与归属 CSN 之间互操作的一系列控制和承载平面的协议。

2. WiMAX 的技术特点

WiMAX 作为一种为企业和家庭用户提供“最后一公里”的宽带无线连接方案，能够在比 WiFi 更广阔的地域范围内提供“最后一公里”宽带连接性，凭借其在任意地点的 1～6km 覆盖范围（取决于多种因素），WiMAX 可以为高速数据应用提供更出色的移动性。此外，凭借这种覆盖范围和高吞吐率，WiMAX 还能够提供为电信基础设施、企业园区和 WiFi 热点提供回程。3G 中的 WiMAX 接入标准大体分为两种：一种是 IEEE 802.16d 标准，支持固定宽带无线接入系统空中接口；另外一种就是目前正在制定的 IEEE 802.16e，支持固定和移动的宽带无线接入系统空中接口标准。

与其他技术相比，WiMAX 具有以下技术特点。

（1）标准化，成本低。由于使用同一技术，不同厂商设备可在同一系统中工作，增加了运营商选择设备的自主权，降低了成本。

（2）非视距传输（NLOS）。采用 Mesh 组网方式、MIMO 等技术改善非视距覆盖问题，可方便更多用户接入基站，大大减少基础建设投资。典型基站覆盖范围为 6～10km。

（3）数据传输速率高，频谱利用率高。3G 中的 WiMAX 所能提供的最高接入速率是 75Mbps，目前实际应用时每 3.5MHz 载波可传输净速率 18Mbps。

（4）灵活的信道宽度。作为一种无线城域网技术，WiMAX 可以将 WiFi 热点连接到互联网，也可以作为 DSL 等有线接入方式的无线扩展，实现最后 1km 的宽带接入；WiMAX 能在信道宽度和连接用户数之间取得平衡，其信道宽度由 1.5MHz 到 20MHz 不等。

（5）抗干扰方面优势明显。由于 OFDM 技术具有很强的抗多径衰落、频率选择性衰落以及窄带干扰的能力，因此可实现高质量数据传输。

6.3.7 第三代移动通信的局限性

3G 的局限性主要体现在以下 5 方面。

（1）缺乏全球统一标准。

（2）3G所运用的语音交换架构仍承袭了2G的电路交换，而不是完全IP形式。

（3）由于采用CDMA技术，难以达到很高的通信速率，无法满足用户对高速多媒体业务的需求。

（4）由于3G空中接口标准对核心网有所限制，因此3G难以提供具有多种QoS及性能的各种速率的业务。

（5）由于3G采用不同频段的不同业务环境，需要移动终端配置有相应不同的软、硬件模块，而3G移动终端目前尚不能够实现多业务环境的不同配置，也就无法实现不同频段的不同业务环境间的无缝漫游。

所有这些局限性推动了人们对下一代通信系统——4G的研究和期待。

6.4　第四代移动通信

随着数据通信与多媒体业务需求的发展，3G难以提供动态范围多速率业务，难以实现不同频段的不同业务环境间的无缝漫游等一系列局限性，这使得全世界通信业的专家们将目光更远地投向了第四代移动通信（4G），以期通过4G解决3G无法解决的问题，最终实现商业无线网络、局域网、蓝牙、广播、电视卫星通信的无缝衔接并相互兼容，真正实现"任何人在任何地点以任何形式接入网络"的梦想。

4G概念可称为宽带接入和分布网络，具有非对称的超过2Mbps的数据传输能力。对全速移动用户能提供150Mbps的高质量影像服务，将首次实现三维图像的高质量传输。它包括宽带无线固定接入、宽带无线局域网、移动宽带系统和交互式广播网络（基于地面和卫星系统）。4G集成不同模式的无线通信，移动用户可以自由地从一个标准漫游到另一个标准。

4G标准比3G标准具有更多的功能。4G可以在不同的固定、无线平台和跨越不同的频带的网络中提供无线服务，可以在任何地方用宽带接入互联网（包括卫星通信和平流层通信），能够提供定位定时、数据采集、远程控制等综合功能。此外，4G系统是集成多功能的宽带移动通信系统，是宽带接入IP系统。

6.4.1　4G的主要指标

4G的主要指标包括：

（1）通信速度提高，数据率超过UMTS，上网速率从2Mbps提高到100Mbps。

（2）以移动数据为主、面向Internet大范围覆盖的高速移动通信网络，改变了以传统移动电话业务为主设计移动通信网络的设计观念。

（3）采用多天线或分布天线的系统结构及终端形式，支持手机互助功能，采用可穿戴无线电，可下载无线电等新技术。

（4）发射功率为前期的移动通信系统的1/100～1/10，能够较好地解决电磁干扰问题。

（5）支持更为丰富的移动通信业务，包括高分辨率实时图像业务、会议电视虚拟现实业务等。

表6-2给出了1G到4G移动通信的基本技术参数。

表 6-2　1G 到 4G 的基本技术参数

技术参数	1G	2G	3G	4G
频带宽度	30kHz	0.3~1.25MHz	2~5MHz	10~20MHz
调制方式	FM	GMSK	QPSK	MPSK/QAM
多址技术	FDMA	TDMA	CDMA	CDMA/TDMA/OFDM
蜂窝区域	大区	中区	小区	微小区
业务类型	语音	语音/短消息	语音/多媒体	多媒体
核心网	独立的电信交换网	独立的电信交换网	独立的电信交换网+IP网	IP网+软交换

6.4.2　4G 通信标准

4G 主要有 4 种标准：长期演进(Long Term Evolution,LTE)、LTE-Advanced、WirelessMAN-Advanced 及 HSPA+。

1. LTE

LTE 是由 3GPP 组织制定的 UMTS 技术标准的长期演进。严格地说,LTE 是 3G 与 4G 技术之间的一个过渡,是 3.9G 的全球标准,它改进并增强了 3G 的空中接入技术。

LTE 系统引入了 OFDM 和 MIMO 等关键技术,显著增加了频谱效率和数据传输速率。20MHz 带宽 2×2 MIMO 在 64QAM 情况下,理论下行最大传输速率为 201Mbps,除去信令开销后大概为 150Mbps,但根据实际组网以及终端能力限制,一般认为下行峰值速率为 100Mbps,上行峰值速率为 50Mbps。

LTE 支持多种带宽分配：1.4MHz、3MHz、5MHz、10MHz、15MHz 和 20MHz 等,且支持全球主流 2G/3G 频段和一些新增频段,因而频谱分配更加灵活,系统容量和覆盖也显著提升。

LTE 系统网络架构更加扁平化、简单化,减少了网络节点和系统复杂度,从而减小了系统时延,也降低了网络部署和维护成本。

LTE 系统支持与其他 3GPP 系统互操作。根据双工方式不同,LTE 系统分为 FDD-LTE 和 TDD-LTE,二者的主要区别在于空口的物理层上,如帧结构、时分设计、同步等。FDD 系统空口上下行采用成对的频段接收和发送数据,而 TDD 系统上下行则使用相同的频段在不同的时隙上传输,较 FDD 双工方式,TDD 有着较高的频谱利用率。

2. LTE-Advanced

LTE-Advanced(LTE-A)是 LTE 的演进,它满足 ITU-R 的 IMT-Advanced 技术征集的需求,LTE-A 不仅是 3GPP 形成欧洲 IMT-Advanced 技术提案的一个重要来源,还是一个后向兼容的技术,完全兼容 LTE,是演进而不是革命。

LTE-A 采用了载波聚合、上/下行多天线增强(Enhanced UL/DL MIMO)、多点协作传输、中继、异构网干扰协调增强等关键技术,能大大提高无线通信系统的峰值数据速率、峰值频谱效率、小区平均谱效率以及小区边界用户性能,同时也能提高整个网络的组网效率。

3. WirelessMAN-Advanced

WirelessMAN-Advanced 事实上就是 WiMAX 的升级版,即 IEEE 802.16m 标准,802.16

系列标准在 IEEE 正式称为 WirelessMAN。IEEE 802.16m 最高可以提供 1Gbps 无线传输速率,还将兼容未来的移动通信无线网络。IEEE 802.16m 可在"漫游"模式或高效率/强信号模式下提供 1Gbps 的下行速率,该标准还支持"高移动"模式。

4. HSPA+

HSPA+的英文全称为 High-Speed Packet Access+,增强型高速分组接入技术,是 HSPA 的强化版本。HSPA 技术是由高速下行链路分组接入技术(HSDPA)和高速上行链路分组接入技术(HSUPA)两种技术结合而成,在 3GPP 中,HSDPA 作为 R5 引入,而 HSUPA 则是 R6 的一个非常重要的特性。在 R7 和 R8 中,HSPA+带来极大的性能增强,目的是使基于 HSPA 的无线网络在频谱效率、峰值速率和时延方面的性能得到显著提高,从而能充分利用 WCDMA 网络的资源潜力,所以说 HSPA+是能够在 HSPA 网络上进行改造升级的一种经济高效的 4G 网络。

6.4.3 4G 关键技术

1. OFDM 技术

由于 OFDM 技术能够显著提高载波频谱利用率,可稳定高效地在无线环境下进行高速数据传输,OFDM 被广泛地应用于 4G 移动通信系统中。OFDM 在 4G 移动通信系统中的主要应用包括以下几方面。

1) 信道估计

无线通信的一项重要性能指标就是能否准确获取详细的信道信息,所以信道估计具有极大的研究意义。在 4G 移动通信中,由于信道具有随机性,接收时会产生失真现象,需要信道估计进行信号的调制解调。信道估计中对信道模型参数的估计是通过部分特定参数获取信道的信息。在 OFDM 中,信道估计可以通过很多种方式来实现,如基于参数化或非参数化信道模型的信道估计、利用信道的时间或频率的相关特性的信道估计、基于训练序列的信道估计、自适应或非自适应的信道估计等。

2) OFDM 和多址技术的结合

对于 4G 移动通信来说,它需要支持和保障多个用户同时接入和信息传输,因此需要满足多址接入的条件。为了保证系统通信的稳定性、可靠性、灵活性,需要合理的多址技术。OFDM 技术其本身具有频分的特点,因此可以与其他多种接入方式结合使用,构成 OFDM-CDMA、OFDM-TDMA 和 OFDM-FDMA 等系统,可以满足多个用户同时进行数据的传输。

3) OFDM 和 MIMO 的结合

MIMO 系统的信道容量会随着线性增长,而并非是对数增长,因此多天线技术可以在很大程度上扩大系统的容量。无线移动通信中的 MIMO 信道是实时变化的、非平稳的系统,因而将具有良好移动通信以及优秀信道建模特点的 MIMO 技术与 OFDM 相结合应用于移动通信,既具备 OFDM 技术的稳定性又能降低 MIMO 技术时域运行的繁复程度,可以提高移动通信数据的传输效率和质量来满足移动通信的需求。

MIMO-OFDM 系统模型如图 6-10 所示。发射端 N 个发射天线的工作流程如下:输入的数据符号流经串并电路分成 N 个子符号流,采用信道编码技术对每个符号流进行无失真压缩并加入冗余信息,调制器对编码后的数据进行空时调制;调制后的信号在 IFFT 电路中实现 OFDM 调制处理,完成将频域数据变换为时域数据的过程,然后输出的每个 OFDM 符号前加一个循环前缀以减弱信道延迟扩展产生的影响,每个时隙前加前缀用以定时,这些处理过的 OFDM 信号流相互平行地传输,每一个信号流对应一个指定的发射天线,并经数模转换及射频模块处理后发射出去。

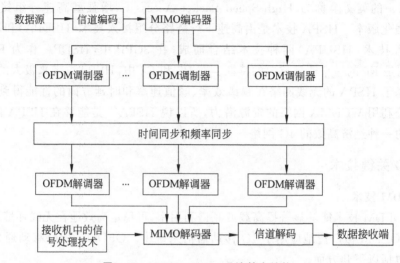

图 6-10　MIMO-OFDM 系统基本结构

接收端进行与发射端相反的信号处理过程,首先通过接收端的 M 根接收天线接收信号,这些信号经过放大、变频、滤波等射频处理后,得到基带模拟接收信号;并分别通过模数转换将模拟信号转换为数字信号后进行同步,在去循环前缀后通过 FFT 解调剩下的 OFDM 符号;此时,时延数据变换成为频域数据,接下来在频域内,从解调后的 OFDM 符号中提取出频率导频,然后通过精细的频率同步和定时,准确地提取出导频和数据符号,实现数据还原。

4）OFDM 系统的链路自适应技术

OFDM 系统的链路自适应技术可以有效提高数据的传输效率和带宽利用率,因此它是 4G 移动通信系统的核心技术之一。一般而言,链路自适应技术所针对的对象是时域,它被称为自适应调制编码,在 OFDM 系统中,其主要作用是为每个用户分配合适的子载波数。

2. MIMO 技术

为了提高系统容量和数据传输速率,在 4G 通信系统运用了 MIMO 技术,包括发射分集、空间复用以及波束赋形。MIMO 技术运用空间之间的弱相关性来提高通信信道的容量和信息传输的可靠性,使得误码率大大降低。

分集特性就是通过多端口重复发送相同数据来降低空间传输误码率,实现分集增益。分集特性在前几代通信系统中应用比较成熟,不是 Massive MIMO 的设计初衷。终端在多个天线（通道）重复发送相同的数据,分集特性如图 6-11 所示。

根据香农公式,一个通信系统的容量主要与该系统的带宽和系统的信噪比有关。系统的带宽不可能无限制地增加,也不可能靠无限制增加发射端的输出功率来提高信噪比,这样就导致系统容量受限。MIMO 技术通过等效信道的增加,成倍地增加了系统容量。发送端在 T1 时刻通过多信道（通道）同时发送多个信息,接收端分别接收每个信道（通道）上的信息,相对于分集接收中发送端和接收端的通信方式,系统容量得到成倍的增加,从而实现了

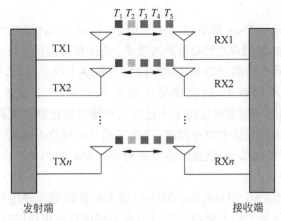

图 6-11　MIMO 分集的示意结构

空间复用,如图 6-12 所示。

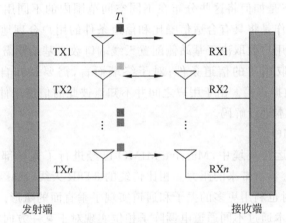

图 6-12　MIMO 复用特性

波束赋形就是根据特定场景自适应地调整天线阵列辐射图的一种技术。传统的天线通信方式是基站与手机间的单天线发射到单天线接收的电磁波传输,在没有物理调节的情况下,其天线的辐射方位是固定的。在波束赋形技术中,基站侧有多个天线,基站自动调整各个天线发射信号的相位,使其在某一位置形成电磁波有效叠加,相应地,降低其他位置的电磁波信号强度,提高接收信号的质量,如图 6-13 所示。

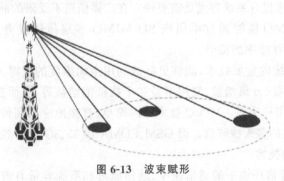

图 6-13　波束赋形

1）SU-MIMO

单用户MIMO（Single-User Multiple-Input Multiple-Output，SU-MIMO）在时频资源上专门为单个用户提供传输，使用户达到峰值频谱效率。应用模式包括发射分集和空间复用。

发射分集利用空间信道的弱相关性，结合时间/频率上的选择性，通过在多个天线上重复发送一个数据流的不同版本，提高信号传输的可靠性，从而改善接收信号的信噪比。LTE R8中采用了发射分集，主要应用于小区边缘移动台的控制信道和数据信道。

空间复用利用多天线发送多重空间流，增加了用户的峰值吞吐量，在接收端通过空间处理分离数据流，提高了频谱效率，该技术主要面向小区中心的用户。

2）MU-MIMO

多用户MIMO（MU-MIMO）将SU-MIMO技术扩展配对为多用户接入，即占用相同时频资源的多个并行的数据发给不同用户（下行）或不同用户采用相同时频资源发送数据给基站（上行）。LTE系统中定义的下行TM5传输模式即为MU-MIMO。

从基站侧来看，MU-MIMO本质上与传统的SU-MIMO在工作方式维度来看没有太大的区别，最重要的特点是如何将这些分布在不同空间范围内的不同用户有机地"配对"。所谓"配对"需要做的工作是将具有合适信噪比和信道条件的用户合理地组合，MU-MIMO模式下最多能够配对的用户数取决于基站侧配置天线端口数。基站侧需要通过用户上报信道状态信息（CSI）以获取用户的信道条件；对于终端而言，需要获知自身是否已被配对为MU-MIMO的进行数据传输。由于用户之间并不知道彼此的信道条件，因此需要基站明确通知UE以确定的码本进行解码。

3）Massive-MIMO

在4G实际网络运行环境中，Massive-MIMO已经进行了规模部署，可以实现覆盖增强，同时有效地缓解容量所带来的压力。相比传统的8T8R天线，Massive-MIMO不仅实现了水平面的赋形，同时也利用更多的振子和通道实现了垂直面的赋形。

天线波束赋形技术通过不同通道电调阵子相位实现对于某一方向窄波束的汇聚从而实现辐射能量的增益。对于8T8R而言，在垂直方向上所有振子归属一个通道，因此无法实现垂直维度的赋形。而Massive-MIMO通过垂直维度的通道隔离，实现不同通道内所含振子的独立电调，从而完成了垂直维度的赋形。

4G中Massive-MIMO提升容量有以下2个维度。

（1）通过提升某一方向的阵列增益提升物理层下行共享信道的覆盖效果，提升用户吞吐率或者激发更多的业务需求。但4G广播信道并不具备赋形条件，因此讨论Massive-MIMO是否能够通过提升覆盖来提升系统容量是需要建立在广播信道不受限的前提下。

（2）Massive-MIMO能够通过单用户SU-MIMO多层传输或者通过Massive-MIMO用户配对来实现系统吞吐率的提升。

MIMO是4G系统的重要技术，能够更好地利用空间维度的资源、提高频谱效率。使信号在空间获得阵列增益、分集增益、复用增益和干扰抵消增益等，从而获得更大的系统容量、更广的覆盖和更高的用户速率。MIMO技术可以简单、直接地应用到传统的蜂窝移动通信系统中，实现单天线基站的多天线阵列。而GSM、CDMA IS-95、3G系统都未采用这种技术。

3. 智能天线（SA）技术

4G系统对各种通信环境下的通信速率、通信质量和系统容量有着严格的规范要求，SA

技术在 4G 中的使用对提升通信质量起着关键性作用,基于单用户和多用户的多流波束成形的智能天线对 4G 通信系统的优化主要体现在以下方面。

(1) 抑制和避免干扰:4G 中的 SA 能够实现多个小区的联合调度,即可以实现将相同的通信资源分配给不同空间位置方向的用户形成特定波束,从而避免目标用户之间的相互干扰。多小区的联合调度中,单个小区 SA 对用户的波束赋形时可以通过零陷方向对准其他相邻小区的用户,使得对本小区用户干扰得以抑制。

(2) 提高频谱利用率,提升系统容量:SA 技术是一种空分多址技术,可以对同小区的不同用户使用相同的时隙、频率和码元,提高小区内的频谱复用率,进而提升系统容量。

(3) 信号增强:SA 能够产生定向波束,并可以实时地调整波束,使波束的主瓣始终对准用户、零瓣抑制干扰。智能天线还与 MIMO 结合,利用多天线阵元分集传输技术,最大强度减少衰减而增强信号。

4G 移动通信的通信质量必须顺应各种静态、动态目标用户以及各种时变的通信环境,它需要复杂的数字信号处理技术和智能天线的大量使用。智能天线技术作为 4G 通信中的关键技术之一,在系统设计方面必须考虑以下因素。

(1) 物理层的可重构性:在多参数时变的通信环境中,安装智能天线的基站需要根据用户的静态、动态下无线信道的时移重新构建最优波束,以获得最佳的通信性能。

(2) 层间优化:在开放系统互连参考模型中定义的各层之间的相互作用能够影响整个系统的性能。设计智能天线系统时需要充分考虑物理层、数据链路层和网络层各层以及它们之间的相互关系。

(3) 多用户分集机会通信机制:多用户通信中,机会机制能够根据一定的最优准则形成波束,进而将通信信道分配给需要连续传输数据或具有最高瞬时容量的用户使用,以优先保障这些特定用户的通信需求。

(4) 具体的应用性能要求:4G 移动通信系统智能天线的设计需要考虑信道空间的传播特性、天线阵列合理配置、具体业务特性、信号带宽的和干扰情况、系统的兼容性等。

4. 软件无线电技术

软件无线电(Software Defined Radio,SDR)是将标准化、模块化的硬件功能单元经一通用硬件平台,利用软件加载方式来实现各类无线电通信系统的一种开放式结构的技术。SDR 突破了传统的无线电台以功能单一、可扩展性差的硬件为核心的设计局限性,强调以开放性的最简硬件为通用平台,尽可能地用可升级、可重配置不同的应用软件来实现各种无线电功能的设计新思路。

一个理想的 SDR 的组成结构如图 6-14 所示。SDR 主要由天线、射频前端、宽带 A/D-D/A 转换器、通用和专用数字信号处理器以及各种软件组成。软件无线电的天线一般要覆盖比较宽的频段,要求每个频段的特性均匀,以满足各种业务的需求。射频前端在发射时主要完成上变频、滤波、功率放大等任务,接收时实现滤波、放大、下变频等功能。而模拟信号进行数字化后的处理任务全由 DSP 软件承担。为了减轻通用 DSP 的处理压力,通常把 A/D 转换器传来的数字信号,经过专用数字信号处理器件处理,降低数据流速率,并且把信号变至基带后,再把数据送给通用 DSP 进行处理。

软件无线电凭着其优越的灵活性、智能性、兼容性为 4G 通信提供了有效的技术支持,为 4G 通信系统的真正实施提供了良好的技术保障。软件无线电技术降低了 4G 软件开发的风

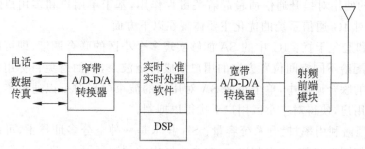

图 6-14　软件无线电框图

险,扩展了软件的兼容性,使得 4G 网络适应不同类型的产品要求,满足了产品的多样性。

在 4G 无线通信技术中,软件应用极其复杂,引进软件无线电技术,将模拟信号的数字化过程尽可能地接近天线,即将 A/D 和 D/A 转换器尽可能地靠近 RF 前端,利用 DSP 进行信道分离、调制解调和信道编译码等工作。

智能天线技术也是在软件无线电基础上提出的天线设计新概念,是数字多波束形成(DBF)技术与软件无线电完美结合的产物。软件无线电技术的发展提供了智能天线技术可行理论的基础,同时也提出了实现的有效办法。

在网络支持方面,由于 4G 通信系统选择了采用基于 IP 的全分组的方式传送数据流。大量链路类型的不同连接通过 SDR 进行互联,同时,动态频谱的分配也有利于在已占用带宽上实现新的服务。

5. 基于 IP 的核心网

4G 通信系统的核心网是基于 IP 的网络,可实现不同网络之间的无缝互联。无线接入核心网采用独立的接入方案,可提供端到端的 IP 业务,提高核心网与现有核心网公共交换电话网络的兼容性。核心网络具有一个开放的体系结构,从而允许各种空中接口接入核心网络,核心网络能够把业务、控制和传输分开。使用 IP 后,无线接入协议以及 CN 协议之间是独立的,具有较好的兼容性。IP 与多种无线接入协议相兼容,因此在设计核心网络时具有很大的灵活性,不需要考虑无线接入究竟采用何种方式和协议。

在 4G 通信系统主要采用全分组方式 IPv6 技术,IPv6 具有许多的优点,例如,有巨大的地址空间,支持无状态和有状态两种地址自动配置的方式,能够提供不同水平的服务质量,更具有移动性。

6.5　第五代移动通信

面向未来,移动互联网和物联网业务成为移动通信发展的主要驱动力。相比于前几代移动通信,第五代移动通信(5G)技术更加丰富,用户体验速率、连接数密度、端到端时延、峰值速率和移动性等都将成为 5G 的关键性能指标。面对多样化场景的极端差异化性能需求,5G 很难像以往一样以某种单一技术为基础形成针对所有场景的解决方案,需要多种技术相互配合共同实现。

5G 将渗透到未来社会的各个领域,以用户为中心构建全方位的信息生态系统。5G 将使信息突破时空限制,提供极佳的交互体验,为用户带来身临其境的信息盛宴;5G 将拉近万物的距离,通过无缝融合的方式,便捷地实现人与万物的智能互联。5G将为用户提供光纤般的接入速率,"零"时延的使用体验,千亿设备的连接能力,超高流量密度、超高连接数密度和超高移动性等多场景的一致服务,业务及用户感知的智能优化,同时将为网络带来超百倍的能效提升和超百倍的比特成本降低,最终实现"信息随心至,万物触手及"的总体愿景,如图6-15所示。

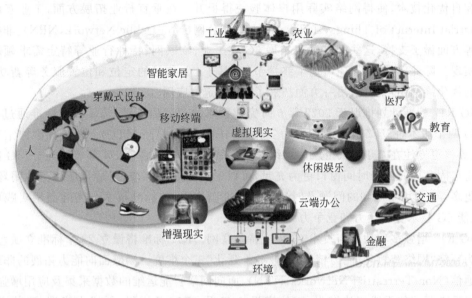

图 6-15　5G 总体愿景

6.5.1　5G 通信标准

国际通信标准化组织3GPP的5G标准是一个大家族概念,分为两种5G方案:非独立组网(Non-Standalone,NSA)和独立组网(Standalone,SA),版本从R14、R15向R16和R17版本不断演进。

R14阶段主要开展5G系统框架和关键技术研究,并于2017年6月冻结。R15为5G的第一阶段标准。2017年12月,R15版本的非独立组网NSA标准冻结。非独立组网是一种过渡方案,主要以提升热点区域带宽为主要目标,没有独立信令面,依托4G基站和核心网工作,因此标准相对简单。2018年6月,R15版本的SA独立组网方案标准冻结,SA能实现所有5G的新特征,网络切片、边缘计算等,有利于发挥5G的全部能力。两大标准冻结后,这也意味着5G产业化进入全面冲刺阶段。

5G定义了增强型移动宽带(Enhanced Mobile Broadband,eMBB)、海量机器类型通信(massive Machine Type of Communication,mMTC)及超可靠低延迟通信(Ultra Reliable Low Latency Communication,uRLLC)三大场景。针对这三大场景,3GPP R15标准不仅定义了5G新无线(New Radio,NR)以满足5G用例和需求,还定义了新的5G核心网(5GC),以及扩展增强了LTE / LTE-Advanced功能。总之,5G首版标准R15既兼顾了4G平滑演进,也考虑了5G未来新需求;既增强了4G功能,也新增了5G能力,充分展现出以稳健、务实的步伐迈向5G时代。

2020年7月3日,3GPP宣布R16标准冻结,这标志5G第一个演进版本标准完成。

R16 版本在 R15 基础上,对网络的承载能力、基础功能都做了一定增强和提升,增加了部分网络新特性和能力,并拓展对垂直行业的技术支持。在基础功能方面,对无线 NR 增强、V2X、移动性、5G 网络自动化架构的支持、服务化架构、网络切片都做了优化和增强,功能的可用性和完善性均得到提升。在组网技术方面,则引入了远端干扰管理、无线中继以及网络组织和自优化技术,使得网络实际用户体验获得提升。在垂直行业拓展方面,工业互联网(Industrial Internet of Things,IIoT)、uRLLC、非公网(Non-Public Network,NPN)、非授权频谱等方面做了支持,这些都有助于拓展 5G 在工业、物联网、特种行业等特定需求领域的应用实现。除此以外,R16 还增加了终端节能,基于 5G 信号的定位和位置服务等新功能,一方面优化终端用户体验,另一方面拓展了 5G 的定位应用。

5G R17 标准计划推迟于 2022 年 6 月完成版本协议代码冻结。5G 技术标准通过 R15 和 R16 两个版本,已经筑牢 5G 的能力三角(eMBB、uRLLC、mMTC)。R17 标准冻结延迟后,业界将更专注在基于 R16 的 5G 网络技术部署和提升中,将使 5G 部署更充分,5G 网络基础更牢固。同时使得时间窗口更为充足,可以形成更好的标准,更适合应用落地闭环,可以将更多 5G 商用中遇到的问题及时反馈到标准制定中,使标准技术与实际商用实践更适配,赋能 5G 技术更多活力和竞争力。

5G R17 增强多项功能与技术,全面支持物联网。R17 标准将设立 23 个标准立项,主要方向为环绕"网络智慧化、能力精细化、业务外延化"三个维度。涵盖面向能力拓展的非地面网络通信(Non-Terrestrial Networks,NTN)、面向网络智能运维的数据采集及应用增强、面向赋能垂直行业的无线切片增强、定位增强、IoT 及 uRLLC 增强、低成本终端、覆盖增强、MIMO 增强等项目,全面支持物联网应用。此外面向空天地一体化连接和低速率的大规模物联网连接,R17 分别增加 NTN 和 NR-Light 的功能支持。

6.5.2　5G 网络架构

未来的 5G 网络将是基于网络功能虚拟化(Network Function Virtualization,NFV)、软件定义网络(Software Defined Network,SDN)和云计算技术的更加灵活、智能、高效和开放的网络系统。5G 网络架构包括接入云、控制云和转发云三个域,如图 6-16 所示。

（1）接入云支持多种无线制式的接入,融合集中式和分布式两种无线接入网架构,适应各种类型的回传链路,实现更灵活的组网部署和更高效的无线资源管理。

（2）控制云实现局部和全局的会话控制、移动性管理和服务质量保证,并构建面向业务的网络能力开放接口,从而满足业务的差异化需求并提升业务的部署效率。

（3）转发云基于通用的硬件平台,在控制云高效的网络控制和资源调度下,实现海量业务数据流的高可靠、低时延、均负载的高效传输。

基于"三朵云"的新型 5G 网络架构是移动网络未来的发展方向,但实际网络发展在满足未来新业务和新场景需求的同时,也要充分考虑现有移动网络的演进途径。5G 网络架构的发展会存在局部变化到全网变革的中间阶段,通信技术与 IT 技术的融合会从核心网向无线接入网逐步延伸,最终形成网络架构的整体演变。

6.5.3　5G 应用场景

ITU 为 5G 定义了 eMBB、mMTC 及 uRLLC 三大应用场景,如图 6-17 所示。实际上

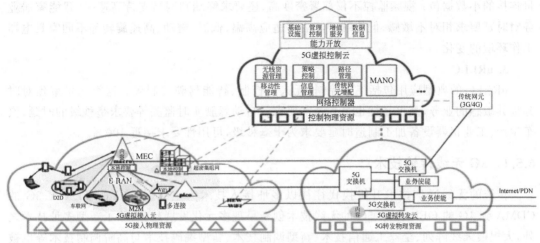

图 6-16 "三朵云"5G 网络总体逻辑架构

不同行业往往在多个关键指标上存在差异化要求,因而 5G 系统还需支持可靠性、时延、吞吐量、定位、计费、安全和可用性的定制组合。万物互联也带来更高的安全风险,5G 应能够为多样化的应用场景提供差异化安全服务,保护用户隐私,并支持提供开放的安全能力。

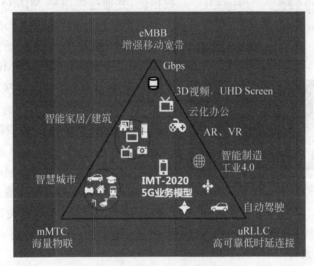

图 6-17 5G 三大应用场景

1. eMBB

eMBB 的典型应用包括超高清视频、虚拟现实、增强现实等。这类场景首先对带宽要求极高,关键的性能指标包括 100Mbps 用户体验速率(热点场景可达 1Gbps)、数十 Gbps 峰值速率、每平方千米数十 Tbps 的流量密度、每小时 500km 以上的移动性等。其次,涉及交互类操作的应用还对时延敏感,例如虚拟现实沉浸体验对时延要求在十毫秒量级。

2. mMTC

mMTC 的典型应用包括智慧城市、智能家居等。这类应用对连接密度要求较高,同时呈现行业多样性和差异化。智慧城市中的抄表应用要求终端低成本和低功耗,网络支持海

· 211 ·

量连接的小数据包；视频监控不仅部署密度高，还要求终端和网络支持高速率；智能家居业务对时延要求相对不敏感，但终端可能需要适应高温、低温、震动、高速旋转等不同家具电器工作环境的变化。

3. uRLLC

uRLLC 的典型应用包括工业控制、无人机控制、智能驾驶控制等。这类场景聚焦对时延极其敏感的业务，高可靠性也是其基本要求。自动驾驶实时监测等要求毫秒级的时延，汽车生产、工业机器设备加工制造时延要求为十毫秒级，可用性要求接近 100%。

6.5.4　5G 无线传输技术

传统的无线通信技术升级换代往往以多址接入技术为主线，从 2G 的 TDMA、3G 的 CDMA 到 4G 的 OFDMA。5G 的无线技术创新呈现多元化发展趋势，除了新型多址技术之外，大规模天线阵列、全双工通信技术、新型调制技术、新型编码技术与高阶调制技术等也被认为是 5G 的无线传输关键技术，均能够在 5G 主要技术场景中发挥关键作用。

1. Massive-MIMO 技术

大规模天线阵列（Massive-MIMO）属于一种多入多出的通信系统，其在现有多天线基础上通过增加天线数可支持数十个独立的空间数据流，并通过多用户 MIMO 技术，支持更多用户的空间复用传输，数倍提升 5G 系统频谱效率，用于在用户密集的高容量场景提升用户体验。如图 6-18 所示，Massive-MIMO 系统还可以控制每一个天线通道的发射（或接收）信号的相位和幅度，从而产生具有指向性的波束，以增强波束方向的信号，补偿无线传播损耗，获得赋形增益，赋形增益可用于提升小区覆盖，如广域覆盖、深度覆盖、高楼覆盖等场景。Massive-MIMO 应用于 5G 需解决信道测量与反馈、参考信号设计、天线阵列设计、低成本实现等关键问题。基站使用几十甚至上百根天线，波束窄，指向性传输，高增益，抗干扰，提高频谱效率。

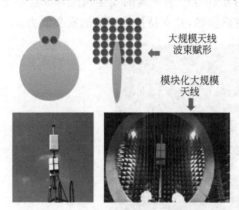

图 6-18　Massive-MIMO 及实验

2. 新型多址技术

新型多址技术通过发送信号在空/时/频/码域的叠加传输，实现多种场景下系统频谱效率和接入能力的显著提升。此外，新型多址技术可实现免调度传输，将显著降低信令开销，缩短接入时延，节省终端功耗。目前业界提出的技术方案主要包括基于多维调制和稀疏码扩频的稀疏码分多址（Sparse Code Multiple Access，SCMA）技术，基于复数多元码及增强叠加编码的多用户共享接入（Multi-User Shared Access，MUSA）技术，基于非正交特征图样的图样分割多址（Pattern Division Multiple Access，PDMA）技术以及基于功率叠加的非正交多址（Non-Orthogonal Multiple Access，NOMA）技术。NOMA、MUSA、PDMA、SCMA 等非正交多址技术，进一步提升系统容量，支持上行非调度传输，减少空口时延，适应低时延要求。

3. 全双工通信技术

全双工通信技术指的是在相同的频谱上,通信的收发双工在同一时间发射、接收信号,相比于传统 FDD、TDD 半双工模式,该技术能够突破频谱资源使用的限制,可用频谱资源是之前的两倍。但是,实现全双工技术需要拥有极高的干扰消除能力。目前自干扰消除力,主要是采用物理层干扰消除的方法进行的,主要包括天线自干扰消除、模拟电路域自干扰消除、数字域自干扰消除等。

4. 新型调制技术

采用滤波器组多载波技术(Filter-Bank Multicarrier,FBMC),主要就是解决 OFDM 需要引入一个比时延扩展还长的循环前缀问题,采用 FBMC 技术不会存在该问题,从而大大提高了调制效率。FBMC 的核心思想:保持符号持续时间不变(没有引入额外的时间开销),在发射及接收端添加额外的滤波器来处理时域中相邻多载波符号之间的重叠。

5. 新型编码技术

LDPC 码即低密度奇偶校验码,最早由美国麻省理工学院 Robert G. Gallager 博士于 1963 年提出,是一类具有稀疏矩阵的线性分组码,其翻译复杂程度较低、结构比较灵活。Polar 码则是编解码界新星,它是一种全新的线性信道编码方法,该码字是迄今发现的唯一一类能够达到香农极限的编码方法,且有较低的编译码复杂度。2016 年 10 月 14 日召开的 3GPP RAN1 会议界定 5G 通信将使用 LDPC 码作为 eMBB 业务信道的长块编码方案,同年 11 月 14 日召开的 RAN1 会议决定 Polar 码确定为 eMBB 场景控制信道编码方案,并进一步决定 LDPC 码作为 eMBB 场景业务信道短码编码方案。

6. 高阶调制技术

5G 兼容 LTE 调制方式,同时引入比 LTE 更高阶的调制技术,进一步提升频谱效率,如采用 256QAM、1024QAM 调制。

6.5.5　5G 组网技术

5G 网络与 4G 相比,网络架构向更加扁平化的方向发展,控制和转发进一步分离,网络可以根据业务的需求灵活动态地进行组网,从而使网络的整体效率得到进一步提升。5G 的组网技术主要包括超密集组网技术、网络切片技术、边缘计算技术及面向服务的网络体系架构。

1. 超密集组网技术

如图 6-19 所示,超密集组网通过增加基站部署密度,可实现频率复用效率的巨大提升,但考虑到频率干扰、站址资源和部署成本,超密集组网可在局部热点区域实现百倍量级的容量提升。干扰管理与抑制、小区虚拟化技术、接入与回传联合设计等是超密集组网的重要研究方向。

2. 网络切片技术

5G 端到端网络切片是指将网络资源灵活分配,网络能力按需组合,基于一个 5G 网络虚拟出多个具备不同特性的逻辑子网。每个端到端切片均由核心网、无线网、传输网子切片组合而成,并通过端到端切片管理系统进行统一管理。基于 NFV 和 SDN 技术,5G 网络切片技术为不同的应用场景提供隔离的网络环境,使不同的应用场景可以根据自身要求定制功能与特性,如图 6-20 所示,基于服务化架构的核心网支撑切片按需构建,灵活无线切片和

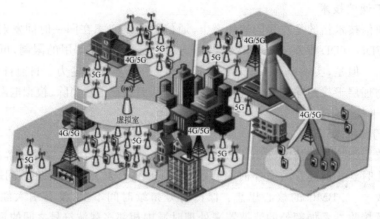

图 6-19　超密集组网架构

统一空口架构设计适配多样化切片场景,SDN 化传输网配合多层次切片技术灵活构建传输切片,端到端切片编排管理实现模型驱动的切片运营。5G 网络切片的目标是结合终端设备、接入网资源、核心网资源、网络运营和维护管理系统,为不同的业务场景或业务类型提供独立、隔离和集成的网络。

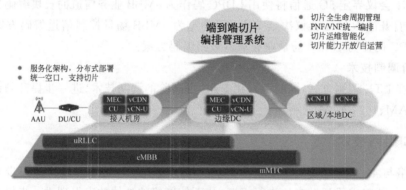

图 6-20　5G 网络切片整体架构

3. 边缘计算技术

5G 算力需求受到信号处理和边缘计算两大驱动,一方面,通信信号处理需求的增多对算力提出了新要求;另一方面,5G 是物联网创新的起点,将带来多种物联场景,边缘计算是支撑物联技术低延时、高密度等条件的具体网络技术体现形式,具有场景定制化强等特点,多场景的算力需求驱动边缘端计算能力的提高。边缘计算作为 5G 新特性将成为重要增量部分,较之传统云计算,边缘计算安全性更高、低时延、带宽成本低,将成为 5G 时代不可或缺的一部分,同时,由边缘计算带来的算力需求也将成为 5G 时代重要增量部分。在网络边缘提供电信级的运算和存储资源,业务处理本地化,降低回传链路负荷,减小业务传输时延。

4. 面向服务的网络体系架构

5G 新型核心网架构支持控制与转发分离、网络功能模块化设计、接口服务化和 IT 化、增强的能力开放等新特性,以满足 5G 网络灵活、高效、开放的发展趋势。5G 核心网实现了网络功能模块化以及控制功能与转发功能的完全分离。控制面可以集中部署,对转发资源进行全局调度。用户面可按需集中或分布式灵活部署,当用户面下沉靠近网络边缘部署时,可实现本地流量分流,支持端到端毫秒级时延。5G 核心网控制平面功能借鉴了 IT 系统中服务化架构,采用基于服务的设计方案来描述控制面网络功能及接口交互。由于服务化架构采用 IT 化总线,服务模块可自主注册、发布、发现,规避了传统模块间紧耦合带来的繁多复杂互操作,提高功能的重用性,简化业务流程实现。

6.5.6 5G 主要挑战

1. 无线设备器件的挑战

无线设备主要包括基带数字处理单元以及 ADC/DAC/变频和射频前端等模拟器件。5G 为了追求更高的吞吐量和更低的空口用户面时延,采用更短的调度周期及更快的混合自动重传请求(Hybrid Automatic Repeat reQuest,HARQ)反馈,对 5G 系统和终端要求更高的基带处理能力,从而对数字基带处理芯片工艺带来更大挑战。模拟器件的主要挑战在于产业规模不足,新型功放器件的输出功率/效率、体积、成本、功耗以及新型滤波器的滤波性能等尚不满足 5G 规模商业化要求,特别是射频元器件和终端集成射频前端方面,尽管已具备一定研发和生产能力,但需要在产业规模、良品率、稳定性和性价比等方面进一步提升。至于未来的毫米波段,则无论是有源器件,还是无源器件,对性能要求更高,需要业界付出更大的努力。

2. 多接入融合的挑战

移动通信系统从 1G 到 4G,经历了迅猛发展,现实网络逐步形成了包含多种无线制式、频谱利用和覆盖范围的复杂现状,多种接入技术长期共存成为突出特征。如何实现多接入网络的高效动态管理与协调,同时满足 5G 的技术指标及应用场景需求是 5G 多网络融合的主要技术挑战。具体包括如下。

(1)网络架构的挑战。5G 多网络融合架构中将包括 5G、4G 和 WLAN 等多个无线接入网和核心网。如何进行高效的架构设计,如核心网和接入网锚点的选择,同时兼顾网络改造升级的复杂度、对现网的影响等是 5G 网络架构研究需要解决的问题。

(2)数据分流的挑战。5G 多网络融合中的数据分流机制要求用户面数据能够灵活高效地在不同接入网传输,且最小化对各接入网络底层传输的影响,这就需要根据部署场景和性能需求进行有效的分流层级选择,如核心网、IP 或 PDCP 分流等。

(3)连接与移动性控制的挑战。5G 中包含了更多复杂的应用场景及更加多样的接入技术,同时引入了更高的移动性能要求。与 4G 相比,5G 网络中的连接管理和控制需要更加简化、高效、灵活。

3. 网络架构灵活性的挑战

5G 承载的业务种类繁多,业务特征各不相同,对网络要求不同。业务需求多样性给 5G 网络规划和设计带来了新的挑战,包括网络功能、架构、资源、路由等多方面的定制化设计挑战。5G 网络将基于 NFV/SDN 和云原生技术实现网络虚拟化及云化部署,目前受限于容器技术标准尚未明确和产业发展尚未成熟的情况,5G 网络云化部署将面临安全隔离技术待完善等方面的挑战。5G 网络基于服务化架构设计,通过网络功能模块化、控制和转发分离等使能技术,可以实现网络按照不同业务需求快速部署、动态地扩缩容和网络切片的全生命周期管理,包括端到端网络切片的灵活构建、业务路由的灵活调度、网络资源的灵活分配,以及跨域、跨平台、跨厂家乃至跨运营商(漫游)的端到端业务提供等,这些都给 5G 网络运营和管理带来新的挑战。

4. 灵活高效承载技术的挑战

5G 网络带宽相对 4G 预计有数十倍以上增长,导致承载网速率需求急剧增加,25G/50G 高速率将部署到网络边缘,25G/50G 光模块低成本实现和波分复用(Wavelength Division Multiplexing,WDM)传输是承载网的一大挑战。uRLLC 业务提出的毫秒量级超低时延要求则需要网络架构的扁平化和多接入边缘计算(Multi-Access Edge Computing,MEC)的引入以及站点的合理布局,微秒量级超低时延性能是承载设备的另一个挑战。5G 核心网云化及部分功能下沉、网络切片等需求导致 5G 回传网络对连接灵活性的要求更高,如何优化路由转发和控制技术,满足 5G 承载网路由灵活性和运维便利性需求,是承载网的第三个挑战。

5. 终端技术的挑战

与 4G 终端相比,面对多样化场景的需求,5G 终端将沿着形态多样化与技术性能差异化方向发展。5G 初期的终端产品形态以 eMBB 场景下手机为主,其余场景(如 uRLLC 和 mMTC)的终端规划将随着标准与产业的成熟而逐步明朗。5G 的多频段大带宽接入以及高性能指标对终端实现提出了天线、射频等方面的新挑战。从网络性能角度,未来 5G 手机在 sub-6GHz(6GHz 以下)频段可首先采用 2T4R 作为收发信机基本方案。天线数量增加将引起终端空间与天线效率问题,需对天线设计进行优化。对 sub-6GHz 频段的射频前端器件需根据 5G 新需求(如高频段、大带宽、新波形、高发射功率、低功耗等)进行硬件与算法优化,进一步推动该频段射频前端产业链发展。

6.6　未来移动通信

随着 5G(IMT-2020)技术国际标准的正式发布以及市场的快速推进,通信学术界、产业界以及标准化组织均启动了新一代移动通信(简称 6G)在愿景、需求和技术上的研究。2020年 2 月,国际电信联盟无线电部门 5D 工作组(ITU-R WP5D)召开了第三十四次会议,暨本年度世界无线电通信大会 WRC-19 后的第一次会议,正式开始面向 2030 及未来(即 6G)的研究工作,并于同年 10 月向各大外部组织发送联络函,征集业内相关机构对于 6G 技术发展趋势的观点。

中国工信部于 2019 年成立了 6G 研究组,并在 2019 年底正式更名为 IMT-2030 推进组,推动 6G 相关工作。中国信息通信科技集团大唐移动通信设备有限公司也于 2019 年年初组建面向 6G 的专家团队,开展对于 6G 愿景、需求、能力与关键技术的系列研究。

6.6.1　6G 的总体愿景及需求

随着移动互联网与物联网的持续升级和泛在化,网络渗透到各行各业,改变着人类社会的生活和生产方式,网络空间与人类社会及物理世界将深度耦合。新一代的移动通信系统(6G)将深度融合到人类生活以及社会生产的方方面面,形成无所不在的智能移动网络。

6G 通信网络将实现全球立体深度覆盖,将空间、陆地以及海洋紧密无缝连接,即不仅提供陆地通信服务,还将提供空间通信,设备和设备间的短距离通信,以及物理空间与虚拟空间的通信服务,等等。进一步,还将以人为中心发展体域网络(Body Area Network,BAN),形成既有广度又有深度的多层覆盖。

6G 通信网络也将实现多网络融合的智能泛在体系,构建与人类社会和物理世界紧密连接的网络空间。6G 移动通信服务将在公众消费市场与垂直行业服务中进一步拓展和深化,结合新的业务与服务及新的商业模式的创新,全面支撑大数据和人工智能应用,以数据和内容为基础,面向个人用户和行业用户提供高度个性化、基于场景连接的智慧服务。

移动通信产业将持续在带动产业升级与推动经济发展的过程中发挥重要作用,6G 系统将充分体现移动通信网络的基础设施属性,形成以提供通信能力为主,同时具备其他诸如智能、感知、计算、安全等能力的综合移动信息网络,提供更为灵活动态的网络服务,结合大数据、云计算、人工智能、区块链等新技术,进一步在更为广泛的领域实现物联服务。在以用户为中心,以数据为中心,以内容为中心提供个性化的智能服务的同时,6G 还将提供更具有适应性的网络安全保证。

在 6G 系统发展过程中,移动通信技术,包括无线空中接口和网络技术的进一步创新与优化,将与数字、信息技术深度融合,支持网络与服务的升级拓展。同时,通过内生安全机制,提供更具适应性的网络安全保证,确保网络的可信、可管和可控。6G 芯片、软件和设备及解决方案的开发也将进一步实现平台化、软件化、IP 化、开源化和智能化,从而形成新的产业生态。

6.6.2　6G 场景与应用

"4G 改变生活,5G 改变社会",随着 5G 应用的快速渗透、科学技术的新突破、新技术与通信技术的深度融合,6G 必将衍生出更高层次的新需求,产生全新的应用场景。如果说 5G 时代可以实现信息的泛在可取,6G 应在 5G 基础上全面支持整个世界的数字化,并结合人工智能等技术的发展,实现智慧的泛在可取、全面赋能万事万物。

6G 着重考虑 2 类主要的技术与服务的使用场景。

(1) 全覆盖移动宽带场景。该类场景包含陆地不同深度和广度的环境、空间、水下、超近距等无所不在全覆盖的高速网络,低时延高可靠同时超大数据量要求的通信,以及特种通信、应急通信等。该场景主要面向人类生活的通信应用,如新型多媒体、超大数据量的热点传输等,要求网络可以提供高速率传输和具有针对性的用户体验。

(2) 智能跨领域场景。该类场景是通信、大数据以及智能化技术在工厂、医疗、交通、服务业以及新型的产业与应用中的跨领域结合。该场景主要面向生产与社会服务中的通信应用。在提供信息承载的同时,通信还可以结合感知、高精度定位、远距离操作、智能控制等功能,匹配新性能维度的需求。由于面向不同领域的应用,该使用场景的发展应该更为灵活广泛。

城市规模的扩张、社会治理的进步、人类生活以及生产质量的提高驱动着 6G 的发展。回顾 1G 至 5G 的技术演进与市场化、产业化的发展轨迹,不可否认,6G 将催生人们目前还无法准确预知的重要场景和应用。从技术发展与展望的角度,业内将目光更多地投入在以下通信应用场景及业务服务中。

1. 空天地立体全覆盖

空天地立体全覆盖,将能够在任何地点、任何时间,以任何方式提供信息服务,实现天基、空基、陆基等各类用户接入与应用。系统不仅可以在全球范围内实现宽带和大范围的物联网通信,还可以集成精确定位、导航、实时地球观测等各种新功能,如图 6-21 所示。从应用场景来看,其可以在内陆地区用地面基站覆盖,发挥容量优势,满足海量接入需求;在偏远地区用卫星或临空平台覆盖,发挥覆盖优势,节省基站建设成本。

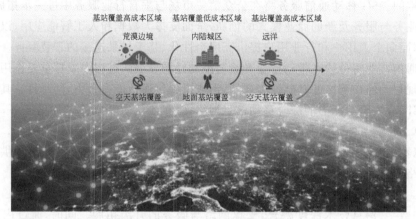

图 6-21　空天地立体全覆盖

支持空天地立体全覆盖的 6G 网络需要满足以下一系列技术需求。

(1)网络的覆盖广度和深度持续提升,覆盖率可达 100%,实现真正的全球全域泛在通信。

(2)网络支持大时空场景的用户极简极智接入、高效天基计算、星地多维与多元素之间的功能柔性分割和智能重构、多星协作和天地协作传输以及无线资源的统一管控,能够提供广域时敏服务和按需确定性服务,明显提升系统的平均频谱效率和边缘频谱效率。

(3)网络支持各种形态的终端,其中终端移动速度可达 1000km/h 以上。

(4)网络需具有很好的抗毁应灾能力。

2. 深度覆盖

随着移动通信在人们生活中的渗透程度的提高,人们对通信质量的要求越来越高,难以容忍低质量区域。深度覆盖旨在消除覆盖盲点,提升弱覆盖区域的覆盖能力以及用户的通信体验。深度覆盖场景包括室内和室外,其典型场景有建筑群场景、道路场景、开阔场景以及广域深度覆盖场景等。为了实现无处不在的智能通信,6G 系统对深度覆盖的覆盖率要求将达到近乎 100%。

3. 全息通信

全息通信是面向未来虚拟与现实深度融合的一种新的呈现形式,以其自然逼真的视觉、触觉、嗅觉等多维感官的物理世界数据信息还原、赋能虚拟世界的真三维显示能力,使人们将不受时间、空间的限制,身临其境般地享受完全沉浸式的全息交互体验。其塑造了全息式的智能沟通、高效学习与教育、医疗健康、智能显示、自由娱乐,以及工业智能等众多领域的生活新形态。

在实现全息万物智联的同时,通信系统将面临更高的技术挑战以满足全息通信的传输需求。以单流 4K(4096×2160)为单位像素,5×5 的全息图像数据为例,采用 60fps 刷新率及 100∶1 压缩比,为支持全息多维立体呈现效果,需支持至少 360 个并发流,传输峰值带宽将达 Tbps 量级,同时对终端解码能力提出了更高的要求。

4. 增强扩展现实

增强扩展现实(XR)作为未来移动通信的一种重要业务,能够通过计算机技术与可穿戴设备,在现实世界与虚拟世界结合的环境中,实现用户体验扩展与人机互动,满足用户日益增长的感官体验与互动需求。根据虚拟化程度的不同,增强扩展现实可分为增强现实(Augmented Reality,AR)、混合现实(Mix Reality,MR)以及虚拟现实(Virtual Reality,VR)等多种类型,并将广泛应用于娱乐、商务、医疗、教育、工业、紧急救援等领域。

随着增强扩展现实业务的普及,未来移动通信系统所面临的技术挑战是应对该业务数据传输速率与传输时延的更高要求。例如,需要在满足极高可靠性的同时,还要求有更低的端到端时延,如小于 1ms;对一些 XR 业务还至少需要 1.5Gbps 的传输要求,当 100 个用户同时应用该 XR 业务时,所需区域流量密度约为 13Mbps/m²。此外,随着用户对终端设备的便携性以及功能完整性要求的提升,一部智能终端应用 XR 需要 3～5W 的功耗,终端节电也是未来移动通信系统所面临的巨大挑战之一。

5. 探测感知

探测感知涵盖精准定位、4D 成像以及物质特性识别等多维度、深层次感知服务,将是 6G 系统提供的一项重要服务能力,也是智能化网络应用的基础。探测感知可服务于通信系统本身,实现精准赋形、干扰协调、流量控制、网络资源优化等,全面提升系统性能。同时,借助于探测感知,6G 系统将为人们提供智能工厂、智慧交通、智慧医疗等一系列场景应用中更为精准和个性化的数据信息。

通信感知对 6G 系统的性能要求提出了新的维度,包括感知精度、感知容量、感知时延、感知范围等。例如,服务于演进的工业场景,在要求低时延高可靠的前提下,还需要毫米级的感知定位精度以及高成像分辨率。

6. 公共安全

在 6G 移动通信技术的支持下,公共安全的通信服务将进一步从以语音为中心的群组通信模式向全维实时态势感知、基于 XR 的信息共享通信模式发展演进。公共安全部门通过在重点区域部署固定传感器、有人/无人平台移动传感器、执法人员可穿戴传感器等,将不同来源的公共安全信息数据进行融合处理,实现数据驱动的事件监测、跟踪和预测,并借助数字孪生技术在后方构建全景式虚拟现场环境,以期提高指挥控制决策效率、实时反馈评估行动效果。

为确保公共安全通信服务的实时性、可用性、可靠性和安全性,需要全面提升公共安全通信系统的性能。例如,数据传输速率达到 Tbps 量级,以满足关键任务的超高清视频(4K/8K/16K 等)多路并行传输需求和超大流量交互式数据传输需求;系统具备分钟级快速机动部署能力,以满足突发公共安全事件的紧急处置要求;系统具有极高可靠性,以满足高精度对象(人脸、指纹、虹膜等)识别的数据传输要求;采用"内生"网络安全机制实现链路级、设备级、系统级、数据级、应用级的多层次网络安全防护。

7. 智能移动载人平台

5G 中对于智能车联网进行了较广范围的研究,其应用场景主要包括高级驾驶、辅助驾驶、自动驾驶和远程驾驶等。到了 6G 时代,智能车联网将有进一步的发展,全自动无人驾驶的智能汽车将更为普及,将人们从驾驶的负担中解放出来,不仅为驾驶的安全、自动化提供便利,也将为乘客提供丰富的信息、娱乐、医疗救治等服务。进一步,更多的智能移动载人平台接入网络,将在"海-陆-空"多个层面为人们提供更加便捷的、立体化的交通服务。例如,无人机因其灵活操控的特点,将广泛应用于工业、农业、服务和军事等各种场景。

在实现包含"海-陆-空"多层面立体化交通服务的同时,6G 系统需要满足多样化智能移动载人平台的通信需求。例如,全自动无人驾驶根据不同级别需要延迟低至 3ms,可靠性高达 99.999%;远程医疗救护等特种车辆要求上行传输数据速率高达 Gbps,数据的延迟低至 1ms;车内娱乐或信息服务则要求更高的数据量。为满足无人机等空中智能移动平台的服务,需要构建三维网络架构来覆盖空间各个维度的用户、移动平台等。

8. 医疗健康

基于 6G 网络,健康医疗将进一步向智能化、个性化和泛在化方向发展。随着人工智能、大数据、传感器和触觉网络的不断成熟,将形成基于 AI 的智能人体参数获取与病变预测、基于"数字孪生人"的个性化健康监管与靶向治疗、基于全息的医学样本多维深度研究以及远程诊断与手术等广泛的医疗健康新形态,以增强社会医疗服务体系,为人民健康生活保驾护航。

未来将有大量的传感设备广泛应用于人体健康医疗中,通信系统所需提供的连接密度将大于 100 个/人。由于植入芯片及纳米级设备的引入,其功耗应降低为原来的 1/100～1/10。为实现远程全息医疗手术中的精准操作与实时传输,传输带宽将达 Tbps 量级,可靠性最大程度接近 100%,对于医疗手术等应用进一步要求时延低于 5ms。为实现医疗健康中的云存储及大数据智能分析等,要求网络具有超高的云存储与计算能力,同时高效保障数据的隐私安全。

9. 智能工厂

未来工厂将以面向公众的移动通信系统为入口,呈现一系列全新特征,比如个性化、定制化生产;生产资料、工艺以及生产地点的灵活配置;生产过程无人化;利用无人车、无人机进行产品自动化交付等。在未来工厂中,以 6G 为基础的信息通信系统将在需求导入、工厂配置、生产制造、产品交付等过程中提供通信、感知、智能等一系列能力,从而形成按需生产的智能工厂,服务于工厂业主以及最终用户,如图 6-22 所示。

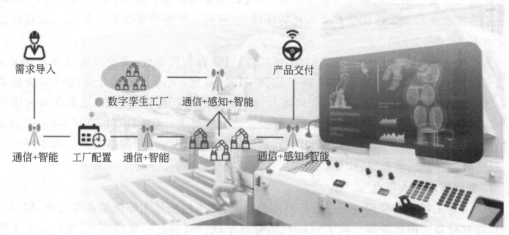

图 6-22　智能工厂

在未来的智能工厂中,通信需求将呈现多样化、差异化的特点。例如,在需求交互过程中,采用 XR 或者全息通信需要 Tbps 量级的传输速率;而在生产过程中仅需较低的传输速率以传递控制命令,但需要极低的时延抖动(如 1μs)和极高的可靠性(如 99.999 999 9%)。机器与机器之间的通信将是未来工厂中通信的主体,特别在生产制造以及产品交付过程中,有限数量的机器动作以及语言符号可简化甚至改变通信的方式,定位与感知将成为辅助机器间通信以及行为的关键技术。智能化将贯穿未来工厂从需求导入到产品交付的全过程,特别是利用人工智能技术实现智能工厂的全流程控制,将更有利于实现产能、通信、感知、计算等资源的优化配置。借助数字孪生技术,未来工厂可实现相关资源的预配置,甚至工厂升级换代。

10. 数字孪生社会

数字孪生社会是指将数字孪生技术应用到各行各业所产生的人类生活共同体,例如,制造、航空、医疗、医药、农业、城市等。在数字孪生社会中,我们可以更好地了解和掌控我们的生活与工作,并可以预测与防控未来可能出现的故障和风险等。数字孪生是物理系统或生物实体的人工智能虚拟孪生体,通过实体与孪生体间的无缝连接、一一对应,以及实时数据交换,借助人工智能与大数据技术,在实体的全生命周期内,实现对实体的实时监控、控制、优化、预测和决策改进等。

数字孪生社会对 6G 通信系统的要求呈现出新的特性,即实时精确的感测、多模态终端、泛在通用计算、实时控制与预测、新的人机交互接口以及多感官数据的融合等。数字孪生社会对 6G 系统的要求有重要的影响,孪生城市要求更大数量的连接,区域流量密度上行可达 Tbps/km² 的量级;孪生医疗要求更低的时延与更高的可靠性,如时延 0.1~1ms 和准确率 99.999 99%,以及更低的能耗等。

6.6.3 6G 能力

6G 通信能力与使用场景和应用有着非常密切的联系,同时考虑与智能化、大数据等 IT 技术相结合,需要支持数据交互和计算能力。由于网络的复杂度以及灵活性要求大幅升级,相应地也将提升网络安全能力,如图 6-23 所示。

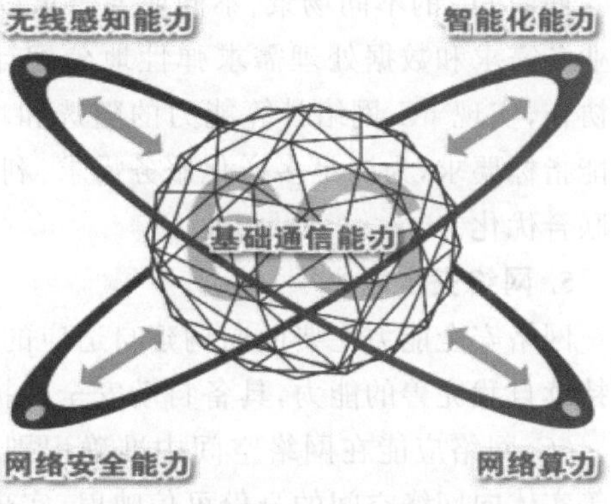

图 6-23 6G 基础通信能力

1. 基础通信能力

该能力主要面向满足未来趋势的不同使用场景中各种各样的通信质量要求,支持应用的灵活性和多样性。在满足各个场景的通信能力时,越来越多地需要考虑同时达成多个性能指标的组合要求。

这些性能要求主要与 6G 通信服务的使用场景相关。有些关键技术指标,例如,频谱效率、可靠性、移动性等是在 5G 阶段已经广泛使用的衡量标准,但 6G 要求将更高。还有一些关键技术指标,例如定位精度等,伴随移动通信应用的逐步发展,特别是在跨领域的场景中,逐步体现出重要性。未来根据一些全新的跨领域场景,例如智能工厂、探测感知等,可能会带来新的技术指标要求,用于衡量支撑该场景的通信质量。

2. 智能化能力

智能化能力主要面向移动通信系统自身,提升其智能化水平,这将是 6G 具备的重要能力之一。智能化能力在 6G 将发展为内生智能,即网络可以不需要外界干预,通过例如内嵌的数据处理、机器学习模型的训练、推演与分发等功能实现无线网络智能化。这样可有效缩短大量相关数据的传输路径和时延,并实现分布式人工智能,避免隐私泄露和数据安全问题。

具备内生智能的通信系统,将根据外部环境和业务的变化自动进行网络部署、无线资源管理、无线信号处理,实现各网元的自治,为各行各业提供智能高效的定制化服务。

3. 无线感知能力

电磁波(包括光波)既可以用来传递信息,也可以用来感知成像。感知与通信一体化融合,为移动通信系统增加了新的能力维度,扩展了其作为信息基础设施的服务范围,为移动通信系统及其服务的对象提供了新的数据获取途径,特别地,利用感知所获得的数据可以作为网络智能化的数据基础。传统的相关应用,例如定位、雷达、成像、遥感、探测,在工业领域,特别是生产制造场所执行大规模且超过人类感知能力的探测感知操作,以及服务于数字孪生应用中物体、人以及环境的信息获取均可以通过 6G 无线感知能力来实现。

4. 网络算力

伴随着人工智能的快速发展,6G 网络将支持大量具有智能的机器接入,集中式的数据中心计算能力和智能终端的计算能力面临着极大的挑战,传统的端和云两级架构不能满足海量数据的处理要求,计算能力将向网络边缘发展,因此 6G 网络的计算能力将从"端—云"架构向"端—网—云"协同的架构方向演进。

面向 6G 的不同场景、不同业务需求以及 6G 网络的智慧内生属性要求,6G 网络可以根据业务需求和数据处理需求弹性地分配计算能力。同时,6G 网络通过"端—网—云"的高效协作,实现 6G 网络计算能力的随选和均衡应用。"端—网—云"协同需考虑多维度关键性能指标要求,为满足多样化服务需求,利用网络内生智能,将计算资源优化扩展到多维资源联合优化。

5. 网络安全能力

网络安全能力主要面向构建自适应的网络安全架构,具备动态地监测、分析、反馈、预测并持续自我完善的能力,具备自动安全防护的能力,实现网络安全的自适应和可编程。

6G 网络应能在网络空间中准确识别网络行为主体,通过现实空间中人、设备、应用服务等实体向网络空间的身份可信映射,实现网络空间与现实空间身份的可信对应。

6G 网络应能提供所需即所得的安全通信和应用服务,满足多样化应用场景需求,也应具备智能场景感知和按策略服务的能力。通过对场景信息的实时感知和智能分析,根据服务对象和场景智能选取不同的安全策略进行资源配置,提供差异化网络安全服务。

6G 网络应支持实体内建可信免疫机制,采用主动方式保证网络和服务正常运行,实现对病毒、木马的主动防御。

6.6.4 6G 技术趋势

为了满足未来移动通信的需求,需要创新的技术、技术组合和系统设计,用以提升空中接口能力、增强网络性能和其他指标,并将人工智能、感知、计算等与无线通信网络有效结合。新一代的通信系统和通信能力的要求,需要开发更多的频谱资源(例如,太赫兹频段)以及相关的基础器件和系统技术。同时,网络架构、协议体系以及系统实现与运维模式的新探索和新发展将带来新的可能性,相关的技术将用于进一步支撑安全、智能、高效、开放、共享的通信系统。

1. 超维度天线技术

超维度天线技术(xDimension MIMO,xD-MIMO)是大规模天线技术的演进升级,它不仅包含天线规模的进一步增加,还包括新型的系统架构、新型的实现方式、智能化的处理方式等。xD-MIMO 的使用也不再限于通信,还包括感知、高维度定位等。xD-MIMO 的智能化体现在 xD-MIMO 的各个方面,包括智能化的波束赋形、信号处理等,将充分挖掘xD-MIMO 技术的潜力,使其达到前所未有的性能。

如图 6-24 所示,新型的系统架构包括分布式 xD-MIMO 系统和基于智能超表面(Reconfigurable Intelligent Surfaces,RIS)的 xD-MIMO 系统等。分布式 xD-MIMO 系统采用灵活的分布式部署,通过各分布式节点间智能高效的协作进行资源调度和传输,可以有效地增强覆盖、消除用户的边界感、降低用户的能耗。基于 RIS 的 xD-MIMO 系统可以通过智能超表面实现 xD-MIMO 的集中式或分布式传输,以及传播环境的智能重构。

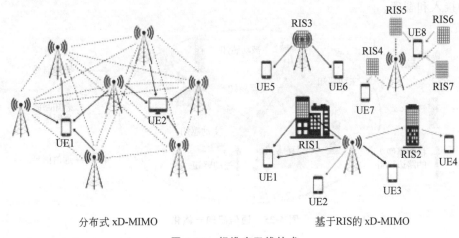

分布式 xD-MIMO   基于RIS的 xD-MIMO

图 6-24　超维度天线技术

2. 空天地融合技术

针对天基多层子网(包括高轨卫星、中低轨卫星以及临空平台等)和地面蜂窝多层子网(包括宏蜂窝、微蜂窝和皮蜂窝等)组成的多重形态立体异构空天地融合的通信网络,期望构建包含统一空口传输协议和组网协议的服务化网络架构,来满足不同部署场景和多样化的业务需求。未来用户只需要携带一部终端,就可以实现全球无缝漫游和无感知切换。

空天地融合技术应具备简洁、敏捷、开放、集约和资源随选等特点,尽量减少网络层级和接口数量,降低运营和维护的复杂性。此外,面对空天与地之间在传输时延、多普勒频移等差异极大的信道环境,网络应能够高效利用时、频、空、功率等多维资源提升传输性能。应对这些挑战,需要建立弹性可重构的网络架构、高效的天基计算、空天地统一的资源管控机制、高效灵活的移动性管理与路由机制,进行天地的智能频谱共享、极简极智接入、多波束协同传输,以及统一的波形、多址、编码等设计。

3. 智能无线技术

以机器学习为代表的人工智能技术将与 6G 系统的各个层面,例如网元设计、协议建立、网络侧和空中接口进行深度融合,形成智能无线技术,提升无线通信系统的整体以及定制化性能、自治能力,并且有效降低成本。例如,可以利用智能化技术,探寻新型的调制与编译码、提升频谱的使用效率以更好地实现频谱感知和共享、动态进行网元功能与能力的调整以适应通信情境的变化等。

有别于 5G 以外挂的方式引入人工智能,6G 将采用网络内生的智能无线技术实现无线网络智能化。鉴于算力由计算中心向网络边缘、用户终端的不断发展,智能无线技术也将呈现出分布式发展的趋势,核心网、基站、终端等网元均将具备不同程度的智能,借助联邦学习、迁移学习等新兴机器学习技术,共同提升 6G 无线网络智能化的水平。

4. 通信感知一体化技术

5G 及以前的移动通信系统可以为感知数据提供传输的通道。在 6G 系统中,无线感知和无线通信可以进行更为深度的融合,采用被动感知、主动感知、交互感知等方式与无线通信形成互补,如图 6-25 所示。例如,可利用无线感知技术对需要通过无线网络传输的原始图像或其对应的数据信息,通过无线感知的方式进行获取,而获取的信息也可以进一步辅助通信的接入和管理。

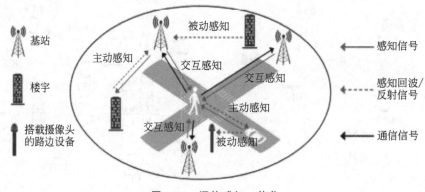

图 6-25　通信感知一体化

在 6G 系统中,可进一步有效利用太赫兹、可见光等高频段的频谱资源,通过通信和感知模块的融合以及波形和多天线技术的协同,实现对例如环境、位置、人体动作的精准感知,同时还可降低设备体积。但通信与感知技术的融合也将对移动通信系统的收发信机提出更高的挑战,例如采用类似雷达的主动感知技术需要收发信机支持全双工通信功能等。

5. 演进的多址接入技术

多址接入技术在过去的几代无线通信演进中均具有重要的作用。通过该技术,可以使得更大数量的用户同时接入网络,有效地保证系统的容量。但至今为止,多址技术在标准化和产品实现中仍然偏重于正交的多址技术,即采用完全正交的时间、频率资源来区分用户,这使得资源的利用既有限也不够灵活,对于 6G 出现的海量用户接入场景,呈现出其技术局限性。为了能保证无线通信中更多的用户同时接入且满足相应场景更高的通信需求,多址接入技术需要在 6G 系统中进一步演进,例如,采用非正交多址技术以及其相应的增强技术,来提高空口资源的使用维度,并有效提高接入和传输的成功率,同时,有利于更高优先级用户集合的接入。通过新型的或者优化的空口设计,非正交多址技术可以有效地提升接入的用户数量,缩短传输时延,特别是更利于垂直行业中小包数据的突发传输。

除以上这些关键技术趋势外,学术界、通信产业界还对大量潜在用于 6G 的使能技术展开研究工作,包括先进的调制、编码、波形、全双工等无线接口增强技术,支持新商业模式的新架构、数字孪生、智能网络服务、安全内生等提升无线网络性能和精准度的增强技术,以及更加高效的频谱使用技术、终端技术、增强网络适应性和可持续性的新兴技术。同时新兴技术面临的挑战是巨大的,特别是在超高频段上,要求新型的高性能器件、集成电路以及核心材料等,以支撑技术和性能发展。

6.7 宽带无线接入

无线接入技术的最大优点是接入不受线缆的约束,这在日益追求随时随地均可通信的今天,越发可贵。宽带无线接入分为固定接入和移动接入两种。宽带无线接入(Broadband Wireless Access,BWA),一般是指把高效率的无线技术应用于宽带接入网络中,以无线方式向用户提供宽带接入的技术,即终端(可以是固定的,也可以是移动的)通过无线的方式,以高宽带、高速率接入通信系统。宽带无线接入技术代表了宽带接入技术的一种新的不可忽视的发展趋势,不仅建网开通快、维护简单、用户较密时成本低,而且改变了本地电信业务的传统观念,最适于新的电信竞争者开展有效的竞争。宽带无线接入技术作为目前主流的无线技术,被各大运营商广泛采用,利用此技术运营商们提出了"无线城市"的概念,从而可以为终端用户提供广泛的信息服务和多媒体服务。

IEEE 802 标准组负责制定无限宽带接入的各种技术规范,根据覆盖范围将宽带无线接入划分为:无线个域网 WPAN(Wireless Personal Area Network)、无线局域网 WLAN(Wireless Local Area Network)、无线城域网 WMAN(Wireless Metropolitan Area Network)和无线广域网 WWAN(Wireless Wide Area Network)四个大类,如图 6-26 所示,它们共同组成宽带无线接入的网络架构。

图 6-26 BWA 技术分类

无线宽带接入技术主要包括如下。

(1) 以蓝牙、ZigBee、UWB(IEEE 802.15.3)为代表的无线个域网(WPAN)技术。

(2) 以 WiFi(IEEE 802.11)为代表的无线局域网(WLAN)技术。

(3) 以 WiMAX(IEEE 802.16)为代表的无线城域网(WMAN)技术。

(4) 以 IEEE 802.20 为代表的无线广域网(WWAN)技术。

6.7.1 无线个域网

在网络构成上,无线个域网(WPAN)位于整个网络链的末端,用于解决同一地点的终端与终端之间的连接,即点到点的短距离连接,它被用在诸如电话、计算机、附属设备以及小范围(个人局域网的工作范围一般是在 10m 以内)内的数字助理设备之间的通信,必须运行于许可的无线频段。支持无线个域网的技术包括蓝牙、ZigBee、UWB、IrDA、HomeRF 等,其中蓝牙技术在无线个域网中使用最广泛。WPAN 工作在个人操作环境,需要相互通信的装置构成一个网络,而不需要任何中央管理装置,可以动态组网,从而实现各个设备间的无线动态连接和实时信息交换。

目前承担 WPAN 标准化任务的国际组织主要是美国电子与电气工程师协会(IEEE) 802.15 工作组。除了基于蓝牙技术的 802.15.1 和 802.15.2 之外,IEEE 还推荐了其他两个类型:低速率的 802.15.4(TG4,以 ZigBee 为代表)和高速率的 802.15.3(TG3,以 UWB 为代表)。TG4 ZigBee 针对低电压和低成本家庭控制方案提供 20kbps 或 250kbps 的数据传输速度,而 TG3 UWB 则支持用于多媒体的介于 20Mbps~1Gbps 的数据传输速率。

6.7.2 无线局域网

无线局域网(WLAN)是目前在全球重点应用的宽带无线接入技术之一,是无线通信技术与网络技术相结合的产物,是对有线联网方式的一种补充和扩展,用于点对多点的无线连接,解决用户群内部的信息交流和网际接入,无线局域网的主干网路通常使用有线电缆,无线局域网用户通过一个或多个无线接入点(Access Point,AP)接入无线局域网,如企业网和驻地网。现在的大多数 WLAN 都在使用 2.4GHz 和 5GHz 频段。

IEEE 于 1990 年 11 月成立无线局域网标准委员会,并于 1997 年 6 月制定了全球第一个无线局域网标准 IEEE 802.11。目前该系列无线局域网标准有 IEEE 802.11、IEEE 802.11b、IEEE 802.11a、IEEE 802.11g、IEEE 802.11n、IEEE 802.11ac 等,其中每个标准都有其自身的优势和缺点。表 6-3 给出了 IEEE 802.11 系列标准的技术对比。

表 6-3　IEEE 802.11 系列标准的技术对比

标准版本	802.11a	802.11b	802.11g	802.11n	802.11ac
发布时间	1999 年	1999 年	2003 年	2009 年	2012 年
工作频段	5GHz	2.4GHz	2.4GHz	2.4GHz,5GHz	5GHz
传输速率	54Mbps	11Mbps	54Mbps	600Mbps	1Gbps
编码类型	OFDM	DSSS	OFDM,DSSS	MIMO-OFDM	MIMO-OFDM
信道宽度	20MHz	22MHz	20MHz	20/40MHz	20/40/80/160/80+80MHz

天线数目	1×1	1×1	1×1	4×4	8×8
调制技术	BPSK, QPSK, 16QAM, 64QAM	CCK	BPSK,QPSK,16QAM, 64QM,DBPSK, DQPSK,CCK	BPSK, QPSK,16QAM, 64QAM	BPSK, OPSK,16QAM, 64QAM,256QAM
编码	卷积码	—	卷积码	卷积码,LDPC	卷积码,LDPC

除了上述几个物理层标准外,IEEE 还根据 WLAN 的应用需求,提出了针对安全、QoS 和提高速率等问题的标准,如 802.11c、802.11d、802.11e、802.11f、802.11h、802.11i 等。欧洲通信标准协会（ETSI）也制定了 WLAN 领域的标准 HiperLAN1/HiperLAN2。HiperLAN1 与 802.11b 整体上相当,HiperLAN2 则是 HiperLAN1 的第二版本,对应于 IEEE 的 802.11a。

为了推动标准、产品和市场的发展,WLAN 领域的一些领先厂商组成了 WiFi（Wireless Fidelity)联盟,推动 IEEE 802.11 标准的制定,对按照标准生产的产品进行一致性和互操作性认证。这个联盟的工作十分有效,以至于使用通过了认证并以 WiFi 标注的产品组网被广泛称为 WiFi 网络。

6.7.3 无线城域网

无线城域网（WMAN）主要用于解决城域网的接入问题,覆盖范围为几千米到几十千米,由一个基站将若干个用户站无线接入到运营商的核心网络,数据传输速率可以高达 75Mbps;无线城域网除提供固定的无线接入外,还提供具有移动性的接入能力,包括多信道多点分配系统（Multichannel Multipoint Distribution System,MMDS）、本地多点分配系统（Local Multipoint Distribution System,LMDS）、IEEE 802.16、IEEE 802.16（WiMAX）和 ETSI HiperMAN（High Performance MAN,高性能城域网）技术。在 MMDS 中应用比较多的是 3.5GHz/5.8GHz 频段,而在 LMDS 中应用比较多的是 26GHz/38GHz 频段。

LMDS 是一种点到多点的宽带固定无线接入技术,可提供非常高的带宽以实现双向数据传输,在此基础上推广多种宽带交互式数据及多媒体业务,满足用户对高速数据和图像通信的要求。通常系统工作频率为 10～43GHz,在 26GHz 频段附近可用的频谱带宽最大可达 1GHz 以上。LMDS 网络组织采用类似于蜂窝的服务区结构,即将一个需要提供业务服务的地区划分为若干服务区,并可相互重叠。一个服务区又可进一步分为不同的扇区,根据需要为不同的扇区提供不同的服务。每个服务区内设置基站,经点到多点无线链路与服务区中的固定用户进行通信。每个基站的覆盖区域约 5km。LMDS 下行链路采用 TDMA 工作方式将信号向覆盖区发射,各用户终端在特定的频段内接收属于自己的信息。上行链路采用 TDMA 或 FDMA 方式。基站室外单元包括射频收发器和射频天线两部分。射频收发器负责将来自室内单元的中频信号进行上变频处理调制到射频频率,进行射频信号发射,同时将接收到的射频信号下变频传送至室内单元,从而实现中心基站与终端之间的双向数据通信。因为 LMDS 采用 26GHz 频段,因此其中心基站与终端之间的通信属于视距传输的范畴。

MMDS 是通过无线微波传送有线电视信号的一种新型无线接入技术。这种技术组成的系统重量轻、体积小,方便安装调测,非常适合于中小城市或郊区有线电视覆盖不到的地方。该系统使用的工作频率一般为 2.5～3.5GHz,这样人们在发射天线周围 50km 范围内可将 100 套数字电视节目信号直接传送至用户,可见仅用一个发射塔就可以覆盖一个中型城市。MMDS 最显著的一个特点就是各个变频器的本振点可以不同,可由用户进行选择,因此经下变频后的信号可分别落在电视标准频道的 VHF Ⅰ、VHF Ⅲ 频段,增补 A、B 频段,UHF 的 13～45CH(频段),这样便于避开当地的开路无线电视或 CATV 所占用的频段。

1999 年,IEEE 成立了 802.16 工作组来专门研究宽带无线接入技术规范,目标是要建立一个全球统一的宽带无线接入标准。2001 年 12 月,IEEE 颁布了 802.16 标准,对 2～66GHz 频段范围内的视距传输的固定宽带无线接入系统的空中接口物理层和 MAC 层进行了规范。2002 年和 2003 年,IEEE 相继发布了 802.16a 和 802.16c 标准。2004 年 10 月,IEEE 又颁布了 802.16d(IEEE 802.16－2004)标准,整合并修订了之前颁布的 802.16、802.16a 和 802.16c 标准。802.16d 规定了支持多媒体业务的固定宽带无线接入系统的空中接口规范:包括统一的结构化 MAC 层以及支持的多个物理层规范。2005 年 12 月,IEEE 通过了 802.16e 标准,该标准规定了可同时支持固定和移动宽带无线接入的系统,工作在低于 6GHz 适宜于移动性的许可频段,可支持用户终端以车辆速度移动,同时 802.16d 规定的固定无线接入用户能力并不因此受到影响。另外,IEEE 还通过了 802.16f、802.16g、802.16k、802.16j 和 802.16m 等标准,以及一致性标准和共存问题标准。

与 WLAN 领域的 WiFi 联盟相似,在 WMAN 领域成立了 WiMAX 论坛,WiMAX 论坛的主要任务是推进符合 IEEE 802.16 标准的设备和系统,加速城域宽带无线接入(BWA)的部署和应用。WiMAX 能够提供固定、移动、便携式的无线连接,并能够通过其他用户站的转接与基站实现高速信息交互。覆盖范围可达 50km,最大数据速率可达 75Mbps,可看做 NGN 的延伸。

6.7.4　无线广域网

无线广域网(WWAN)是采用无线网络把物理距离极为分散的局域网(LAN)连接起来的通信方式。

WWAN 连接地理范围较大,常常是一个国家或是一个洲。其目的是为了让分布较远的各局域网互联,它的结构分为末端系统(两端的用户集合)和通信系统(中间链路)两部分。典型应用为电力系统、医疗系统、税务系统、交通系统、银行系统、调度系统等领域。

IEEE 802.20 是 WWAN 的重要标准。IEEE 802.20 标准在物理层技术上,以正交频分复用技术(OFDM)和多输入多输出技术(MIMO)为核心,充分挖掘时域、频域和空间域的资源,大大提高了系统的频谱效率。在设计理念上,基于分组数据的纯 IP 架构适应突发性数据业务的性能优于 3G 技术,与 3.5G(HSDPA、EV-DO)性能相当。在实现和部署成本上也具有较大的优势。IEEE 802.20 能够满足无线通信市场高移动性和高吞吐量的需求,具有性能好、效率高、成本低和部署灵活等特点。其设计理念符合下一代无线通信技术的发展方向,因而是一种非常有前景的无线技术。

IEEE 802.20 实现了高速移动环境下的高速率数据传输,弥补了 IEEE 802.1x 协议族在移动性上的劣势。802.20 技术可以有效解决移动性与传输速率相互矛盾的问题,它是一种适用于高速移动环境下的宽带无线接入系统空中接口规范。

802.20 和 2G、3G 蜂窝移动通信系统共同构成 WWAN 的无线接入,其中,2G、3G 蜂窝移动通信系统在目前使用最多。802.20 标准拥有更高的数据传输速率,达到 16Mbps,传输距离约为 31km。802.20 移动宽带无线接入标准又称为 Mobile-Fi。

6.8 移动自组织(Ad hoc)网络

自从无线网络在 20 世纪 70 年代产生后,它在计算机领域里日趋流行,尤其是最近十年无线移动通信网络的发展更是一日千里。目前存在的无线移动网络有两种:第一种是基于网络基础设施的网络,这种网络的典型应用为无线局域网;第二种为无网络基础设施的网络,一般称为自组织网(Ad hoc),这种网络没有固定的路由器,网络中的节点可随意移动并能以任意方式相互通信。

Ad hoc 源于拉丁语,意思是 for this,引申为 for this purpose only,即“为某种目的设置的,特别的”意思,即 Ad hoc 网络是一种有特殊用途的网络。IEEE 802.11 标准委员会采用了“Ad hoc 网络”一词来描述这种特殊的自组织对等式多跳移动通信网络,Ad hoc 网络就此诞生。

Ad hoc 网络的前身是分组无线网(Packet Radio Network),是一种特殊的无线移动网络。网络中所有节点的地位平等,不需要设置任何中心控制节点。网络中的节点不仅具有普通移动终端所需要的功能,而且具有报文转发能力,节点间的通信可能要经过多个中间节点的转发,即经过多跳,这是 Ad hoc 网络与其他移动网络的最根本区别。节点通过分层的网络协议和分布式算法相互协调,实现了网络的自动组织和运行。因此,它也被称为多跳无线网(MultiHop Wireless Network)、自组织网络(Self-organized Network)或无固定设施的网络(Infrastructureless Network)。

6.8.1 移动自组织网络的特点

与普通的移动网络和固定网络相比,它具有以下特点。

(1)无中心。Ad hoc 网络没有严格的控制中心,所有节点的地位平等,即是一个对等式网络。节点可以随时加入和离开网络,任何节点的故障不会影响整个网络的运行,具有很强的抗毁性。

(2)自组织。网络的布设或展开不需要依赖于任何预设的网络设施。节点通过分层协议和分布式算法协调各自的行为,节点开机后就可以快速、自动地组成一个独立的网络。

(3)多跳路由。当节点要与其覆盖范围之外的节点进行通信时,需要中间节点的多跳转发。与固定网络的多跳不同,Ad hoc 网络中的多跳路由是由普通的网络节点完成的,而不是由专用的路由设备(如路由器)完成的。

(4)动态拓扑。Ad hoc 网络是一个动态的网络。网络节点可以随处移动,也可以随时开机和关机,这些都会使网络的拓扑结构随时发生变化。

这些特点使得 Ad hoc 网络在体系结构、网络组织、协议设计等方面都与普通的蜂窝移动通信网络和固定通信网络有着显著的区别。

6.8.2 Ad hoc 网络的体系结构

Ad hoc 网络较以往的网络具有更多特殊的性质和特征。因此,常常采用分布式控制方式进行组网,并且网络中的每个节点均具有自组织功能。Ad hoc 网络所具有的分布式控制特性,是指将原来网络所具有的控制功能分散到自主网络的多个节点甚至是全部节点; Ad hoc 网络的自组织功能则是指在网络拓扑结构变化的情况下,Ad hoc 网络节点可以自动地"感知"到网络拓扑的变化,从而自适应地修正原有的路由信息和工作参数,做到网络的自主管理和自主控制;体系结构对于网络协议和各功能模块设计起着至关重要的指导作用,并且在很大程度上决定了网络的规划和整体性能。

1. 节点结构

Ad hoc 网络中的节点不仅要具备普通移动终端的功能,还要具有报文转发能力,即要具备路由器的功能。因此,就完成的功能而言,可以将节点分为主机、路由器和电台 3 部分。其中,主机部分完成普通移动终端的功能,包括人机接口、数据处理等应用软件。而路由器部分主要负责维护网络的拓扑结构和路由信息,完成报文的转发功能。电台部分为信息传输提供无线信道支持。从物理结构上分,电台结构可以分为以下几类:单主机单电台、单主机多电台、多主机单电台和多主机多电台,如图 6-27 所示。手持机一般采用单主机单电台的简单结构。作为复杂的车载台,一个节点可能包括通信车内的多个主机。多电台不仅可以用来构建叠加的网络,还可用作网关节点来连接多个 Ad hoc 网络。

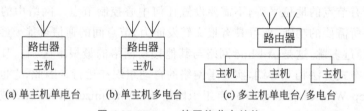

(a) 单主机单电台　　(b) 单主机多电台　　(c) 多主机单电台/多电台

图 6-27　Ad hoc 的网络节点结构

2. 网络结构

Ad hoc 网络一般有两种结构:平面结构和分级结构。在平面结构中,所有节点的地位平等,所以又可以称为对等式结构,如图 6-28 所示。

分级结构中,网络被划分为簇。每个簇由一个簇头和多个簇成员组成。这些簇头形成了高一级的网络。在高一级网络中,又可以分簇,再次形成更高一级的网络,直至最高级,如图 6-29 所示。

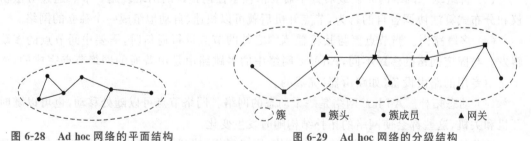

图 6-28　Ad hoc 网络的平面结构　　　　图 6-29　Ad hoc 网络的分级结构

在分级结构中,簇头节点负责簇间数据的转发。簇头可以预先指定,也可以由节点使用算法自动选举产生。分级结构的网络又可以分为单频分级和多频分级两种。单频分级网络中,所有节点使用同一个频率通信。为了实现簇头之间的通信,要有网关节点(同时属于两个簇的节点)的支持。而在多频分组网络中,不同级采用不同的通信频率。低级节点的通信范围较小,而高级节点要覆盖较大的范围。高级的节点同时处于多个级中,有多个频率,用不同的频率实现不同级的通信。在两级网络中,簇头节点有两个频率。频率 1 用于簇头与簇成员的通信,频率 2 用于簇头之间的通信。分级网络的每个节点都可以成为簇头,所以需要适当的簇头选举算法,算法要能根据网络拓扑的变化重新分簇。

平面结构的网络比较简单,网络中所有节点是完全对等的,原则上不存在瓶颈,所以比较健壮。它的缺点是可扩充性差:每一个节点都需要知道到达其他所有节点的路由。维护这些动态变化的路由信息需要大量的控制消息。

在分级结构的网络中,簇成员的功能比较简单,不需要维护复杂的路由信息。这大大减少了网络中路由控制信息的数量,因此具有很好的可扩充性。由于簇头节点可以随时选举产生,分级结构也具有很强的抗毁性。分级结构的缺点是,维护分级结构需要节点执行簇头选举算法,簇头节点可能会成为网络的瓶颈。因此,当网络的规模较小时,可以采用简单的平面式结构;当网络的规模增大时,应用分级结构。美军在其战术互联网中使用近期数字电台(Near Term Digital Radio,NTDR)组网时采用的就是双频分级结构。

6.8.3 Ad hoc 网络中的关键技术

1. 信道接入技术

Ad hoc 网络的无线信道是多跳共享的多点信道,所以不同于普通网络的共享广播信道、点对点无线信道和蜂窝移动通信系统中由基站控制的无线信道。信道接入技术控制节点如何接入无线信道。信道接入技术主要是解决隐藏终端和暴露终端问题,影响比较大的有 MACA 协议,控制信道和数据信道分裂的双信道方案和基于定向天线的 MAC 协议,以及一些改进的 MAC 协议。

2. 网络体系结构

网络主要是为数据业务设计的,没有对体系结构做过多考虑,但是当 Ad hoc 网络需要提供多种业务并支持一定的 QoS 时,应当考虑选择最为合适的体系结构,并需要对原有协议栈重新进行设计。

3. 路由协议

Ad hoc 路由面临的主要挑战是传统的保存在节点中的分布式路由数据库如何适应网络拓扑的动态变化。Ad hoc 网络中多跳路由是由普通节点协作完成的,而不是由专用的路由设备完成的。因此,必须设计专用的、高效的无线多跳路由协议。目前,普遍得到认可的代表性成果有 DSDV、WRP、AODV、DSR、TORA 和 ZRP 等。至今,路由协议的研究仍然是 Ad hoc 网络成果最集中的部分。

4. QoS 保证

Ad hoc 网络出现初期主要用于传输少量的数据信息。随着应用的不断扩展,需要在 Ad hoc 网络中传输多媒体信息。多媒体信息对时延和抖动等都提出了很高要求,即需要提供一定的 QoS 保证。Ad hoc 网络中的 QoS 保证是系统性问题,不同层都要提供相应的机制。

5. 多播/组播协议

由于 Ad hoc 网络的特殊性,广播和多播问题变得非常复杂,它们需要链路层和网络层的支持。目前这个问题的研究已经取得了阶段性进展。

6. 安全性问题

由于 Ad hoc 网络的特点之一就是安全性较差,易受窃听和攻击,因此需要研究适用于 Ad hoc 网络的安全体系结构和安全技术。

7. 网络管理

Ad hoc 网络管理涉及面较广,包括移动性管理、地址管理和服务管理等,需要相应的机制来解决节点定位和地址自动配置等问题。

8. 节能控制

Ad hoc 网络可以采用自动功率控制机制来调整移动节点的功率,以便在传输范围和干扰之间进行折中;还可以通过智能休眠机制,采用功率意识路由和使用功耗很小的硬件来减少节点的能量消耗。

6.8.4　Ad hoc 网络信道接入协议

信道接入协议的主要目标是在解决多个节点公平接入共享信道的基础上,尽量提高信道的利用率。在 Ad hoc 网络中,动态变化的网络拓扑结构以及无线信道的特点使这一目标变得难以实现。并且 Ad hoc 网络需要尽量节省能源,如何解决 Ad hoc 网络的信道接入是一个重要的问题。当前提出的信道接入协议主要分为 3 类:同步 TDMA 方式、扩频方式和异步接入方式。

这里按照两种基本方法对信道接入协议进行划分:按照信道接入时握手协议的发起者划分和按照网络使用的信道数目划分。

1. 按照信道接入时握手协议的发起者划分

(1) 发方主动的信道接入协议。由发送节点发起信道预约,即发送者要发送数据时,先发送一个 RTS(Request to Send)控制报文来与接收者预约信道。目前大多数的信道接入协议都属于此类,如多址接入冲突避免协议(Multiple Access Collision Avoidance, MACA)、MACAW(MACA for Wireless LAN)无线多址接入冲突避免协议等。

(2) 收方主动的信道接入协议。由接收者发起信道预约,接收节点主动向发送节点发送 RTR(Ready To Receive)控制报文,发送节点如果有数据就直接发送。这种协议试图通过减少控制报文的个数、降低握手开销来提高网络吞吐量。这类协议包括 MACA-BI (MACA by Invitation)、RIMA(Receiver-Initiated Multiple-Access)等。

2. 按照网络使用的信道数目划分

(1) 基于单信道的信道接入协议。只有一个共享信道,所有的控制报文和数据报文在同一个信道上发送和接收。受传播时延、隐终端和节点移动性等因素的影响,单信道的 Ad hoc 网络有可能发生控制报文之间、控制报文和数据报文、数据报文之间的冲突。一般来讲数据报文要比控制报文长得多,数据报文的冲突会严重影响信道的利用率。这种信道接入协议的主要目标之一就是通过使用控制报文尽量减少甚至消除数据报文的冲突,即设计有效的冲突避免策略。典型的基于单信道的 Ad hoc 网络 MAC 协议有 MACA、

MACAW、IEEE 802.11 DCF 和基站捕获的多重接入（Floor Acquisition Multiple Access，FAMA）等。

（2）基于双信道的信道接入协议。有两个共享信道，分别为控制信道和数据信道。控制信道只传送控制报文，数据信道只传送数据报文。由于使用了两个不同的信道，控制报文就不会与数据报文冲突。双信道在解决隐藏终端和暴露终端问题上具有独特的优势，通过适当的控制机制，可以完全消除隐藏终端和暴露终端的影响。典型的基于双信道的 Ad hoc 网络信道接入协议有 BAPU（Basic Access Protocol Solutions for Wireless）方案和双忙音多重接入（Dual Busy Tone Multiple Access，DBTMA）等。

（3）基于多信道的信道接入协议。由于有多个信道，相邻节点可以使用不同的信道同时通信。在使用多信道的情况下，接入控制更加灵活。可以使用其中一个作为公共控制信道，也可以让控制报文和数据报文在一个信道上混合传送。这种 MAC 协议主要关注的问题是信道分配和接入控制。信道分配负责为不同的通信节点分配相应的信道，消除数据报文的冲突，使尽量多的节点可以同时通信。接入控制负责确定节点接入信道的时机、冲突的避免和解决等。典型的基于多信道的 MAC 协议有跳隙预留的多重接入（Hop Reservation Multiple Access，HPMA）、多信道 CSMA（Multiple Channel CSMA）、动态信道分配（Dynamic Channel Assignment，DCA）等。

6.8.5 Ad hoc 网络的路由协议

路由选择在自组织网中非常重要，它既是信息的传输策略问题，又涉及网络的管理问题。目前自组织网的路由协议一般分为两种：路由表协议（Table Driven）和源始发的按需路由协议（Source-Initiated on Demand Driven）。路由表协议包括 DSDV、CGSR、WRP 等；源始发的按需路由协议有 DSR、AODV、LMR、TORA、ABR、SSR 等。

1. 路由表协议

路由表协议要求网络中的每一个节点都要周期性地向其他节点发送最新的路由信息，并且每一个节点都要保存一个或更多的路由表来存储路由信息。当网络拓扑结构发生改变时，节点就在全网内广播路由更新信息，这样每一个节点就能连续不断地获得网络信息。

1）序列目的节点距离矢量路由协议（Destination-Sequenced Distance-Vector Routing，DSDV）

DSDV 是基于经典 Bellman-Ford 路由选择过程的改进型路由表算法。DSDV 以路由信息协议为基础。它仅适用于双向链路，是 Ad hoc 路由协议发展较早的一种。依据 DSDV，网络中的每一个节点都保存有一个记录所有目的节点和到目的节点跳数的路由表（Routing Table）。表中的每一个条目都有一个由目的节点注明的序列号（Sequence Number），序列号能帮助节点区分有效和过期的路由信息。标有更大序列号的路由信息总是被接收。如果两个更新分组有相同的序列号，则选择跳数（Metric）最小的，而使路由最优（最短）。路由表更新分组在全网内周期性的广播而使路由表保持连贯性。

2）簇头网关交换协议（Clusterhead Gateway Switch Routing，CGSR）

CGSR 和 DSDV 的不同之处在于寻址方式和网络组织过程。CGSR 是有几种路由选择方式的分群的多跳移动无线网络。通过簇头控制网络节点、网关隔离簇、信道接入可以分配路由和带宽。簇头选择算法用来选择一个节点作为簇头并在群内应用分布式算法。网关为那些在两个或多个簇头的通信半径之内的节点。节点发送数据包时首先把它传送到簇头,通过网关到另一个簇头,一直重复此过程直到目的节点所在群的簇头收到此数据包。然后,数据被传送到目的节点。用此方式,每个节点必须保存一个群成员表(Cluster Member Table)和路由选择表。簇头方式的缺陷在于当簇头频繁地变换时,节点忙于选择簇头而不是数据转发,这样反而会影响路由协议的实行。因此,当群内成员发生变化时,产生了最小群变化协议(Least Cluster Change,LCC)。利用 LCC,只有当一个群内有两个簇头或一个节点在所有的簇头通信范围之外时,簇头才发生变换。

3) 无线路由协议(Wireless Routing Protocol,WRP)

WRP 是以维护网络中所有节点间的路由信息为目的的基于表的协议。依据 WRP,每一个节点都需要保存距离表、路由表、链路开销表以及信息转发表(Message Retransmission List)。节点通过更新分组告知其他节点链路的变化状况,通过接收相邻节点的确认分组以及其他信息来获知其他节点的情况。在 WRP 中,节点为网络中的每一个目的节点交流距离和下一跳到最后一跳的路由信息。WRP 属于有特殊例外的路径搜寻算法。它通过强迫每一节点检查所有相邻节点发送的信息记录来避免无穷计(Count-to-Infinity)问题。这最终会消除环路现象和当链路断开时提供更快的路由收敛。

2. 源始发的按需路由协议

源始发按需路由选择方式只有当源节点需要时才建立路由。当一个节点需要到目的节点的路由时,它会在全网内开始查找路由。一旦检验完所有可能的路由排列方式或找到新的路由后就结束路由查找过程。路由建立后,由路由维护程序来维护这条路由,直到它不再被需要或链路断开。

1) 自适应源路由协议(Dynamic Source Routing,DSR)

DSR 是基于源路由概念的按需自适应路由协议。移动节点需要保留存储节点所知的源路由的路由缓冲器。当新的路由被发现时,缓冲器内的条目随之更新。DSR 主要由两部分组成:路由发现和路由维护。当一个节点欲发送数据到目的节点,它首先查询路由缓冲器看是否有到目的节点的路由。如果有,则采用此路由发送数据;如果没有,源节点就开始路由发现程序。路由维护通过路由错误(Route Error)分组和确认分组来实现。当链路层遇到传输问题时,错误分组开始传送。一旦收到错误分组,节点就会把发生错误的那一跳从路由存储缓冲器移走,并会在所有包含那一条的路由里删掉那一跳。除路由错误分组外,确认分组用来验证路由连接的正确运行。

2) 自组织网按需距离矢量路由协议(Ad hoc On-Demand Distance Vector Routing,AODV)

AODV 实质上就是 DSR 和 DSDV 的综合,它借用了 DSR 中路由发现和路由维护的基础程序以及 DSDV 中跳到跳的路由选择、序列号码及周期性的更新信息的用法。与 DSDV 保存完整的路由表不同的是,AODV 通过建立基于按需的路由来减少路由广播的次数,这是 AODV 对 DSDV 的重要改进。与 DSR 相比,AODV 的优势在于源路由并不需包括在每一个数据包中,这样会使路由协议的开销有所降低。AODV 是一个纯粹的按需路由系统,那些不在路径内的节点不保存路由信息也不参与路由表的交换。

3) 临时排序路由算法(Temporally-Ordered Routing Algorithm,TORA)

TORA 是基于"逆向连接"概念的高度自适应、环路开放、分布式路由算法。TORA 主要应用在动态移动网络环境内。它是源始发的路由协议,能向每一对源-目的节点提供多径路由。TORA 的关键思想是把路由信息的传送限制在网络拓扑结构变化处附近较小的范围内。为了实现这一点,节点必须保留一跳之内的节点的路由信息。TORA 主要实现 3 个基本功能:路由建立、路由维护、路由删除。在路由建立和路由维护的过程中,节点应用"高度(Height)"度量来建立一个以目的节点为根部的指导性的非循环的图表(Directed Acyclic Graph),这样链路根据相邻两个节点的高度值来确定向上或向下的方向。

4) 基于联合的路由(Associativity-Based Routing,ABR)协议

ABR 协议是环路开放的、分组复用的,它为自组织网定义一个新的度量。这个度量就是联合稳定性程度(Degree of Associativity Stability)。在 ABR 中,路由的选择基于节点的联合稳定性程度。节点周期性地发送信标来表明自身的情况。一旦相邻节点收到信标,它们的联合路由表就会更新。每接收一个信标,节点就增加一个关于发送信标的节点的联合条目。联合稳定性通过节点和其他节点在时间和空间的连接稳定性来定义。高联合稳定性也意味着节点的低移动率,而低稳定性意味着高移动率。当节点的相邻节点或节点本身移动出相邻的范围时,联合条目会被刷新。ABR 的基本目标是为自组织网找出生命时间更长的路由。

5) 信号稳定性路由(Signal Stability Routing,SSR)协议

SSR 协议是基于自适应路由协议的按需路由协议。SSR 选择路由是基于节点间信号的强度以及节点位置的稳定性。这种路由选择标准有选择强连接性路由的作用。SSR 可分成两部分:动态路由协议(Dynamic Routing Protocol,DRP)和静态路由协议(Static Routing Protocol,SRP)。

DRP 主要负责路由表和信号稳定程度表(Signal Stability Table)的维护,所有的传送过程及接收都在 DRP 进行,SRP 则负责处理节点接收的数据。

6.8.6 自组织网络应用领域

移动自组织网络通常应用在没有或者不便利用现有的网络基础设施的情况。目前主要应用在以下领域。

1. 军事通信

在现代化的战场上,由于没有基站等基础设施可以利用,装备了移动通信装置的军事人员、军事车辆以及各种军事设备之间可以借助移动自组织网络进行信息交换,以保持密切联系,协同完成作战任务;装备了音频传感器和摄像头的军事车辆和设备也可以通过移动自组织网络,将目标区域收集到的位置和环境信息传输到处理节点;需要通信的舰队战斗群之间也可以通过移动自组织网络建立通信,而不必依赖陆地或者卫星通信系统。移动自组网技术已成为美军战术互联网的核心技术,美军的近期数字电台和无线互联网控制器等主要通信装备都使用了移动自组网技术。

2. 移动会议

当前,人们经常携带笔记本电脑、PDA(个人数字助理)等便携式终端参加各种会议。通过移动自组网技术,可以在不借助路由器、集线器或基站的情况下,就将各种移动终端快速组织成无线网络,以完成提问、交流和资料的分发。

3. 移动网络

移动终端一般没有与拓扑相关的固定 IP 地址，所以通过传统的移动 IP 无法为其提供连接，需要采用移动多跳方式联网。由于采用的是平面拓扑，因而没有地址变更的问题，使这些移动终端仍然像在标准的计算机环境中一样。

此外，在实际应用中，移动自组网除了可以单独组网实现局部通信以外，还可以作为末端子网通过网关连接到现有的网络基础设施上，例如 Internet 或者蜂窝网。作为末端子网，只允许产生于或者目的地是自治系统内部节点的信息进出，而不准许其他信息穿越自治系统。由此可见，移动自组网可以成为各种通信网络的一种无线接入手段。

4. 连接个域网

个域网（PAN）只包含与某个人密切相关的装置，这些装置无法与广域网连接。蓝牙技术是当前一种典型的个域网技术，但是它只能实现室内近距离的通信，因此，移动自组织网络就为建立 PAN 与 PAN 之间的多跳互连提供了可能性。

5. 紧急服务和灾难恢复

在由于自然灾害或其他各种原因导致网络基础设施出现故障而无法使用时，快速恢复通信是非常重要的。借助于移动自组网络技术，能够快速建立临时网络，延伸网络基础设施，从而减少营救时间和灾难带来的危害。

6. 无线传感器网络

无线传感器网络是移动自组织网络技术的一大应用领域。传感器网络使用无线通信技术，由于发射功率较小，只能采用多跳转发方式进行通信。分布在各处的传感器节点自组织成网络，以完成各种应用任务。

6.9 低功耗广域网

6.9.1 低功耗广域网的特点

低功耗广域网（Low Power Wide Area Network，LPWAN）是一种远距离低功耗的无线通信网络。多数 LPWAN 技术可以实现几千米甚至几十千米的网络覆盖。由于其网络覆盖范围广、终端功耗低等特点，更适合于大规模的物联网应用部署。

与传统的物联网技术相比，LPWAN 技术有着明显的优点。如图 6-30 所示，与蓝牙、WiFi、ZigBee、IEEE 802.15.4 等无线连接技术相比 LPWAN 技术距离更远；与蜂窝技术（如 GPRS、3G、4G、5G 等）相比连接功耗更低。

LPWAN 技术的主要特点如下。

（1）远距离，覆盖范围广，可达几十千米。

（2）低功耗，电池寿命可长达 10 年。

（3）低数据速率，占用带宽小，传输的数据量少，通信频次低。

（4）传输时延不敏感，对数据传输实时性要求不高。

（5）低成本，由于规模大要求部署的成本低。

（6）网关或基站，覆盖范围大，网络基础建设所需数量少。

（7）由于大多数技术工作在 sub-GHz 频段，网络信号穿透力强。

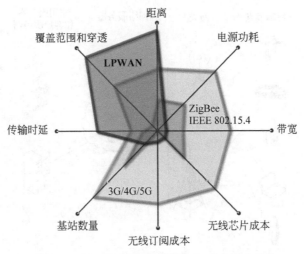

图 6-30　LPWAN 与其他无线技术、蜂窝技术比较

6.9.2　LPWAN 的主要技术

LPWAN 有很多技术,在我国,相对比较热门的技术是 LoRa、NB-IoT、LTE-M、SigFox、Weightless-P、RPMA 和 ZETA 技术。

1. LoRa

远距离无线电(Long Range Radio,LoRa)是由 Semtech 公司开发的一种技术,典型工作频率在美国是 915MHz,在欧洲是 868MHz,在亚洲是 433MHz。LoRa 的物理层(PHY)使用了一种独特形式的带前向纠错(FEC)的调频啁啾扩频技术。这种扩频调制允许多个无线电设备使用相同的频段,只要每台设备采用不同的啁啾和数据速率就可以了。其典型范围是 2~5km,最长距离可达 15km,具体取决于所处的位置和天线特性。LoRa 网络架构是一个典型的星状拓扑结构,当长距离连接时,终端节点和网关可直接进行信息交互,有效减少了网络复杂性和能量损耗,延长了电池寿命。LoRa 技术网络架构及系统如图 6-31 所示。

LoRa 网络架构由终端节点、网关、网络服务器、应用服务器和客户服务器 4 部分组成。终端节点内置 LoRa 模块,包括物理层、MAC 层和应用层的实现,使用 LoRa 线性扩频调制技术,遵守 LoRaWAN 协议规范,实现点对点远距离传输。网关/中继完成空中接口物理层的处理,起到中继的作用。它首先将 Node 和 Network Server 之间的上行链路数据进行传递,然后将数据聚集到一个各自单独的回程连接,解决多路数据并发问题,实现数据收集和转发。网络服务器负责进行 MAC 层处理,包括消除重复的数据包、自适应速率选择、网关管理和选择、进程确认、安全管理等。应用和客户服务器(Application and Client Server):应用和客户服务器从网络服务器获取应用数据,管理数据负载的安全性,分析及利用传感器数据,进行应用状态展示、即时警告等。

2015 年 3 月,LoRa 联盟宣布成立,这是一个开放的、非营利性组织,其目的在于将 LoRa 推向全球,实现 LoRa 技术的商用。该联盟由 Semtech 牵头,发起成员还有法国 Activity,中国 AUGTEK 和荷兰皇家电信 KPN 等企业,到目前为止,联盟成员数量达 330

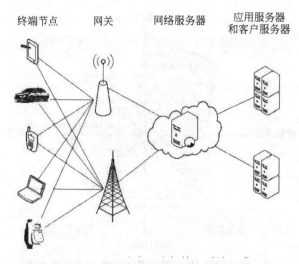

图 6-31　LoRa 技术网络架构及系统组成

多家,其中不乏 IBM、思科、Orange 等重量级厂商。LoRa 的产业链中(包括终端硬件厂商、芯片厂商、模块网关厂商、软件厂商、系统集成商、网络运营商)的每一环均有大量的企业,构成了 LoRa 的完整生态系统,促使了 LoRa 的快速发展与生态繁盛,图 6-32 给出了 LoRa 产业链中的厂家。

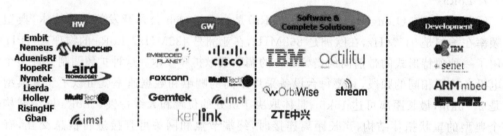

图 6-32　LoRa 产业链中的厂家

2. NB-IoT

窄带物联网(Narrowband IoT,NB-IoT)也称为 LTE Cat-NB1,是一种基于蜂窝电信频段的 LPWAN 无线电技术标准,是 3GPP 标准化的移动物联网技术中的一种,2016 年,3GPP 规范第 13 版冻结。NB-IoT 是 3GPP 为物联网而设计的窄带无线电技术,其他物联网技术包括 eMTC 和 EC-GSM-IoT。NB-IoT 旨在实现广泛的新型 IoT 设备和服务,专注于室内覆盖、低成本、长电池寿命以及使能大量连接的设备。

NB-IoT 组网如图 6-33 所示,主要分成了如下所述的 5 部分:NB-IoT 终端支持各行业的 IoT 设备接入,只需要安装相应的 SIM 卡就可以接入 NB-IoT 的网络中;NB-IoT 基站主要是指运营商已架设的 LTE 基站;通过 NB-IoT 核心网将 NB-IoT 基站和 NB-IoT 云进行连接;NB-IoT 云平台完成各类业务的处理,并将处理后的结果转发到垂直行业中心或 NB-IoT 终端;垂直行业中心既可以获取到本中心的 NB-IoT 业务数据,也可以完成对 NB-IoT 终端的控制。

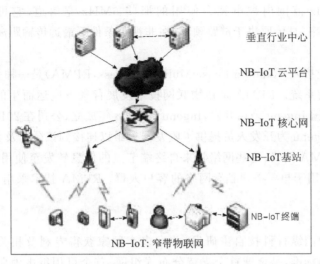

图 6-33　NB-IoT 组网

3. LTE-M

Long Term Evolution Machine Type Communications Category M1,即 LTE MTC Cat M1,也称为 LTE-M,是 3GPP 在第 13 版规范中发布的低功耗广域技术标准。LTE-M 是一种低功率广域技术,通过降低设备复杂度并提供扩展覆盖来支持物联网,同时允许 LTE 安装基础设施的重用。电池寿命可长达 10 年以上,调制解调器成本降低到当前 E-GPRS 调制解调器的 20%～25%。

4. SigFox

SigFox 公司在全球部署 LPWAN,提供物联网连接服务。用户设备集成支持 SigFox 协议的射频模块或者芯片,开通连接服务后,即可连接到 SigFox 网络。用户设备发送带有应用信息的 SigFox 协议数据包,附近的 SigFox 基站负责接收并将数据包回传到 SigFox 云服务器,SigFox 云再将数据包分发给相应的客户服务器,由客户服务器来解析及处理应用信息,实现客户设备到服务器的无线连接。SigFox 是一种低成本、可靠、低功耗的解决方案,用于连接传感器和设备。通过专用的低功耗广域网络,致力于连接千千万万的物理设备,并使物联网真正发生。

5. Weightless-P

Weightless-P 是 Weightless Special Interest Group(SIG)提供的一套低功耗广域网无线连接开放的标准。Weightless 是以物联网应用为目标的一系列开放无线技术标准。它有 3 种不同的版本,分别对应 LPWAN 市场中的不同细分领域。

(1) 最简单的版本是用于低成本应用的 Weightless-N,目标是单工或单向用途,如传感器监视,它工作在免许可 ISM 频段。调制采用的是使用跳频技术的 DPSK,可最大限度地减少干扰,具有完整鉴权功能的 128 位 AES 加密,传输距离可达 5km。

(2) 第二个版本 Weightless-P 用于更高性能的双向通信,同时使用了 FDMA 和 TDMA 技术,可管理访问多个 12.5kHz 宽的信道,数据速率范围可从低速的 200bps 一直到 100kbps,典型的最大传输距离约为 2km,支持 AES-128/256 加密和签权。

(3) 第三个版本是 Weightless-W,旨在工作在电视的空白频段,空白频段是以前在

470MHz～790MHz 范围内被电视台使用的那些 6MHz 宽信道,它可以达到 1kbps～10Mbps 的数据速率,具体取决于链路预算,在非视距条件下最远传输距离可达 5km 以上。

6. RPMA

随机相位多址接入(Random Phase Multiple Access,RPMA)是一种多路访问的直接序列扩频技术的通信系统。RPMA 是在物联网技术发展背景下应运而生的一种低功耗广域网接入技术,由美国 Ingenu 公司开发,Ingenu 在 2008 年成立,公司在 2015 年 9 月前的名称是 ONRAMP。Ingenu 为开发人员提供了收发器模组以连接到该公司及其合作伙伴在全球范围内建立的 RPMA 网络,这些网络将来自终端节点的信息转发至使用者的 IT 系统。同时,RPMA 也可适用于想要搭建私有网络的客户人群。RPMA 技术采用 2.4 GHz 频段,全球免授权部署。

7. ZETA

ZETA 是由中国纵行科技自主研发,并在多个国家获得专利及相关知识产权保护的 LPWAN 国际通信标准,是全球首个支持分布式组网、首个可用纸电池驱动并为嵌入式端智能提供算法升级的物联网连接技术,具有"低功耗、泛连接、低成本、广覆盖、强安全"等优势,作为 5G 技术的有效补充。

6.9.3 LPWAN 的主要应用

LPWAN 技术可应用于各行各业,如智能工业(Smart Industry)、智能公共事业(Smart Utilities)、智慧城市(Smart Cities)、智能建筑(Smart Buildings)等。

(1) 智能工业。包括资产跟踪、资产过程自动化、离散自动化、环境监测、工业照明、商业安全、基础设施监测、水管理和其他各种应用等。

(2) 智能公共事业。包括水电煤气的智能化管理,这部分最主要的是智能计量。

(3) 智慧城市。包括与市政资源和服务的管理相关的应用,如街道照明、垃圾管理、停车管理、环境监测、交通监测、应急管理和公共交通管理等。

(4) 智能建筑。智能建筑涉及建筑自动化,包括暖通空调(采暖、通风、空调)、能源管理、安全、照明和房间自动化等相关的应用。

目前,LPWAN 应用多是以电池供电应用,由于其通信频次低、小数据量,一般电池可以工作几年甚者十年。也可以是通过能量采集等的供电方式,如太阳能。LPWAN 技术为物联网规模化应用部署提供了新的选择,必将带来物联网应用的大发展。

6.10 本章小结

本章简述了移动通信系统的发展及未来,讲述了与之相关的技术和标准。

1G 移动通信是模拟蜂窝移动通信,已淡出我们的生活。

2G 移动通信是以 GSM 和 IS-95 为代表的数字通信,以数字语音传输技术为核心。其中 GSM 是当前应用最为广泛的移动电话标准,GSM 系统主要由移动台(MS)、网络子系统(NSS)、基站子系统(BSS)和操作支持子系统(OSS) 4 部分组成。而 IS-95 系统由于采用了码分多址 CDMA 接入方式,大大增强了抗干扰能力,具有保密性好、功率谱密度低、容量大等优点。IS-95 及其相关标准是最早商用的基于 CDMA 技术的移动通信标准,它和它的后继 CDMA 2000 也经常被简称为 CDMA。IS-95 系统由网络交换子系统(NSS)、基站子系统(BSS)、移动台(MS)和操作与维护子系统(OMS) 4 部分组成。

3G 移动通信是以宽带 CDMA 技术为主,并能同时提供话音和数据业务的移动通信系统,其突出特色是:要在未来移动通信系统中实现个人终端用户能够在全球范围内的任何时间、任何地点、与任何人、用任意方式高质量地完成任何信息之间的移动通信与传输。第三代移动通信系统的标准是欧洲所制定的 WCDMA、美国所制定的 CDMA 2000 和中国所制定的 TD-SCDMA 和 WiMAX。WiMAX 也叫 802.16 无线城域网或 802.16,以 IEEE 802.16 的系列宽频无线标准为基础,能提供面向互联网的高速连接。第三代移动通信的主要技术包括 TD-SCDMA 技术、智能天线技术、WAP 技术、软件无线电技术、多载波技术和多用户检测技术。

4G 移动通信的概念可称为宽带接入和分布网络,首次实现三维图像的高质量传输,包括宽带无线固定接入、宽带无线局域网、移动宽带系统和交互式广播网络(基于地面和卫星系统)。4G 有主要有 4 种标准,分别为 LTE、LTE-Advanced、WirelessMAN-Advanced 及 HSPA+。其关键技术主要有 OFDM、MIMO、SA、SDR 及基于 IP 的核心网技术。

5G 移动通信技术是最新一代蜂窝移动通信技术,是 4G、3G 和 2G 系统后的延伸。5G 的性能目标是高数据速率、减少延迟、节省能源、降低成本、提高系统容量和大规模设备连接。3GPP 制定的 5G 标准分为两种 5G 方案,分别为 NSA 及 SA,版本从 R14、R15 向 R16 和 R17 版本不断演进。5G 网络架构包括接入云、控制云和转发云三个域,基于"三朵云"的移动网络是未来的发展方向。ITU 为 5G 定义了 eMBB、mMTC 及 uRLLC 三大典型应用场景。为了满足多样化场景的差异化性能需求,5G 需要多种技术,主要包括大规模天线阵列、新型多址技术、全双工通信技术、新型调制技术、新型编码技术、高阶调制技术超密集组网、网络切片、边缘计算及面向服务的网络体系架构等。

未来移动通信技术(6G)需要着重考虑全覆盖移动宽带场景以及智能跨领域两类场景。其所需能力要考虑与智能化、大数据等 IT 技术相结合,需要支持数据交互和计算能力,此外还需提升网络安全能力。未来移动通信技术发展趋势包括超维度天线技术、空天地融合技术、智能无线技术、通信感知一体化技术和演进的多址接入技术等。

宽带无线接入指把高效率的无线技术应用于宽带接入网络中,以无线方式向用户提供宽带接入的技术。根据覆盖范围将宽带无线接入划分为 4 个大类:WPAN、WLAN、WMAN、WWAN,它们共同组成宽带无线接入的网络架构。热门的宽带无线接入技术有蓝牙、ZigBee、UWB、WiFi、LMDS、MMDS、IEEE 802.16 和 IEEE 802.20 等。

移动自组织(Ad hoc)网络是一种有特殊用途的网络,这种网络没有固定的路由器,网络中的节点可随意移动并能以任意方式相互通信。其结构采用分布式控制方式进行组网,并且网络中的每个节点均具有自组织功能。

LPWAN 是一种远距离低功耗的无线通信网络,由于其网络覆盖范围广、终端功耗低等特点,更适合于大规模的物联网应用部署。LPWAN 的技术主要有 LoRa、NB-IoT、LTE-M、SigFox 和 ZETA 等。LPWAN 技术主要应用于智能工业、智能公共事业、智慧城市及智能建筑等行业。

6.11　为进一步深入学习推荐的参考书目

为了进一步深入学习本章有关内容,向读者推荐以下参考书目。

[1]　李建东,郭梯云,邬国扬.移动通信[M].4版.西安:西安电子科技大学出版社,2006.

[2]　雷维礼,马立香.接入网技术[M].北京:清华大学出版社,2006.

[3]　庞宝茂.移动通信[M].西安:西安电子科技大学出版社,2009.

[4]　王兴亮,李伟.现代接入技术概论[M].北京:电子工业出版社,2009.

[5]　吴伟陵.移动通信原理[M].2版.北京:电子工业出版社,2009.

[6]　啜钢,王文博,常永宇,等.移动通信原理与应用技术[M].4版.北京:北京邮电大学出版社,2019.

[7]　刘维超,时颖.移动通信[M].北京:北京大学出版社,2011.

[8]　蔡跃明,吴启晖,田华.现代移动通信[M].4版.北京:机械工业出版社,2017.

[9]　孙学康,刘勇.无线传输与接入技术[M].北京:人民邮电出版社,2010.

[10]　张克平.LTE/LTE-Advanced——B3G/4G/B4G 移动通信系统无线技术[M].北京:电子工业出版社,2013.

[11]　张传福,赵立英,张宇,等.5G 移动通信系统及关键技术[M].北京:电子工业出版社,2018.

[12]　小火车,好多鱼.大话 5G[M].北京:电子工业出版社,2016.

[13]　房华,彭力.NB-IoT/LoRa 窄带物联网技术[M].北京:机械工业出版社,2019.

[14]　姜喜宽.OFDM 技术在 4G 移动通信系统中的应用[J].数字技术与应用,2017(7):42-43.

[15]　王宇鹏.OFDM 技术在 4G 移动通信系统中的应用[J].电子制作,2017(16):64-65.

[16]　王亚军,张艳.4G 通信中的关键技术之智能天线技术[J].信息通信,2015(01):213-215.

[17]　张理康.4G 中软件无线电技术的应用[J].电子世界,2015(18):60-62.

[18]　杜思深.软件无线电与虚拟无线电[J].空间电子技术,2002(02):60-64.

[19]　中国电信.中国电信 5G 技术白皮书.2018. http://www.chinatelecom.com.cn/2018/ct5g 201806/ P020180626325489312555.pdf.

[20]　朱晨鸣,王强,李新,等.5G:2020 后的移动通信[M].北京:人民邮电出版社,2016.

[21]　大唐移动通信设备有限公司.全域覆盖·场景智联——6G 愿景与技术趋势白皮书(V.2020). https://m.sohu.com/a/442150433_781358? _trans_=010004_pcwzy.

[22]　芯智慧.低功耗广域网概述[EB/OL]. https://m.sohu.com/a/157564289_553039? _trans=010004 _pcwzy.

[23]　宋浩.基于 LoRa 技术的无线通信应用研究.信息与电脑(理论版)[J].2019,31(23):150-151,155.

[24]　邹玉龙.NB-IoT 关键技术及应用前景[J].中兴通讯技术,2017,23(01):43-46.

6.12　习　　题

(1) 简述 GSM 技术特点。

(2) 简述 IS-95 系统的主要特色。

(3) 第三代移动通信系统有哪几种主流技术?各有什么特色?

(4) 什么是 CDMA 2000 1x?什么是 CDMA 2000 3x?

(5) WCDMA 网络主要由哪三部分构成?各部分的主要功能是什么?

(6) 比较 CDMA 2000 系统与 IS-95 系统有哪些相同点和不同点。

（7）简述 TD-SCDMA 系统的技术特点。

（8）简述 WiMAX 的网络结构及技术优势。

（9）第四代移动通信的特点是什么？其关键技术有哪些？

（10）ITU 定义了 5G 的三类应用场景分别是什么？

（11）未来移动通信的技术趋势有哪些？

（12）根据覆盖范围，宽带无线接入如何划分？有哪些典型的代表性技术？

（13）Ad hoc 网络的特点是什么？

（14）Ad hoc 的应用领域有哪些？

（15）什么是 LPWAN？其特点是什么？

第7章 手机原理

教学提示：手机是无线通信与移动通信系统的移动终端。本章主要介绍手机的基本原理、典型电路、应用发展趋势等。

教学要求：通过本章学习，应了解手机的基本原理、应用和发展趋势，重点掌握手机的系统构成及典型电路。

7.1 手机原理概述

7.1.1 手机的更新迭代

移动通信的演进升级如图 7-1 所示，移动通信发展经历了从 1G 的语音、2G 的语音和文本，到 3G 的多媒体、4G 的移动互联网，再到 5G 的场景连接。展望 6G，将会是全域覆盖和场景智联。相应的基础技术、主要业务和网络系统，也从 1G/2G 的电路域、电话和短信、基本连接蜂窝网络，到 3G/4G 的分组域、移动互联网、规模高效连接网络，再到 5G/6G 的场景适应与智联、智能化场景服务、紧耦合信息网络空间。在移动通信的每一代发展进程中，都会出现不同制式的系统。

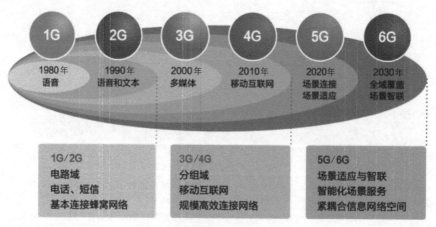

图 7-1 移动通信的演进升级

伴随着移动通信的演进升级，移动终端设备也得到了快速升级，其中以手机终端的更新迭代速度最为瞩目。

1973 年，美国著名的摩托罗拉公司工程技术员马丁·库帕发明世界上第一部推向民用的手机，20 世纪 80 年代左右进入中国，这也就是我们印象中的 1G 手机，它还有个很霸气的名字，叫"大哥大"。"大哥大"使用的就是第一代通信技术，也就是 1G，即模拟通信技术。别看它那么大，却只能用来打电话。

2G 时代，最大的变化是采用了数字调制，比 1G 多了数据传输的服务，这样手机不再仅是接打电话的工具,发短信成为当时最时髦的交流方式。彩信、手机报、壁纸和铃声的在线下载也成了热门服务。2G 手机基本上是按键手机的天下,屏幕从黑白到彩屏,体型小巧,色彩多样,形状各异,款式丰富,有直板、翻盖和滑盖等。

3G 时代,开始有了触屏手机,智能手机崛起。手指或触屏笔开始代替按键,大屏手机开始成为主流机型。手机已不再是一台被"运营商"设计出来的简单的"通信设备",而是一台集工作、休闲、娱乐、通信等功能为一体的设备。智能手机开始融入了每个人的日常生活中,成为了必不可少的随身物品。

4G 时代,智能手机应用爆发,各类社交软件开始活跃,网络下载速度理论上可以达到上百兆每秒,流量资费也大幅度下降。高速网络让视频缓存变得不易察觉,手机端实时联网打游戏的人数首次超过计算机端,移动支付的迅速普及也改变了人们的生活。几乎每个人都开始学会手机记录生活,开始共享,人与人之间达到真正的互联。

5G 时代,超高清视频直播、VR 游戏、无人驾驶、智能家居等,这些陌生又让人激动的词汇也已经进入人们的视线。网络速率可达数千兆级的速度,这让下载行为在顷刻间完成,5G 的毫秒级延迟还将解决机器之间的无线通信,5G 将实现万物之间的连接。人和人的沟通将更高效,医疗、文化、科技等领域的信息传递也会变得眨眼即到。5G 手机引入 AI 技术,将从性能层面大幅提升手机使用体验,使智能手机走向更加智能。5G+AI 将引发真正的新变革,让人类的生活更加智能与美好。

7.1.2　手机语音通信的步骤

手机语音通信包含以下 7 个步骤。

① 人的声音通过麦克风转化为模拟的语音信号。

② 模拟的语音信号转换成数字信号。

③ 数字信号转换成射频信号。

④ 射频信号通过电磁波进行传输。

⑤ 在接收端将射频信号转换成数字信号。

⑥ 数字信号被还原成模拟的语音信号。

⑦ 模拟的语音信号通过扬声器转化成人能听到的声音。

在以上过程中,步骤①～③构成发射部分,步骤④为信号的传输部分,步骤⑤～⑦构成接收部分。发射与接收实现框图分别如图 7-2 和图 7-3 所示。对于发射与接收等的关键技术将在 7.2 节详细叙述。

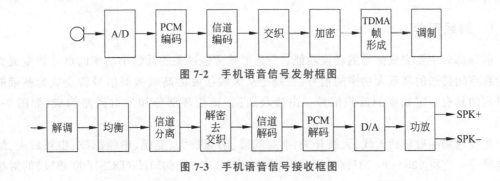

图 7-2　手机语音信号发射框图

图 7-3　手机语音信号接收框图

7.1.3 手机原理框图

手机与 SIM 卡共同构成 GSM 移动通信系统的终端设备,也是移动通信系统的重要组成部分。虽然手机品牌、型号众多,但从电路结构上都可简单地分为射频部分、逻辑音频部分、接口部分和电源部分。手机在接收时,来自基站的信号由天线接收下来,经射频接收电路,由逻辑/音频电路处理后送到听筒。手机在发射时,声音信号由话筒进行声电转换后,经逻辑/音频处理电路、射频发射电路,最后由天线向基站发射。手机的电路组成框图如图 7-4 所示,GSM 手机电路原理图如图 7-5 所示。

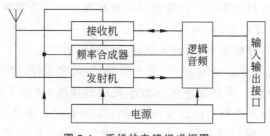

图 7-4　手机的电路组成框图

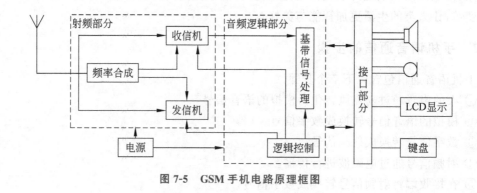

图 7-5　GSM 手机电路原理框图

7.2　手机典型电路

手机的基本模块可分为 3 部分:射频部分、基带部分和外围部分。本节以 2G 手机为例介绍各部分。

7.2.1　射频部分

射频部分主要完成信号的转换功能:一是把基带送过来的低频小功率的信号转变成为适合在空间传送的高频大功率的信号;二是把从天线接收的高频微弱信号转变成为基带能够处理的具有一定幅度的低频信号。由接收通路、锁相环部分和发射通路构成,如图 7-6 所示。

接收通路一般包括天线、天线开关、射频滤波、射频放大、变频、中频滤波、中频放大、解调电路等。它将 935~960MHz(GSM900 频段)或 1805~1880MHz(DCS1800 频段)的射频

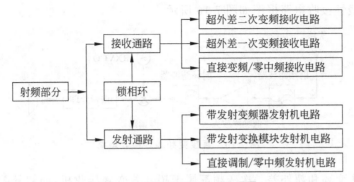

图 7-6　手机射频部分结构框图

信号进行下变频,最后得到 67.768kHz 的模拟基带信号(RXI、RXQ),如图 7-7 所示。

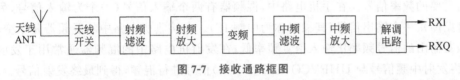

图 7-7　接收通路框图

接收通路变频技术主要有 3 种:超外差一次变频接收电路、超外差二次变频接收电路和直接变频/零中频接收电路。

超外差一次变频接收原理:天线感应到的无线信号经天线电路和射频滤波器进入接收电路。接收到的信号首先由低噪声放大器进行放大,放大后的信号再经射频滤波器滤波后,被送到混频器,然后进行滤波、解调等,如图 7-8 所示。

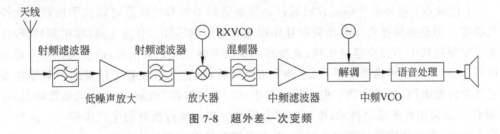

图 7-8　超外差一次变频

与一次变频接收机相比,二次变频接收机多了一个混频器和一个 VCO,这个 VCO 在一些电路中叫作 IFVCO 或 VHFVCO,如图 7-9 所示。

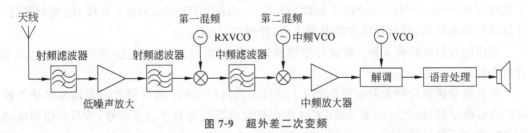

图 7-9　超外差二次变频

从前面的一次变频接收机和二次变频接收机的方框图可以看到,RXI/RXQ 信号都是从解调电路输出的,但在直接变频线性接收机中,混频器输出的直接就是 RXI/RXQ 信号了。直接变频线性接收电路框图如图7-10所示。

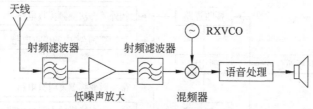

图 7-10　直接变频线性接收电路

超外差二次变频和超外差一次变频都属于超外差变频接收机,而超外差变频接收机的核心电路就是混频器,若接收机的混频器出现故障则会导致无信号、不注册等故障。混频器又叫混频电路,是利用半导体器件的非线性特性,将两个或多个信号混合,取其差频或和频,得到所需要的频率信号。在手机电路中,混频器有两个输入信号(一个为输入信号,另一个为本机振荡)、一个输出信号(其输出称为中频 IF)。在接收机电路中的混频器是下变频器,即混频器输出的信号频率比输入信号频率低;在发射机电路中的混频器通常用于发射上变频,它将发射中频信号与 UHFVCO(或 RXVCO)信号进行混频,得到最终发射信号。

超外差变频接收机和直接变频接收机的关系如下。

(1) 同:两者都是信号从天线到低噪声放大器,再到频率变换单元,最后到语音处理电路。

(2) 异:超外差变频接收机首先需要将高频信号转换为中频信号,然后才传输给解调电路,RXI/Q 信号都是需要解调电路输出的,而在直接变频接收机混频器输出的就是 RXI/Q 信号。

(3) 优缺点:超外差变频接收机通过适当地选择中频和滤波器可以获得极佳的选择性和灵敏度。但是必须使用成本昂贵而且体积庞大的中频零件。直接变频(零中频)接收机由于在下变频过程中不需要经过中频,直接将高频信号转化成低频信号,而且镜像频率即是射频信号本身,不存在镜像频率干扰,这种采用直接转换的方式,节省了昂贵的中频器件及中频至基带转换电路,集成度高。但实际应用中,受"直流位移"的影响,接收灵敏度降低,基频 IC 软件上多采用直流滤波技术,生产厂家必须在生产时执行额外的生产步骤——进行二阶截取点校准,得到的修正值存储在内存,并在手机开机时用来校准手机。

发射电路部分一般包括带通滤波、调制器、射频功率放大器、天线开关等。以 I/Q(同相/正交)信号被调制为更高的频率模块为起始点,发射电路将 67.768kHz 的模拟基带信号上变频为 890～915MHz(GSM900 频段)或 1710～1785MHz(DCS1800 频段)的发射信号,并且进行功率放大,使信号从天线发射出去,如图 7-11 所示。

常用的发射电路有 3 种:带发射变频模块的发射电路、带发射上变频器的发射电路和直接变频发射电路。

带发射变频模块的发射电路如图 7-12 所示,其发射流程:送话器将语音信号转化为模拟的语音电信号,转化后的信号由 PCM 编码模块将其变为数字语音信号,然后在逻辑电路中进行数字语音处理。

带发射上变频器的发射电路如图 7-13 所示,发射机在 TXI/TXQ 调制之前与图 7-12 是一样的,其不同之处在于 TXI/TXQ 调制后的发射已调信号在一个发射混频器中与

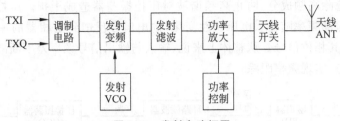

图 7-11 发射电路框图

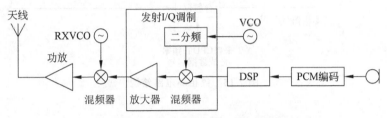

图 7-12 带发射变频模块的发射电路框图

RXVCO(或 UHFVCO、RFVCO)混频,得到最终的发射信号。

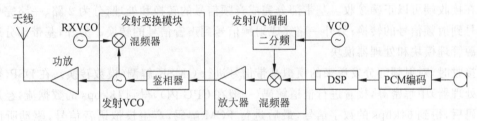

图 7-13 带发射上变频器的发射电路框图

直接变频发射电路如图 7-14 所示,发射基带信号 TXI/TXQ 不再是调制发射中频信号,而是直接对 SHFVCO 信号进行调制,得到最终发射频率的信号。

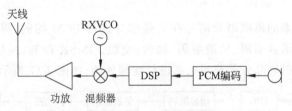

图 7-14 直接变频发射电路框图

锁相环电路是一种用来消除频率误差的反馈控制电路,在射频电路中,锁相环电路扮演着非常重要的角色,是频率合成器的核心。主要作用是由频率稳定性很强的基准信号得到一个同样频率稳定的信号。例如,锁相环电路出现故障将导致本振的频率输出不准确,导致手机无信号。

锁相环主要由鉴相器、环路滤波器、压控振荡器、分频器等模块组成,电路结构如图 7-15所示。鉴相器是一个相位比较器,基准频率信号和压控振荡器输出的取样频率信号在其内部进行相位比较,得到相位差,然后转换为电压信号进行输出。环路滤波器实际上为一低通滤波器,作用为滤除高频成分,防止高频谐波对压控振荡器造成干扰。压控振荡器是电压-频率变换装置,振动频率随输入电压线性变化,输出信号反馈到鉴相器的一个输入端,对鉴相器起作用的是其相位信号。从整体上来说,输入与输出信号频率差不断减小,直到差值为零,进入锁定状态,实现频率跟踪。

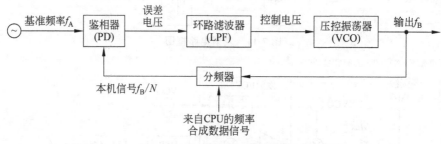

图 7-15　锁相环电路结构

7.2.2　基带部分

基带部分主要把声音信号转变成电信号,再进行处理,使得信号适合在信道中传输,并保证在接收端可以正确接收。基带部分完成音频信号的转换和处理,分为 2 路、一路完成声音信号到射频信号的转换;另外一路完成射频信号到声音信号的转换。另外,基带部分还包括电源管理模块和处理器模块。

接收时,对射频部分发送来的模拟基带信号进行 GMSK 解调(模数转换)、在 DSP(数字信号处理器)中解密等,接着进行信道解码(一般在 CPU 内),得到 13kbps 的数据流,经过语音解码后,得到 64kbps 的数字信号,最后进行 PCM 解码,产生模拟语音信号,驱动听筒发声。接收音频信号处理过程如图 7-16 所示。

图 7-16　接收音频信号处理过程

发送时,话筒送来的模拟语音信号在音频部分进行 PCM 编码,得到 64kbps 的数字信号,该信号先后进行语音编码、信道编码、加密、交织、GMSK 调制,最后得到 67.768kHz 的模拟基带信号,送到射频部分的调制电路进行变频处理,如图 7-17 所示。

图 7-17　发送音频信号处理过程

手机主要由电池供电。由于电池电压的不稳定和器件对电压、电流要求的精确性与多样性,最重要的是出于降低功耗的考虑,手机需要专门的电源管理单元。

在手机内部,电池电压一般需要转换为多路不同电压值的电压供给手机的不同部分,各部分对电压的要求不尽相同。内核电压较低,要求精确度高,稳定性好;音频电压为模拟电压,要求电源比较干净,纹波小;I/O 电压要求在不需要时可以关闭或降低电压,以减少功耗;功放电压由于电流要求较大,直接由电池供电。手机内部电压产生与否,是由手机键盘的开关机键控制。由于手机内部电压的多样性,大多数电源管理单元都由集成电路实现。

基带主芯片内部一般有 2 个处理器:一是 ARM 处理器,主要用作执行控制功能,对手机的运行进行管理,如时钟控制、电源管理、射频控制、I/O 控制等;二是 DSP 处理器,主要用来处理数据,完成信号处理的各种算法,如音频编解码、信道编解码、交织和去交织、加密/解密等。

7.2.3 外围部分

外围部分主要完成手机和人之间的接口功能,对手机的使用、操作全部通过此部分完成。主要包括开关机部分、人机接口部分、SIM 卡部分和充电部分等。

手机开机的方式主要有按键开机、闹铃开机、充电开机和软件开机。在手机电池在位的情况下睡眠时钟是一直工作的,电源芯片有输入但是没有输出。当长按手机开机键(或闹铃、充电)的一瞬间,首先由硬件自动提供一个开机脉冲信号给电源管理芯片,电源管理芯片开始给 Flash、CPU 等供电,同时还给 Flash 芯片输出复位信号。Flash 复位完成后立即给 CPU 输出一个复位信号,此时 CPU 开始调用程序,此程序运行中电流基本不变,以上处理放在 BOOT 中完成。程序运行中会驱动电源管理芯片输出各路电源来供发射、接收、功放、LCD 等器件工作,此时电流很大,已经开机。开机后终端首先搜网,此时有射频信号发出,电流处于较高值。搜到网络后进入待机状态,射频芯片间歇性工作,此过程由软件来控制。

长按关机键时触发关机操作,CPU 输出信号给睡眠时钟和电源管理芯片。睡眠时钟工作,电源管理芯片停止输出供电,手机振铃电路、显示电路、射频电路停止工作完成关机操作。

人机接口部分主要包括麦克风模块、听筒、扬声器电路、背景灯电路、振动马达电路、显示电路、按键电路、触摸屏电路、摄像头电路等。以下仅简要介绍麦克风模块和听筒电路。

麦克风模块如图 7-18 所示,对于麦克风的 2 级放大器,是可以选择并进行适当配置的。不使用第二级放大时,麦克风信号直接由第一级放大后,送到 13 位 ADC 中转换,然后进入后面的通路。第一级放大通过设置寄存器可以选择 −2dB、+6dB、+8dB 和 +18dB 的不同增益,此级输出端口为 MICOUTP 和 MICOUTN。使用第二级放大时,需要接外围电路,用来增强 Tx 通路的音频性能。由 Tx 通路得到的语音数字信号送到 DSP 进行后续处理,进行调制放大,直到送至 RF 模块发射出去。

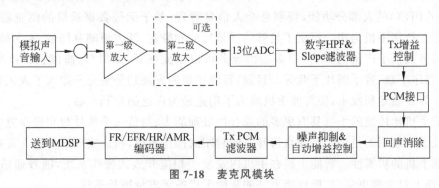

图 7-18 麦克风模块

听筒电路将经过 CPU 处理之后的数字化电信号转换为语音信号输出。作为 Tx 通道的逆向过程,RF 接收到的信号经过一系列处理(如解调等)后,由 MDSP 送至解码器,而后经过 PCM 接口到达 Rx 部分,从耳机/听筒送出,如图 7-19 所示。

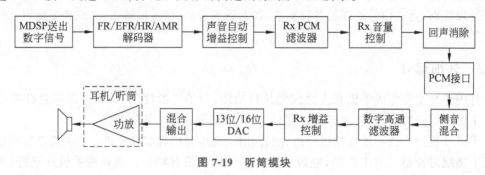

图 7-19　听筒模块

7.3　智能手机与应用

7.3.1　智能手机的概念

图 7-20　智能手机

手机作为人们必备的移动通信工具,随着移动多媒体时代的到来,从简单的通话工具逐渐向智能化发展。借助丰富的应用软件,智能手机就是一台微型计算机,如图 7-20 所示。智能手机的出现使得大多数用户不用再携带很多其他的设备就可以完成想做的事情,已经成为人们生活中必须随身携带的最重要物品。

智能手机(Smartphone)是具有独立的操作系统,可通过安装应用软件、游戏等程序来扩充功能,并可以通过移动通信网络实现无线网络接入的手机类型的总称。智能手机是由相关软件掌控的融社交、金融、咨讯、购物、摄影、影视娱乐为一体的综合性个人手持终端设备。除了具备手机的通话功能外,智能手机还具备了掌上电脑(Personal Digital Assistant,PDA)的大部分功能,特别是个人信息管理、基于无线数据通信的浏览器和电子邮件功能。智能手机为用户提供了足够的屏幕尺寸和带宽,既方便随身携带,又为软件运行和内容服务提供了广阔的舞台,很多增值业务可以就此展开,如股票、新闻、天气、交通、商品、应用程序下载、音乐图片下载等。目前,智能手机的发展趋势是充分加入了人工智能、个性化、5G 等多项专利技术,使智能手机成为了用途最为广泛的专利产品。

智能手机比传统的手机具有更多的综合性处理能力,与传统手机外观和操作方式类似,但是传统手机使用的是生产厂商自行开发的封闭式操作系统,所能实现的功能非常有限,不具备智能手机的扩展性。智能手机在手机内安装了相应开放式操作系统,随着通信技术的发展,市场上对功能更强、扩展性能更好的智能手机的需求量增长迅猛。

7.3.2 智能手机操作系统

智能手机操作系统是一种运算能力及功能比传统功能手机系统更强的手机系统。智能手机操作系统领域也是各大手机厂商争夺的焦点。主流的智能手机操作系统有 Symbian OS、Windows Phone、iOS、Palm OS、BlackBerry OS 和 Android 等,它们的特点如下。

1. Symbian OS

塞班操作系统(Symbian OS)最初是由 Symbian 公司(诺基亚、索尼、爱立信、摩托罗拉、西门子等几家大型移动通信设备商共同出资组建的一个合资公司,专门研发手机操作系统)开发的。前身是 Psion 公司推出的 EPOC(Electronic Piece of Cheese)操作系统,是专门用于智能手机和移动设备的 32 位抢占式、多任务操作系统。其内核与图形用户界面(Graphical User Interface,GUI)分开,功耗低、占用内存少。

Symbian 操作系统在智能移动终端上拥有强大的应用程序以及通信能力,这都要归功于它有一个非常健全的、核心强大的对象导向系统、企业用标准通信传输协议以及完美的 Sun Java 语言。Symbian 认为无线通信装置除了要提供声音沟通的功能外,同时也应具有其他种类的沟通方式,如触笔、键盘等。在硬件设计上,它可以提供许多不同风格的外形,如提供真实或虚拟的键盘;在软件功能上可以容纳许多功能,包括和他人分享信息、浏览网页、发送、接收电子邮件和传真、个人生活行程管理等。Symbian 操作系统在扩展性方面为制造商预留了多种接口,而且操作系统还可以细分成 3 种类型:Pearl、Quartz 和 Crystal,分别对应普通手机、智能手机和 Hand Held PC 场合的应用。

Symbian 操作系统为第三方开发商提供一个标准和开放的平台环境。使得第三方应用程序的设计者能够基于该平台开发自己的应用软件。这种方式带来的不足之处是,由于第三方厂商的用户接口程序是不同的,造成了软件不能通用,扩展性较差。这使得 Symbian 操作系统在办公软件和多媒体录放软件上没有开发出足够多的软件供用户使用。

多年前,Symbian 操作系统占据了智能系统的市场霸主地位,系统能力和易用性方面均很出色,但是在 Android 系统出现后,Symbian 操作系统的市场占有率急剧下降。

2. Windows Phone

Windows Phone 最早叫 Windows Mobile(简称 WM),是微软公司针对移动设备而开发的操作系统。该操作系统的设计初衷是尽量接近桌面版本的 Windows。

微软公司按照计算机操作系统的模式来设计 WM,应用软件以 Microsoft Win32 API 为基础。2010 年 10 月,微软公司正式发布了智能手机操作系统 Windows Phone,同时将 Google 公司的 Android 操作系统和苹果的 iOS 操作系统列为主要竞争对手。Windows Phone 操作系统正式发布后,Windows Mobile 系列正式退出手机系统市场。

2012 年 3 月 21 日,Windows Phone 7.5 登陆中国。2012 年 6 月 21 日,微软公司正式发布手机操作系统 Windows Phone 8,Windows Phone 8 采用和 Windows 8 相同的内核。

Windows Phone 具有桌面定制、图标拖曳、滑动控制等一系列前卫的操作体验,其主屏幕通过提供类似仪表盘的体验来显示新的电子邮件、短信、未接来电、日历约会等,让人们对重要信息保持时刻更新。还包括一个增强的触摸屏界面,更方便手指操作,以及一个 IE Mobile 浏览器。

3. iOS

iOS 在 2011 年 6 月前叫 iPhone OS,是苹果公司为其移动设备开发的操作系统,最初是设计给 iPhone 和 iPod Touch 使用的。与 Mac OS X 操作系统一样,它也是以 Darwin 为基础的。2011 年 6 月之后,iOS 的版本为 5 和 6,通常称为 iOS 5 和 iOS 6,苹果公司推出其第一款智能手机 iPhone 后获得了巨大的成功。

iOS 继承了 Mac OS X 在个人计算机上界面美观的优势,多点触摸技术的加入为 iPhone 在智能手机领域获得了可观的市场份额。iOS 采用 Quartz 图形框架,能够通过显卡硬件加速实现复杂的图形显示。然而 iOS 是一个不开放的平台,用户不能设计和加载任何第三方的应用程序,这使得 iOS 的扩展性受到很大的限制。

4. Palm OS

Palm OS 是 Palm 公司开发的专用于 PDA 上的一种操作系统,这是 PDA 上的霸主,一度占据了 90% 的 PDA 市场的份额。虽然其并不是专门针对手机设计的,但是 Palm OS 的优秀性和对移动设备的支持同样使其能够成为一个优秀的手机操作系统。

Palm OS 是多任务的,但每次只允许一个应用程序的打开,多个应用程序不能同时运行,这使得其运行速度很快,具有较好的实用性,但不适应需要多应用程序运行的场合。

5. BlackBerry OS

BlackBerry OS 是 RIM 公司(Research In Motion)专用的操作系统。"黑莓"(BlackBerry)移动邮件设备基于双向寻呼技术。该设备与 RIM 公司的服务器相结合,依赖于特定的服务器软件和终端,兼容现有的无线数据链路,实现了遍及北美、随时随地收发电子邮件的梦想。这种装置并不以奇妙的图片和彩色屏幕夺人耳目,甚至不带发声器。

黑莓将软件客户端结合在移动电话、PDA 及其他通信终端上,用户可以通过其无线装置来安全地访问电子邮件、企业数据、Web 以及进行企业内部的语音通话。

BlackBerry OS 具有多任务处理能力,并支持特定的输入装置,如滚轮、轨迹球、触摸板以及触摸屏等。BlackBerry 平台最著名的莫过于它处理邮件的能力。该平台通过 MIDP 1.0 以及 MIDP 2.0 的子集,在与 BlackBerry Enterprise Server 连接时,以无线的方式激活并与 Microsoft Exchange、LotusDomino 或 Novell GroupWise 同步邮件、任务、日程、备忘录和联系人。该操作系统还支持 WAP 1.2。

6. Android

Android 是一种以 Linux 为基础的开放源码操作系统。主要应用于便携设备。最初由 Andy Rubin 开发,最初主要支持手机。2005 年,由 Google 公司收购注资,并组建开放手机联盟开发改良,逐渐扩展到平板电脑及其他领域。它采用 Linux 2.6.x 版本内核,采用自己的 GUI 架构和应用程序接口,并采用 Java 语言来开发应用程序。它拥有 Linux 操作系统的开放性、对硬件支持好等优点,并且界面美观,这使得它受到市场的普遍欢迎。

7.3.3　智能手机的特点

智能手机具有如下特点。

(1) 具备无线接入互联网的能力:需要支持 GSM 网络下的 GPRS 或者 CDMA 网络的 CDMA1X 或 3G(WCDMA、CDMA 2000、TD-CDMA)网络、4G(HSPA+、FDD-LTE、TDD-LTE)网络及 5G 网络。

（2）具有 PDA 的功能：包括 PIM（个人信息管理）、日程记事、任务安排、多媒体应用、浏览网页。

（3）具有开放性的操作系统：拥有独立的核心处理器（CPU）和内存，可以安装更多的应用程序，使智能手机的功能可以得到无限扩展。

（4）人性化：可以根据个人需要扩展机器功能。根据个人需要，实时扩展机器内置功能，以及软件升级，智能识别软件兼容性，实现了软件市场同步的人性化功能。

（5）功能强大：扩展性能强，第三方软件支持多。

（6）运行速度快：随着半导体业的发展，核心处理器（CPU）发展迅速，使智能手机在运行方面越来越极速。

除了具有以上特点外，智能手机还存在一些问题，主要表现在病毒问题、耗电问题、刷机问题、死机问题及低温问题等方面。

7.3.4 智能手机的应用

1. 社交网络

移动互联时代的到来，智能手机的流行已成为手机市场的一大趋势。这类移动智能终端的出现改变了很多人的生活方式及对传统通信工具的需求，人们不再满足于手机的外观和基本功能的使用，而开始追求手机强大的操作系统给人们带来更多、更强、更具个性的社交化服务。智能手机也几乎成了这个时代不可或缺的代表配置。如今，越来越多的消费者已经将购机目标定位在智能手机身上。与传统功能手机相比，智能手机以其便携、智能等特点，使其在娱乐、商务及服务等应用功能上能更好地满足消费者对移动互联的体验。如图 7-21 所示，社交网络通过智能手机与互联网将人们联系在一起。

图 7-21 社交网络

2. 军事领域

自智能手机问世以来，许多国家军队就意识到其军事价值，并积极开发配套的作战应用系统。2011 年 6 月，美国陆军在新墨西哥州白沙训练基地和得克萨斯州比利斯堡训练基地，分别对包括 iPhone 在内的 300 多部不同型号智能手机进行了为期 6 周的战场环境测试。

（1）用于战场通信和侦察：3G、4G 等无线通信系统，智能手机能迅速建立起军用通信网络，实现作战指令、情报传输。作战人员可利用智能手机对重点目标及周围环境进行拍照、摄像，并自动搭配 GPS 信息上传给作战单元或指挥部，后者可据此迅速进行巡航导弹目标区匹配制导，进一步缩短从发现目标到打击目标的时间，提高作战效能。

（2）用作战场态势感知终端：作战人员可以通过智能手机接收各种侦察系统获得的情报信息，形成综合、全面的战场态势感知。美国某公司开发了"雷神智能战术系统"，只要在智能手机里输入查询要求，就能获得周围 2km 范围内所有卫星图像，以及空中、地面的侦察情报资料。作为友军跟踪系统终端，这款军用智能手机还可将 10～20 名战友列入"好友名

图 7-22 美国陆军士兵正在使用配发的
iPhone 智能手机

单",实时显示己方态势,更好协调作战行动。据美国《国防》杂志报道,美国海军为航母上的水兵和陆战队员配备智能手机,对舰船、飞机内外状况,以及舰上人员进行监控和定位。如图 7-22 所示,美国陆军士兵正在使用配发的 iPhone 智能手机。

3. 火控系统

智能手机上的部分软件,可以精确测算风速、重力、地球转速等微小因素对弹道的影响,修正射击诸元,提高射击精度。2009 年 8 月,驻阿富汗英军在 1853m 距离击毙一名塔利班指挥官,创英军最远狙杀记录,枪上配套的 iPhone 手机功不可没。美国一家公司也为 M110 狙击步枪配置了 iPhone 智能手机,通过在机上安装"苹果播放器"系统和相关软件实现上述功能。网传美军海豹突击队就装备有搭载 iPhone 的狙击步枪,如图 7-23 所示。

4. 无线遥控

通过智能手机无线信号,可对自己发射的微型无人机和机器人进行遥控,也可接管其他无人机和机器人,完成侦察、监视任务。图 7-24 为采用智能手机对无人机进行遥控。法国某公司开发的一款微型无人机,通过智能手机便可实时观看显示屏上无人机拍摄的视频图像。

图 7-23 装备有搭载 iPhone 的狙击步枪

图 7-24 使用智能手机遥控无人机

当然,智能手机大规模装备部队也面临诸多问题:战场适应性不够强,尚不能完全适应高温、严寒、潮湿、沙尘等恶劣战场环境;保密性不够高,容易受到黑客入侵,造成情报失泄密;稳定性不够好,抗干扰能力有待提高。针对这些问题,外军根据作战需要,充分利用已有技术改造民用智能手机,大力推进智能手机装备部队的步伐。

美国陆、海、空三军都制订了各自的军用智能手机发展计划,在陆军已经取得明显成效。2011 年 2 月,美国陆军实施了"旅级部队现代化项目",其中一项重要内容便是为一线部队配备智能手机。可以预见,智能手机不久将会作为美军士兵标准配置,出现在战场上。

移动通信网络技术的发展加速了移动互联网时代的到来,智能手机终端也因此步入加速增长轨道,使其拥有美好的前景,智能手机的应用将迎来更丰富、更广阔的发展时代,同时智能手机的发展也将进一步推动移动互联网的迅猛发展。

7.4 手机发展趋势

7.4.1 功能机到智能机的演变

都说人类是视觉动物,第一印象非常重要,这点在购买手机时就能够体现出来。的确,在让人眼花缭乱的手机市场里,相信很大一部分人在挑选机型时,首先要考虑的因素就是外观。而且作为目前市场普及率和认知度最高的移动终端,手机的外形设计也经过了多次的演变,从摩托罗拉早期的巨型大哥大到现在的大屏触控手机,外观已经成为手机发展最大的变革。

不过随着大哥大时代的结束,手机也由模拟信号进入到2G网络,手机的功能已经不仅仅限于打电话,还可以发送短信,同时由于科技的日益发展,机身外观设计也越来越薄,功能按键也开始增多。

此后,彩色屏幕的到来让手机进一步普及,音乐功能、拍照功能的加入也使得手机功能越加丰富,手机的外观也进入到直板、翻盖、滑盖等多种造型设计并存的时代,同时由于这个时代的机型多采用T9键盘,所以在这个时代机身设计最显著的特点就是物理拍照键和T9键盘设计。诺基亚可以说是这个时代最典型的代表。

随着手机的功能开始细分,商务功能成为很多用户的首选目标,而T9键盘在写入速率上明显不如模拟计算机按键设计的全键盘手机,这种全键盘设计产品让手机的输入变成一种享受,其中侧滑全键盘则是全键盘产品的衍生品。

早期的大哥大,到直板、翻盖,再到滑盖、全键盘,不知不觉我们已经进入到5G时代。移动互联的到来,让手机已经不再仅仅是一部通信工具,而是一部互联网移动终端,在这个智能机时代,手机在外形设计上已经与功能机有了很大的改变,以前功能机上的外置天线、拍照键、键盘在智能机上都变得十分鲜见,超大屏幕、超薄机身正成为这个时代最显著的代表,如图7-25所示。

图7-25 功能机与智能机

可以说自1973年第一部移动电话推出算起,到今天手机已经发展了近50年,而这50年里,从最初的数字模拟信号,到今天的5G网络,手机机身细节设计上的变化也代表了手机技术功能的发展,见证了移动电话从功能机到智能机时代的演变。

7.4.2 智能手机的发展趋势

智能手机像微机一样,具有独立的操作系统,可以由用户自行安装软件、游戏等第三方服务商提供的程序,通过此类程序来不断对手机的功能进行扩充,并可以通过移动通信网络来实现无线网络接入。

智能手机未来的发展有6大趋势:前置更重要、屏下摄像头、AR将到来、机身更轻薄、充电更快稳及屏幕自刷新。

1. 前置更重要

作为手机重要的一个部件,前置摄像头在如今自拍和面部解锁等方面有着不可缺的作用。并且随着直播和小视频的兴起,用户对前置摄像头的要求会越来越高。而为了保证拍照的质量,前置摄像头也没法像其他部件一样隐藏在屏幕下方,所以这也成了困扰很多手机品牌的难题之一。再加上后置摄像头的升级空间有限,很难和对手拉开更大的距离。为了提升产品竞争力,前置相机或将成为手机厂商秀肌肉的阵地。

2. 屏下摄像头

屏下摄像头技术就是把前置摄像头和所有传感器全部藏在屏幕正下方,由此就不需要用刘海屏的方式在屏幕上预留摄像头的位置,也不需要升降式机械结构。此项技术实现的基础正是基于 OLED 屏幕。由于 OLED 屏幕的自发光的特点,屏幕的结构较为简单。屏幕厚度相对于传统 LCD 屏幕也较薄,本身的透光性就比较好。这项技术的主要难点有两个,第一是传统听筒无法使用,但这个难题已经通过屏幕发声技术(就是屏幕本身作为扬声器发出声音)得到解决。而最困难的难点,是如何解决前置摄像头成像画质的问题。

目前为止,屏下摄像头技术已经在智能手机领域被多次提及。但实际上只有中兴带来了全球首款商用屏下摄像手机,如图 7-26 所示。不过,这也并不意味着其他厂商并没有这方面的计划。事实上,三星等其他智能手机制造商也已经开发了一段时间这种类型的前置摄像头了。为了更高的颜值,屏下摄像头技术的商用和量产只是时间问题。

3. AR 将到来

近几年,智能手机虽然在内存、摄像头等硬件方面持续改进,但并没有太多颠覆性创新。增强现实(Augmented Reality,AR)技术的出现,让智能手机行业看到了革新的方向。AR技术或将助力智能手机打破发展瓶颈,成为跨越式创新的突破点。手机上的 AR 增强现实应用是将一个 3D 动画叠加在手机摄像头拍摄的真实环境之上,多数利用了 GPS 和摄像头图像识别功能,为用户提供某种程度的身临其境体验。图 7-27 给出了一款手机的 AR应用。

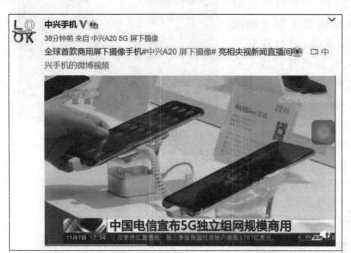

图 7-26　全球首款屏下摄像手机亮相央视新闻直播间　　图 7-27　基于位置的寻找现实"精灵"社交游戏

不同于虚拟现实(Virtual Reality,VR)技术,AR 是一种将虚拟信息和现实结合在一起的技术。AR 将虚拟信息或场景叠加到真实场景中,产生一个虚实结合的场景,让人享受到超越现实的感官体验。智能手机处理能力不断增强,为智能手机引入 AR 创造条件。业内普遍认为,在经过数年的发展后,行业已经迎来瓶颈期,后智能手机时代正式来临。

4. 机身更轻薄

随着智能手机的发展,越来越多的手机都往轻薄这方面发展,机身厚度直接影响用户手持握感,更轻薄的手机在携带上更轻便。目前的手机在硬件和软件上基本都一致,只是在外观及做工方面有所差异,有庞大的用户群体。2011年智能手机开始向超薄方向发展,各个厂商都在努力把自己的产品变得更加轻薄以便于携带。超薄手机优点就是相比普通手机,超薄手机由于机身更小、重量更轻使其便于携带,也可以作为随身携带的一个装饰品。

5. 充电更快稳

现在的智能手机,各种快充技术让人眼花缭乱,回想功能机时代以及早期智能机时代,我们还经常备用几块电池,随时拿着万能充充电。经过这些年的发展,智能手机的快充技术也发展了几代,尽管现在的快充技术已经能够满足大家的需求,但依旧无法摆脱线充的方式。

摆脱手机的线充,需要通过一个无线充电底座,无线充电技术可以对手机进行充电。截至目前,智能手机无线快充功率达到了 50W,有线快充功率达到了 125W。苹果公司的MagSafe 无线充电器的发布,为无线快充技术开拓了一个新的方向——在提升充电功率的同时,用户体验也应该得到提升。未来,相信更多的磁吸式无线充电器和充电宝将迅速崛起,让无线充电的用户体验得到明显的提升。

6. 屏幕自刷新

屏幕自刷新技术(Panel Self Refresh,PSR)最初是在 2011 年秋季在英特尔信息技术峰会上首次与世人见面的。在当时,PSR 屏幕自刷新技术被视为能够有效降低 PC 平台功耗的技术而普遍被业界看好。而且由于在 PSR 技术下,屏幕面板并不需要持续地刷新,笔记本的电池续航时间可以额外延长 40min。

手机屏幕显像原理是依靠图形处理器(Graphics Processing Unit,GPU)不断处理屏幕数据来维持,在用手机或者笔记本电脑玩大型 3D 游戏时电量都会出现吃紧的情况,其实就是因为在运行游戏时 GPU 需要不停工作来满足屏幕刷新的速度,而在这个过程中,就会消耗大量的电量。反之,我们在用手机看电子书或者浏览静态网页时,由于在这个环境下屏幕多数情况是处在静止当中,所以不需要 GPU 达到玩游戏时的刷新速度,这时通过 PSR 技术可以将之前存储的数据重新映射到屏幕之上,从而起到缓解 GPU 的运算压力,在当 GPU不需要高强度工作之后,降低功耗的目的也就自然达到了。

7.5 本章小结

手机是无线通信技术的产物,极大地方便了人们的日常生活。伴随着移动通信的演进升级,手机也在不断地更新迭代。

本章讨论了手机的基本原理、典型电路、智能手机与应用以及手机的发展趋势等内容。

手机电路原理部分的重点知识:①手机原理框图;②手机射频发射、接收电路基本框图;③基带部分音频处理过程。

智能手机未来的发展有 6 大趋势:前置更重要、屏下摄像头、AR 将到来、机身更轻薄、充电更快稳及屏幕自刷新。

7.6 为进一步深入学习推荐的参考书目

为了进一步深入学习本章有关内容,向读者推荐以下参考书目。

[1] 余兆明,余智,张丽媛. 手机电视技术[M]. 西安:西安电子科技大学出版社,2011.

[2] 李建东,郭梯云,邬国扬. 移动通信[M]. 4版. 西安:西安电子科技大学出版社,2006.

[3] 侯海亭,梁亮,王宁. 手机原理与故障维修[M]. 北京:清华大学出版社,2012.

[4] 章坚武. 移动通信[M]. 6版. 西安:西安电子科技大学出版社,2020.

[5] 刘勇,王毅东,孟建民,等. 手机原理与维修[M]. 北京:机械工业出版社,2011.

[6] 蔡跃明,吴启晖,田华. 现代移动通信[M]. 4版. 北京:机械工业出版社,2017.

[7] 陈良. 手机原理与维护[M]. 西安:西安电子科技大学出版社,2004.

[8] 陈振源. 手机原理与维修[M]. 北京:高等教育出版社,2006.

[9] 张睿. 移动智能终端技术与测试[M]. 北京:清华大学出版社,2017.

[10] 大唐移动通信设备有限公司. 全域覆盖. 场景智联——6G愿景与技术趋势白皮书(V. 2020). https://m.sohu.com/a/442150433_781358?_trans_=010004_pcwzy.

[11] PConline IT百科. 什么叫智能手机? 智能手机的主要特点——太平洋IT百科手机版. https://g.pconline.com.cn/x/947/9477341.html.

[12] 搜狗百科. 智能手机. https://baike.sogou.com/v52704.htm? cid=bk.lemma. share.qz.

[13] 亓纪的想法. 2021年手机发展预测:这些升级值得期待. http://smallbizit.ctocio. com.cn/xqy/2020/1023/43845.html.

7.7 习　题

(1) 简述手机通信包含几个步骤。

(2) 简述手机射频部分的功能及构成。

(3) 画出手机信号接收电路框图。

(4) 画出手机信号发射电路框图。

(5) 简述手机基带部分的功能。

(6) 什么是智能手机? 其应用领域有哪些?

(7) 智能手机有哪些特点?

(8) 智能手机有哪些发展趋势?

附录 A　英汉术语对照

AAAI	American Association for Artificial Intelligence	美国人工智能协会
AACR	Aware，Adaptive，Cognitive，Radio	意识自适应认知无线电
ADARS	Adaptive Antenna Receive System	自适应天线接收系统
ADC	Analog-to-Digital Converter	模拟数字转换器
ADSL	Asymmetric Digital Subscriber Line	非对称数字用户线
AGC	Automatic Gain Control	自动增益控制
ALU	Arithmetic Logic Unit	算术逻辑单元
AM	Amplitude Modulation	幅度调制
AMPS	Advanced Mobile Phone System	先进移动电话系统
ANSI	American National Standards Institute	美国国家标准学会
AOA	Angle Of Arrival	到达角
APC	Automatic Power Control	自动功率控制
API	Application Programming Interface	应用程序接口
ASIC	Application Specific Inter-grated Circuits	专用集成电路
ASSP	Application Specific Standard Part	专用标准产品
ATM	Asynchronous Transfer Mode	异步传输模式
AT&T	American Telephone & Telegraph	美国电话电报公司
BLAST	Bell Laboratories Layered Space Time Coding	贝尔实验室分层空时码
BPSK	Binary Phase Shift Keying	二进制相移键控
BS	Base Station	基站
BW	Band Width	带宽
CDMA	Code Division Multiple Access	码分多址
CNI	Communication，Navigation，and Identification	通信、导航、识别
CPU	Central Processing Unit	中央处理器
CR	Cognitive Radio	认知无线电
CSI	Channel State Information	信道状态信息
CSMA	Carrier Sense Multiple Access	载波侦听多点接入
CVSD	Continuously Variable Slope Delta modulation	连续可变斜率增量调制
DAC	Digital to Analog Converter	数字模拟变换器
DARPA	Defense Advanced Research Projects Agency	美国国防高级研究计划署
DBF	Digital Beam Forming	数字波束形成
DDC	Digital Down Converter	数字下变频器
DFS	Dynamic Frequency Selection	动态频率选择
DMR	Digital Modular Radio	数字模块化无线电
DOA	Direction Of Arrival	到达方向
DQUC	Direct Quadrature Up-Conversion	直接正交上变频
DSA	Dynamic Spectrum Access	动态频谱接入

DSP	Digital Signal Processor	数字信号处理器
DSS	Dynamic Spectrum Sharing	动态频谱共享
DSTBC	Differential Space Time Block Coding	差分空时分组编码
DUC	Digital Up-Conversion	数字上变频器
EDA	Electronic Design Automation	电子设计自动化
EIRP	Equivalent Isotropically Radiated Power	等效全向辐射功率
EISA	Extended Industry Standard Architecture	扩展工业标准结构
EMC	ElectroMagnetic Compatibility	电磁兼容
EMI	ElectroMagnetic Interference	电磁干扰
ESPAR	Electronically Steerable Phased Array Radar	电控无源阵列天线
FCC	the Federal Communication Commission	美国联邦通信委员会
FFT	Fast Fouier Transform	快速傅里叶变换
FIR	Finite Impulse Response	有限冲激响应
FM	Frequency Modulation	频率调制
FPGA	Field Programmable Gate Array	现场可编程门阵列
FSK	Frequency Shift Keying	移频键控
GPP	General Purpose Processor	通用处理器
GPRS	General Packet Radio System	通用分组无线业务
GPS	Global Positioning System	全球卫星定位系统
GSM	Global System for Mobile	全球移动通信系统(欧洲)
HBF	Half Band Filter	半带滤波器
HDL	Hardware Description Language	硬件描述语言
HF	High Frequency	高频(3～30MHz)
HMI	Human Machine Interface	人机接口
ICNIA	Intergrated Communications Navigation Identification Avionics	通信、导航、识别综合航电系统
IDL	Interface Definition Language	接口定义语言
IEEE	Institute of Electrical and Electronics Engineers	美国电气和电子工程师学会
IF	Intermediate Frequency	中频
IFF	Identification Friend or Foe	敌我识别
IIR	Infinite Impulse Response	无限冲激响应
I/O	Input/Output	输入输出
IRR	Image Rejection Ratio	镜像抑制比
ISC	Intelligent Systems Controller	智能系统控制器
ISM	Industrial, Scientific and Medical	工业、科学和医学(2.4GHz 附近频段)
ISR	Ideal Software Radio	理想软件无线电
ITU	International Telecommunication Union	国际电信联盟
JCIT	Joint Combat Information Terminal	联合作战信息终端
JTIDS	Joint Tactical Information Distribution System	联合战术信息分发系统
JTRS	Joint Tactical Radio System	联合战术无线系统
JVM	Java Virtual Machine	Java 虚拟机
KPCS	Key Processing Computer Software	密钥处理计算机软件
KQML	Knowledge Query and Manipulation Language	知识查询与处理语言

LAN	Local Area Network	局域网
LMDS	Local Multipoint Distribution Services	本地多点分配业务
LMP	Link Manager Protocol	链路管理协议
LMR	Land Mobile Radio	陆地移动无线系统
LSTC	Layered Space Time Coding	分层空时编码
MAC	Media Access Control	媒体接入控制
MATLAB	MATrix LABoratory	矩阵实验室(软件)
MBMMR	Multi Band Multi Mode Radio	多频段多模式无线系统
MFMARS	Multi Function, Multi band, Airborne Radio System	多功能多频段机载无线系统
MIMO	Multiple Input Multiple Output	多输入多输出
MLS	Microwave Landing System	微波着陆系统
MMITS	Modular Multifunction Information Transfer System	模块化多功能信息传输系统
M3	Multi band, Multimode, Multi role	多频段、多模式、多用途
MSRT	Mobile Subscriber Radio Terminal	移动用户无线终端
MUSIC	Multiple Signal Classification	多信号分类算法
NASA	National Aeronautics and Space Administration	美国航空航天局
NEL	Network Layer	网络层
NGI	Next Generation Internet	下一代网络
NF	Negative Forward	负反馈法
NTDR	Near Term Digital Radio	近期数字无线电
OE	Operation Enterprise	操作环境
OFDM	Original Frequency Division Multiplexing	正交频分复用技术
OO	Objected Oriented	面向对象
OS	Operation System	操作系统
OSI	Open System Interconnect	开放系统互连
OTA	Over The Air	空中接口下载
PC	Personal Computer	个人计算机
PLD	Programmable Logic Device	可编程逻辑器件
PLRS	Position Location Reporting System	位置报告系统
PMCS	Programmable Modular Communication System	可编程模块化通信系统
PSK	Phase Shift Keying	移相键控
PSoC	Programmable System on Chip	可编程片上系统
QPUC	Quad Programmable Up Converter	四通道可编程上变频器
RKRL	Radio Knowledge Representation Language	无线知识描述语言
RTOS	Real Time Operating System	实时操作系统
RTDX	Real Time Data eXchange	实时数据交换软件
SCA	Software Communication Architecture	软件通信结构
SCR	Software Controlled Radio	软件控制无线电
SDL	Specification Description Language	规范与描述语言
SDMA	Spatial Division Multiple Access	空分多址
SDR	Software Defined Radio	软件定义无线电
SIM	Subscriber Identity Model	客户识别模块
SINR	Signal to Interference plus Noise Ratio	信干噪比

SAR	Spectrum Agile Radios	频谱捷变无线电
SR	Software Radio	软件无线电
SSB	Single Side Band	单边带调制
STBC	Space Time Block Coding	空时分组编码
STTC	Space Time Trellis Coding	空时网格编码
TACS	Total Access Communication System	全接入通信系统
TCP/IP	Transmission Control Protocol/Internet Protocol	传输控制协议/网际协议
TDMA	Time Division Multiple Access	时分多址
TD-SCDMA	Time-Division Synchronous Code Division Multiple Access	时分同步码分多址
TPC	Transmit Power Control	发射功率控制
TRC	Tropo Radio Communication	对流层散射通信
UHF	Ultra High Frequency	超高频(300~3000MHz)
UML	Unified Modeling Language	统一建模语言
USR	Ultimate Software Radio	终极软件无线电
UWB	Ultra Wide Band	超宽带
VHDL	VHSIC Hardware Description Language	超高速集成电路硬件描述语言
VHF	Very High Frequency	超高频(30~300GHz)
VLST	Vertical Layered Space Time	垂直分层空时(编码)
WCDMA	Wideband Code Division Multiple Access	宽带码分多址
WDE	Waveform Development Enviroment	波形开发环境
WLAN	Wireless Local Area Network	无线局域网
WMAN	Wireless Metropolitan Area Network	无线城域网
WPAN	Wireless Personal Area Network	无线个域网
WRAN	Wireless Regional Area Network	无线区域网
WWAN	Wireless Wide Area Network	无线广域网
XG	neXt Generation	下一代移动通信
WITS	Wireless Information Transfer System	无线信息传输系统
XML	eXtensible Markup Language	可扩展标记语言
XTM	XML Topic Maps	XML 主题地图
ZigBee		"紫蜂"技术 IEEE 802.15.4

参考文献

[1] 李建东,郭梯云,邬国扬. 移动通信[M]. 4 版. 西安:西安电子科技大学出版社,2006.

[2] 王华奎,李艳萍,张立毅. 移动通信原理与技术[M]. 北京:清华大学出版社,2009.

[3] 魏崇毓. 无线通信基础及应用[M]. 2 版. 西安:西安电子科技大学出版社,2015.

[4] 杨家玮,张文柱,李钊. 移动通信基础[M]. 2 版. 北京:电子工业出版社,2010.

[5] 徐福新. 小灵通(PAS)个人通信接入系统[M]. 北京:电子工业出版社,2002.

[6] 吴伟陵. 移动通信原理[M]. 2 版. 北京:电子工业出版社,2009.

[7] 韦惠民,李白萍. 蜂窝移动通信技术[M]. 西安:西安电子科技大学出版社,2002.

[8] 樊昌信. 通信原理教程[M]. 4 版. 北京:电子工业出版社,2019.

[9] 金荣洪,耿军平,范瑜. 无线通信中的智能天线[M]. 北京:北京邮电大学出版社,2006.

[10] 李立华. 移动通信中的先进数字信号处理技术[M]. 北京:北京邮电大学出版社,2005.

[11] Rappaport T S. 无线通信原理与应用[M]. 周文安,付秀花,王志辉,译. 2 版. 北京:电子工业出版社,2006.

[12] 陈振国,郭文彬. 卫星通信系统与技术[M]. 北京:北京邮电大学出版社,2003.

[13] Oestges C. MIMO 无线通信——从现实世界的传播到空-时编码的设计[M]. 许方敏,译. 北京:机械工业出版社,2010.

[14] 吴功宜. 智慧的物联网[M]. 北京:机械工业出版社,2010.

[15] 刘化君,刘传清. 物联网技术[M]. 2 版. 北京:电子工业出版社,2015.

[16] 尹浩,韩阳. 量子通信原理与技术[M]. 北京:电子工业出版社,2013.

[17] 杨伯君. 量子通信基础[M]. 2 版. 北京:北京邮电大学出版社,2020.

[18] 张玉艳,方莉. 第三代移动通信[M]. 北京:人民邮电出版社,2009.

[19] Cox C. LTE 完全指南——LTE、LTE-Advanced、SAE、VoLTE 和 4G 移动通信[M]. 严炜烨,田军,译. 2 版. 北京:机械工业出版社,2017.

[20] 张传福,赵立英,张宇,等. 5G 移动通信系统及关键技术[M]. 北京:电子工业出版社,2018.

[21] 谢处方,饶克谨,杨显清,等. 电磁场与电磁波[M]. 5 版. 北京:高等教育出版社,2019.

[22] Kong J A. 电磁波理论[M]. 吴季,译. 北京:电子工业出版社,2003.

[23] 冯恩信. 电磁场与电磁波[M]. 4 版. 西安:西安交通大学出版社,2016.

[24] 傅文斌. 微波技术与天线[M]. 2 版. 北京:机械工业出版社,2013.

[25] Kraus J D. 天线[M]. 章文勋,译. 北京:电子工业出版社,2006.

[26] 王增和. 天线与电波传播[M]. 北京:机械工业出版社,2003.

[27] 李宗谦,佘京兆,高葆新. 微波工程基础[M]. 北京:清华大学出版社,2004.

[28] 高建平,张芝贤. 电波传播[M]. 西安:西北工业大学出版社,2002.

[29] 廖承恩. 微波技术基础[M]. 西安:西安电子科技大学出版社,1994.

[30] 王新稳,李延平,李萍. 微波技术与天线[M]. 4 版. 北京:电子工业出版社,2016.

[31] 章坚武,姚英彪,骆懿等. 移动通信实验与实训[M]. 2 版. 西安:西安电子科技大学出版社,2017.

[32] 章坚武. 移动通信[M]. 6 版. 西安:西安电子科技大学出版社,2020.

[33] 王新梅,肖国镇. 纠错码——原理与方法(修订版)[M]. 西安:西安电子科技大学出版社,2001.

[34] 蔡跃明,吴启晖,田华. 现代移动通信[M]. 4 版. 北京:机械工业出版社,2017.

[35] Proakis J G. 数字通信[M]. 张力军,张宗橙,宋荣方,等译. 5 版. 北京:电子工业出版社,2018.

[36] 李仲令,李少谦,唐友喜. 现代无线与移动通信技术[M]. 北京:科学出版社,2006.

[37] 曾兴雯,刘乃安,孙献璞.扩展频谱通信及其多址技术[M].西安:西安电子科技大学出版社,2004.

[38] Goldsmith A.无线通信[M].杨鸿文,译.北京:人民邮电出版社,2007.

[39] 啜钢,王文博,常永宇,等.移动通信原理与系统[M].4版.北京:北京邮电大学出版社,2019.

[40] 邓宏贵.5G通信发展历程及关键技术[M].北京:电子工业出版社,2020.

[41] Zaidi A.5G NR物理层技术详解原理、模型和组件[M].刘阳,译.北京:机械工业出版社,2018.

[42] 罗发龙.5G权威指南:信号处理算法及实现[M].陈鹏,译.北京:机械工业出版社,2020.

[43] 王光宇.新型多载波调制系统及原理[M].北京:科学出版社,2018.

[44] 路娟.面向5G的通用滤波多载波传输技术研究[D].南京:东南大学,2018.

[45] 李宁.面向5G的新型多载波传输技术比较[J].通信技术.2016,49(5):519-523.

[46] 曹雪虹,李白萍,张宗橙.信息论与编码[M].3版.北京:清华大学出版社,2016.

[47] 曹达仲,侯春萍,曲磊,等.移动通信原理、系统及技术[M].2版.北京:清华大学出版社,2011.

[48] Stuber G L.移动通信原理[M].裴昌幸,王宏刚,吴广恩,译.3版.北京:机械工业出版社,2014.

[49] 杨丰瑞,文凯,吴翠先.LTE/LTE-Advanced系统架构和关键技术[M].北京:人民邮电出版社,2015.

[50] 钱巍巍.TD-LTE关键技术及系统结构研究[D].南京:南京邮电大学,2011.

[51] Zhang M. Security analysis and enhancements of 3GPP authentication and key agreement protocol[J]. IEEE Transactions on Wireless Communications, 2005, 4(2): 734-742.

[52] Third Generation Partnership Project (3GPP). 3GPP TS 33. 821.Rationale and track of security decisions in Long Term Evolution (LTE) RAN/3GPP System Architecture Evolution (SAE) (Release 8)[S]. http://www.3gpp.org/ftp/ Specs/archive/.

[53] Third Generation Partnership Project (3GPP). 3gpp. TS. 33. 401. V. 12. 9. 0-2013. 3GPP System Architecture Evolution(SAE): Security Architecture(Release 12) [EB/OL].http://www.3gpp.org/.

[54] Third Generation Partnership Project(3GPP). Security architecture and procedures for 5G system: 3GPP R15TS 33. 501[EB/OL].http://www.3gpp.org/.

[55] IMT-2020(5G)推进组.5G网络安全需求和架构[EB/OL]. http://www.imt-2020. cn/.

[56] 雷维礼,马立香.接入网技术[M].北京:清华大学出版社,2006.

[57] 庞宝茂.移动通信[M].西安:西安电子科技大学出版社,2009.

[58] 王兴亮,李伟.现代接入技术概论[M].北京:电子工业出版社,2009.

[59] 刘维超,时颖.移动通信[M].北京:北京大学出版社,2011.

[60] 孙学康,刘勇.无线传输与接入技术[M].北京:人民邮电出版社,2010.

[61] 张克平.LTE/LTE-Advanced——B3G/4G/B4G移动通信系统无线技术[M].北京:电子工业出版社,2013.

[62] 小火车,好多鱼.大话5G[M].北京:电子工业出版社,2016.

[63] 房华,彭力.NB-IoT/LoRa窄带物联网技术[M].北京:机械工业出版社,2019.

[64] 姜喜宽.OFDM技术在4G移动通信系统中的应用[J].数字技术与应用,2017(7):42-43.

[65] 王宇鹏.OFDM技术在4G移动通信系统中的应用[J].电子制作.2017(16):64-65.

[66] 王亚军,张艳.4G通信中的关键技术之智能天线技术[J].信息通信.2015(01):213-215.

[67] 张理康.4G中软件无线电技术的应用[J].电子世界.2015(18):60-62.

[68] 杜思深.软件无线电与虚拟无线电[J].空间电子技术.2002(02):60-64.

[69] 中国电信.中国电信5G技术白皮书[EB/OL]. 2018. http://www.chinatelecom. com. cn/2018/ct5g/201806/P020180626325489312555. pdf.

[70] 朱晨鸣,王强,李新,等.5G:2020后的移动通信[M].北京:人民邮电出版社,2016.

[71] 大唐移动通信设备有限公司.全域覆盖·场景智联——6G愿景与技术趋势(V. 2020)[EB/OL].

图书资源支持

https://m.sohu.com/a/442150433_781358?_trans_=010004_pcwzy.

[72] 芯智慧. 低功耗广域网概述[EB/OL]. https://m.sohu.com/a/157564289_553039?_trans=010004_pcwzy.

[73] 宋浩. 基于 LoRa 技术的无线通信应用研究[J]. 信息与电脑(理论版),2019,31(23):150-151,155.

[74] 邹玉龙. NB-IoT 关键技术及应用前景[J]. 中兴通讯技术,2017,23(01):43-46.

[75] 余兆明,余智,张丽媛. 手机电视技术[M]. 西安:西安电子科技大学出版社,2011.

[76] 侯海亭,梁亮,王宁. 手机原理与故障维修[M]. 北京:清华大学出版社,2012.

[77] 刘勇,王毅东,孟建民. 手机原理与维修[M]. 北京:机械工业出版社,2012.

[78] 陈良. 手机原理与维护[M]. 西安:西安电子科技大学出版社,2004.

[79] 陈振源. 手机原理与维修[M]. 2 版. 北京:高等教育出版社,2012.

[80] 张睿. 移动智能终端技术与测试[M]. 北京:清华大学出版社,2017.

[81] PConline IT 百科. 什么叫智能手机? 智能手机的主要特点[EB/OL]. https://g.pconline.com.cn/x/947/9477341.html.

[82] 搜狗百科. 智能手机[EB/OL]. https://baike.sogou.com/v52704.htm?cid=bk.lemma.share.qz.

[83] 亓纪的想法. 2021 年手机发展预测:这些升级值得期待[EB/OL]. http://smallbizit.ctocio.com.cn/xqy/2020/1023/43845.html.

[84] Fette B A. 认知无线电技术[M]. 赵知劲,译. 北京:科学出版社,2008.

[85] Johnson C R. 软件无线电[M]. 潘甦,译. 北京:机械工业出版社,2008.

[86] 周贤伟. 认知无线电[M]. 北京:国防工业出版社,2008.

[87] 张贤达. 现代信号处理[M]. 3 版. 北京:清华大学出版社,2015.

[88] Kodali V P. 工程电磁兼容 原理、测试、技术工艺及计算机模型[M]. 陈淑凤,译. 2 版. 北京:人民邮电出版社,2006.

[89] 杨小牛. 软件无线电原理与应用[M]. 北京:电子工业出版社,2006.

[90] 向新. 软件无线电原理与技术[M]. 西安:西安电子科技大学出版社,2008.

[91] 吴正国. 高等数字信号处理[M]. 北京:机械工业出版社,2009.

[92] Hammati H. 深空光通信[M]. 王平,译. 北京:清华大学出版社,2009.